定期テスト対策 高校入試対策の基礎固めまで

中2数学

が面白いほどわかる本

河合塾講師
横関 俊材

数学は，苦手な人の多い教科です。

私は長く色々な生徒に数学を教えていますが，苦手な原因は共通しています。それは，ひと言でいえば「教わったことに納得ができていない」ということです。だから，「なんとなくわからない」「面白くない」と感じてしまうのです。

もし苦手意識を持たずに，むしろ楽しみながら数学を勉強し，点数も伸ばせるのであれば，これ以上によいことはないでしょう。それを実現するために，みなさんが数学を勉強する際，どの単元でも必ず踏んでほしい３つのステップがあります。

それは，①納得と理解⇒②正確な基礎固め⇒③演習です。それぞれ，どういうことなのかを簡単に説明していきます。

１．納得と理解が数学の出発点である

「なるほど，そういうことなのか」という，納得と理解こそが数学の出発点です。

この段階を飛ばしてしまうことこそが，数学の点数が伸び悩んだり，苦手意識を持ったりしてしまう原因であることが多いのです。

しかし，数学を自学自習しようとするとき，この段階をきちんと踏むというのは，１人では負担の大きい部分でもあるでしょう。理解できないストレスや，早く正解にたどりつきたいという焦りなどもあり，解き方を覚えて点数を上げることを重視してしまいがちです。

本書では，そんなストレスを解消すべく，１人で学習しても「数学なんて嫌だ」と投げ出したくならないよう，何より「納得できる説明」や「なぜそうなるのか」がわかる解説にこだわりました。

２．正確に知識を身につけることが伸びる基盤となる

次に必要とされるのが，「納得したことを自分の頭で理解し，それを正確に覚えてしまう」ことです。

数学は暗記科目ではありません。しかし，土台となる知識は正確に覚えておかないといけません。

こういう性質があるんだった，こんな決まりがあるんだったという「数学の決まりごと」については，正確に自分のものにしていってください。

より高く飛ぼうとするとき，土台がしっかりしているにこしたことはありません。基盤をきちんと固めることで，点数の伸びにもつながります。

3．演習を重ね，自力で解けるようにすることで得点力が上がる

最後に，数学の力を伸ばすのに欠かせないのが演習です。わかったことや，身につけた知識を使っていろいろな問題にあたり，自力で解けるようにしていってください。これが不足すると，わかってはいるのに得点が伸びないという，最も残念なことが起こってしまいます。

しっかり演習し，わかったという段階から，自分の力で正解にたどりつけるという段階に上がるための訓練をしていってください。

ここまでできれば，決して数学は難しい教科ではなく，楽しい教科になってくるでしょう。必ず面白いように解けるようになり，数学が得意になってくるはずです。

•解説は，自学自習できるよう，授業の実況中継を盛り込みました。

式や解き方しか書いていない本で勉強するのは，その意味をすべて自分の力で解釈する力を要します。そこで，本書では，私が長年授業を通じて生徒に説明してきたことがらをできるだけ再現し，理解しやすいようにしました。そして，生徒たちが疑問に思うことやつまずくこと，誤解しやすい点を，生徒とのやり取りを交えて解説するよう心がけました。

ぜひ自分のペースで読み込んでいってください。きっと納得や理解がしやすいと思います。

読者のみなさんが本書にじっくり取り組んでくだされば，きっと数学の学力が飛躍することと確信しています。

そして，本書を通じて一人でも多くの生徒さんが数学を得意になり，数学という教科を面白いと思ってくれること，さらには好きになってくれることを願ってやみません。

よこぜきとしき
横関俊材

中２数学が面白いほどわかる本

もくじ

第3章 1次関数

第4章 平行と合同

第5章 三角形と四角形

第6章 データの活用

本書の使い方

イントロダクション：テーマごとの、学習項目と学習のねらいが書かれています。

例題：それぞれのテーマにおける典型問題を取り上げて解説してあります。決して読み飛ばすことなく、じっくり納得・理解できるまで読み込んでください。

確認問題：例題で理解できた内容を使って、自力で解けるレベルに引き上げるための問題です。実際に解いて、解き方を身に付けることができます。したがって、例題の解説を理解しただけで満足せず、確認問題に取り組んでください。

トレーニング：そのテーマにおける、解ける力を伸ばすために必要な演習問題です。数多く問題演習を重ね、定着していってください。

定期テスト対策：単元ごとに、定期テストを想定した対策問題です。
　Aレベルは、基本問題が中心です。まずはこの問題を確実に解けるようにしてください。
　Bレベルは、標準・発展問題が中心です。定期テストで高得点をねらうため、この問題にも取り組んでください。
　この定期テスト対策問題では、その単元で重要なテーマを中心に練習できるようになっています。

なお、確認問題・トレーニング・定期テスト対策の解答・解説は巻末に掲載してあります。

テーマ1 単項式と多項式，同類項

イントロダクション

- 単項式，多項式，項の意味 ➡ 式を区別し，項に分ける
- 次数の意味 ➡ 式の次数を正確に求める
- 同類項をまとめる ➡ 多項式を簡単にする方法を知る

単項式と多項式

$2x$ は $2\times x$，$-5ab$ は $-5\times a\times b$ のことです。

このように，数と文字がかけ合わされてできた式のことを**単項式**（たんこうしき）といいます。

a や 3 のような，1つの文字，1つの数も単項式といいます。

一方，$2xy-3z$ のように，単項式の和の形の式のことを**多項式**（たこうしき）といい，この式では $2xy$ や $-3z$ それぞれは単項式ですが，それらを**項**（こう）といいます。

単項式

数と文字がかけ合わされてできた式

$2x$，$-5ab$，3 など

多項式

単項式の和の形の式

$\underset{項}{\underline{2xy}}\ \underset{項}{\underline{-3z}}$ など

ここまでの内容をしっかり理解してください。確認してみましょう。

例題 1

下の㋐～㋔の式について，次の問に答えなさい。

㋐ x^2　㋑ $5x^2-x+3$　㋒ $-3ab$　㋓ $-\frac{1}{2}$　㋔ $6x-5$

(1) 単項式を選んで記号で答えなさい。

(2) 多項式を選んで記号で答え，その項をすべて答えなさい。

(1) ㋐，㋒，㋓

(2) ㋑ $5x^2\,/-x\,/+3$ のように切れば，項がわかります。

項は $5x^2$，$-x$，3 答　項に分けるときは＋は省きます。

㋔ $6x\,/-5$ と切って，項は $6x$，-5 答

確認問題 1

下の㋐～㋔の式について，次の問に答えなさい。

㋐ $-2xy$　㋑ $4x+2$　㋒ $-a^2$　㋓ x^2+x-3　㋔ $\frac{2}{3}x+y$

(1) 単項式を選んで記号で答えなさい。
(2) 多項式を選んで記号で答え，その項をすべて答えなさい。

たとえば，$3ab$ という式は単項式ですが，文字の部分は $a \times b$ で，2 個の文字がかけ合わされています。かけ合わされた文字の個数を**次数**(じすう)といいます。

$3ab$ は，かけ合わされた文字が 2 個なので，次数は 2 となります。

そして，次数が 2 である式を **2 次式**といいます。

次数とは…かけ合わされた文字の個数		
	$3ab$	$-2xy^2$
文字の部分…	$a \times b$	$x \times y \times y$
次数は…	2	3

$-2xy^2$ の文字の部分は $x \times y \times y$ なので，次数は 3 です。

$2x^2+5x-1$ という多項式の次数を考えてみましょう。

まず，項に分けます。

$2x^2$ ， $5x$ ， -1
(2 次)　(1 次)　(定数項)　＜次数は 2

このようになります。そして，**各項の次数のうちで最も大きいものを多項式の次数**といいます。ですから，この式の次数は 2 となるんです。

次数をたすのではなく，一番大きい次数とするんですね。

はい，まちがえないように注意してくださいね。

例題 2

次の式は何次式か答えなさい。

(1) $5xy$　(2) $-3x+y$　(3) $2x^2y+x^2-2y^2$

(1) 文字の部分は $x \times y$ で 2 個かけ合わされています。答 **2 次式**
(2) $-3x$，y という項に分けられ，ともに 1 次なので，**1 次式** 答
(3) $2x^2y$ は 3 次，x^2，$-2y^2$ はどちらも 2 次なので，**3 次式** 答

確認問題 2

次の式は何次式か答えなさい。

(1) $2x$　(2) $-abc$　(3) x^2+x-3　(4) a^2b-5ab

同類項

$2x+5y-3x+4y$ という多項式があったとします。

このとき，$2x$ と $-3x$ は文字の部分が同じですね。

このように，文字の部分が同じ項のことを，**同類項**（どうるいこう）といいます。

上の式で，$5y$ と $4y$ も同類項です。そして，同類項は 1 つの項にまとめることができます。早速やってみましょう。

$$2x+5y-3x+4y$$
$$=\underbrace{2x-3x}+\underbrace{5y+4y}$$　項を並べかえます
$$=\quad -x \quad\quad +9y$$　同類項をまとめます

この式は，もうこれ以上計算できません。これが答えです。

項を並べかえずに計算してもいいですか？

最初は並べかえた方がミスが少ないですが，慣れてきて自信がついてきたら，そのまま計算してもかまいません。

例題 3

次の計算をしなさい。

(1) $2a+5a-4a$　(2) $3x-5+6x-1$

(3) $2xy+3x-xy-5x$　(4) $6x^2-3xy+5y^2+2x^2+4xy-3y^2$

(1) $\boldsymbol{3a}$　(2) $\boldsymbol{9x-6}$　ここまでは簡単ですね。

(3) $2xy+3x-xy-5x$

$=2xy-xy+3x-5x$　$2xy$ と $-xy$, $3x$ と $-5x$ が同類項です。

$=\boldsymbol{xy-2x}$ 答

(4) $6x^2$ と $2x^2$，$-3xy$ と $4xy$，$5y^2$ と $-3y^2$ が同類項です。

$6x^2-3xy+5y^2+2x^2+4xy-3y^2$　並べかえ

$=6x^2+2x^2-3xy+4xy+5y^2-3y^2$

$=\boldsymbol{8x^2+xy+2y^2}$ 答　**項の順はちがっていてもかまいません。**

確認問題 3

次の計算をしなさい。

(1) $3a^2-4a^2$　　(2) $6a-8-7a+5$

(3) $4xy+x-2xy+6x$　　(4) $5x^2+2xy-8y^2+xy-4x^2-3y^2$

同類項をまとめる訓練をしておきましょう。

トレーニング 1

次の計算をしなさい。 ▶解答：p.188

(1) $2x+5x$　　(2) $3x+2+x-4$

(3) $5x+2y-4x-3y$　　(4) $6a-b-3a-3b$

(5) $7x^2-9x-2-4x^2-3x+6$

(6) $-x^2+5x-5+2x^2-4x-8$

(7) $2x-3y+4-3x+5y+3$

(8) $-2a^2+7ab-b^2-a^2-7ab+3b^2$

(9) $3a-4b+2-5b+a+9$

(10) $3x^2-4x-7+6x+6-8x^2$

(11) $\frac{1}{3}x+2y+1+\frac{2}{3}x-6y+5$

(12) $0.3x^2-1.5xy+0.8y^2-0.9x^2+2.3xy+y^2$

テーマ

2 多項式の加法と減法

イントロダクション

- 多項式どうしをたす ➡ カッコをはずして同類項をまとめる
- 多項式の減法 ➡ 符号をかえて計算する方法を知る
- 縦書き計算のしかた ➡ 正確に計算できるようにする

多項式の加法

$2x+5y$ と $4x-7y$ を加える計算を考えてみます。

まず，それぞれの式に(　　)をつけ，＋でつなげます。

$(2x+5y)+(4x-7y)$　カッコをはずし，後ろのカッコの中の符号はそのままにします

＋をかく　そのまま

$=2x+5y+4x-7y$　同類項をまとめます

$=6x-2y$　(項の入れかえはしないでやりました)

そして，右のように，同類項どうしを縦にそろえて計算することもできます。これも楽ですね。

この縦書き計算では，カッコはつけません。

$$\begin{array}{rr} & 2x+5y \\ +) & 4x-7y \\ \hline & 6x-2y \end{array}$$

例題 4

次の計算をしなさい。

(1) $(2x-3y)+(6x-y)$

(2) $(2x^2+x-5)+(-3x^2-4x+8)$

(3) $\begin{array}{rr} & 6x-5y \\ +) & 3x+2y \\ \hline \end{array}$

(1) $(2x-3y)+(6x-y)$

＋をかく　そのまま

$=2x-3y+6x-y$

$=8x-4y$ 答

(2) $(2x^2+x-5)+(-3x^2-4x+8)$

そのまま

$=2x^2+x-5-3x^2-4x+8$

$=-x^2-3x+3$ 答

(3) $\begin{array}{rr} & 6x-5y \\ +) & 3x+2y \\ \hline & 9x-3y \end{array}$ 答

確認問題 4

次の計算をしなさい。

(1) $(-x+5y)+(6x-10y)$

(2) $(3x-2y-z)+(x-4y+z)$

(3)
$$\begin{array}{rr} & 9x+5y \\ +) & 8x-6y \\ \hline \end{array}$$

(4) $(2x^2-6x-5)+(-4x^2-8x+9)$

多項式の減法

$3x-2y$ から $6x-5y$ をひく計算を考えてみましょう。

加法のときと同じく，それぞれの式に(　　)をつけ，－でつなげます。

$(3x-2y)-(6x-5y)$

符号をかえる

$=3x-2y-6x+5y$

$=-3x+3y$

ポイント

後ろのカッコの中の符号をかえてカッコをはずす

後ろのカッコの中の符号は，全部かえるんですね。

はい，それが重要です。カッコの中の式が長いとき，注意してくださいね。**－より前のカッコをはずすところは，符号をかえてはいけません。**

例題 5

次の計算をしなさい。

(1) $(7x+8y)-(4x-y)$

(2)
$$\begin{array}{rr} & 5x-3y \\ -) & 4x-2y \\ \hline \end{array}$$

(3) $(2x^2-5x-3)-(-x^2+2x-1)$

(1) $(7x+8y)-(4x-y)$

かえない　かえる

$=7x+8y-4x+y$

$=3x+9y$ 答

(2)
$$\begin{array}{rr} & 5x-3y \\ -) & 4x-2y \\ \hline & x-y \end{array}$$
答

$-3y-(-2y)$

$=-3y+2y$

$=-y$

(3) $(2x^2-5x-3)-(-x^2+2x-1)$

$=2x^2-5x-3+x^2-2x+1$

$=3x^2-7x-2$ 答

確認問題 5

次の計算をしなさい。

(1) $(x-3y)-(3x+2y)$

(2)
$$\begin{array}{rr} & 8x-5y \\ -) & 2x-7y \\ \hline \end{array}$$

(3) $(2x-y+z)-(4x-2y+3z)$

(4) $(9x^2-8x-6)-(-2x^2+5x-1)$

ここで，多項式の加法，減法の計算のしかたについてまとめます。

〈多項式の加法と減法の計算のしかた〉 それぞれの多項式に(　　)をつけ，＋，－でつなぐ	
加法	減法
カッコをはずすとき，後ろのカッコの中の符号を**そのまま**つける $4x+3y$ と $2x-5y$ をたす $(4x+3y)+(2x-5y)$ $=4x+3y+2x-5y$ $=6x-2y$	カッコをはずすとき，後ろのカッコの中の符号を**かえて**つける $4x+3y$ から $2x-5y$ をひく $(4x+3y)-(2x-5y)$ $=4x+3y-2x+5y$ $=2x+8y$

例題 6

1　次の２つの多項式をたしなさい。

(1) $2x+5y$，$-8x-3y$

(2) $-x^2+9x-1$，$5x^2-4x+7$

2　次の２つの多項式で，左の式から右の式をひきなさい。

(1) $6x-5y$，$-4x+7y$

(2) $-2x^2-3x+6$，$8x^2+10x-6$

1 (1) $(2x+5y)+(-8x-3y)$

$=2x+5y-8x-3y$

$=-6x+2y$ 答

後ろのカッコの中の符号はそのままつける

(2) $(-x^2+9x-1)+(5x^2-4x+7)$

$=-x^2+9x-1+5x^2-4x+7$

$=4x^2+5x+6$ 答

2 (1) $(6x-5y)-(-4x+7y)$
$=6x-5y+4x-7y$
$=10x-12y$ 答

後ろのカッコの中の符号はかえる

(2) $(-2x^2-3x+6)-(8x^2+10x-6)$
$=-2x^2-3x+6-8x^2-10x+6$
$=-10x^2-13x+12$ 答

トレーニング2

次の計算をしなさい。

▶解答：p.188

(1) $(5x-3y)+(-8x-4y)$

(2) $(-6x+2y)-(x+3y)$

(3) $(5a-3b-2)+(-2a+5b-9)$

(4) $(8a-b-c)-(6a+b-3c)$

(5) $(2x^2+7xy+10y^2)-(3x^2-4xy+8y^2)$

(6)
$$\begin{array}{rr} & 6a-3b \\ +) & -2a-5b \\ \hline \end{array}$$

(7)
$$\begin{array}{rr} & 9x-5y \\ -) & 7x+2y \\ \hline \end{array}$$

(8)
$$\begin{array}{rr} & -x^2 \qquad\quad +y^2 \\ -) & x^2-3xy+2y^2 \\ \hline \end{array}$$

(9) $(10a-3b-2c+d)+(-6a+5b-c-4d)$

(10) $(-6a-3b+4c-3d)-(-2a+b-7c+5d)$

(11) $(0.5x^2+1.8x-0.9)-(1.3x^2-0.5x+1.2)$

(12) $\left(\frac{1}{2}x+\frac{2}{3}y\right)-\left(\frac{5}{2}x-\frac{1}{3}y\right)$

テーマ

3 単項式の乗法と除法

イントロダクション

- 単項式の乗法の計算 ➡ どのようにすれば計算できるか
- 単項式の除法の計算 ➡ 乗法に直して計算する
- 乗法と除法が混じった計算 ➡ 1 つの分数にして約分する

単項式の乗法

$2x\times3y$ を計算すると $6xy$ となります。

つまり，係数どうしをかけて，文字どうしをかけます。

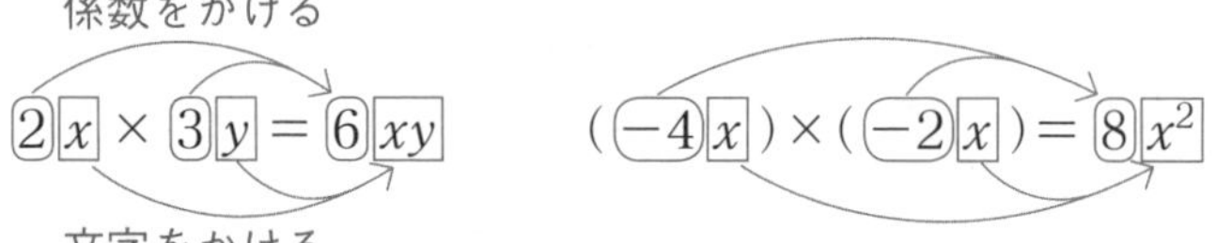

となります。

例題 7

次の計算をしなさい。

(1) $5a\times8b$　　(2) $(-6x)\times5y$

(3) $(-2x)\times(-5y)$　　(4) $3x\times2x\times(-4x)$

(5) $\left(-\dfrac{1}{3}xy\right)\times\dfrac{9}{2}x$　　(6) $(-3x)^2\times(-5x)$

(1) $5a\times8b$

$=\mathbf{40ab}$ 答

(2) $(-6x)\times5y$

$=\mathbf{-30xy}$ 答

(3) $(-2x)\times(-5y)$

$=\mathbf{10xy}$ 答

(4) $3x\times2x\times(-4x)$

$=\mathbf{-24x^3}$ 答

(5) 分数が出てきても，やることは同じです。

$\left(-\dfrac{1}{3}xy\right)\times\dfrac{9}{2}x$

$=\left(-\dfrac{1}{3}\times\dfrac{9}{2}\right)\times(x\times y\times x)$

$=\mathbf{-\dfrac{3}{2}x^2y}$ 答

(6) まず累乗の計算をします。

$(-3x)^2\times(-5x)$

$=9x^2\times(-5x)$

$=\mathbf{-45x^3}$ 答

確認問題 6

次の計算をしなさい。

(1) $8x\times 2y$　(2) $(-4x)\times(-5y)$

(3) $(-2ab)\times(-3b^2)$　(4) $(-2x)\times x^2\times 7x$

(5) $\frac{1}{2}x\times\left(-\frac{10}{3}xy\right)$　(6) $(-5x)^2\times\frac{2}{5}x$

単項式の除法

単項式どうしのわり算をやってみましょう。

$10xy\div(-5x)$　という計算は，まず分数の形にします。

$=\frac{10xy}{-5x}$　÷のうしろの方は分母にきます。

$=\frac{10\times x\times y}{-5\times x}$　文字を含む分数でも，数のときと同じように約分します。

$=-2y$

このようにしてできますが，除法は逆数を使えば乗法にできますね。

$10xy\div(-5x)$

$=10xy\times\left(-\frac{1}{5x}\right)$　わる式の分母と分子を入れかえて乗法にする

$=-\frac{10xy\times 1}{5x}$　約分

$=-2y$

この方がミスが少なくなります。

ポイント

- わる式の分母と分子を入れかえて乗法にする
- 1つの分数にする
- 約分する

$6x\div\frac{3}{5}x$ をやってみます。乗法にしてみてください。

分母と分子を入れかえて，$6x\times\frac{5}{3}x$ となる……ですか？

残念ですが，そうではありません。

$\frac{3}{5}x$ は $\frac{3x}{5}$ と同じなので，$6x\times\frac{5}{3x}$ なのです。たいへん多いミスなので，要注意です。答えは10となります。

例題 8

次の計算をしなさい。

(1) $18ab \div 3a$　　(2) $9x^2y \div 3xy$

(3) $(-8xy^2) \div 2xy^2$　　(4) $6x^2 \div \frac{3}{2}x$

(5) $\left(-\frac{3}{4}x^2y\right) \div \left(-\frac{3}{8}xy\right)$

(1) $18ab \div 3a$

$=18ab \times \frac{1}{3a}$

$=\frac{18ab \times 1}{3a}$

$=6b$ 答

(2) $9x^2y \div 3xy$

$=9x^2y \times \frac{1}{3xy}$

$=\frac{9x^2y \times 1}{3xy}$

$=3x$ 答

(3) $(-8xy^2) \div 2xy^2$

$=(-8xy^2) \times \frac{1}{2xy^2}$

$=-\frac{8xy^2 \times 1}{2xy^2}$

$=-4$ 答

(4) $6x^2 \div \frac{3}{2}x$

$=6x^2 \times \frac{2}{3x}$

$=\frac{6x^2 \times 2}{3x}$

$=4x$ 答

$\div \frac{3x}{2}$ なので，
$\times \frac{2}{3x}$ にする

(5) $\left(-\frac{3}{4}x^2y\right) \div \left(-\frac{3}{8}xy\right)$

$=\left(-\frac{3}{4}x^2y\right) \times \left(-\frac{8}{3xy}\right)$

$=\frac{3x^2y \times 8}{4 \times 3xy}$

$=2x$ 答

$\div \left(-\frac{3xy}{8}\right)$ なので，
$\times \left(-\frac{8}{3xy}\right)$ にする

では，最後に，乗法と除法の混じった計算をやってみましょう。
乗法だけの式にかえてから計算するのがコツです。

例題 9

次の計算をしなさい。

(1) $12x \div 4x \times 2y$

(2) $18ab \times 3b \div (-27ab)$

(3) $(-x^2y) \div \left(-\frac{3}{2}x\right) \times (-9y)$

(1) $12x \times \frac{1}{4x} \times 2y$ なので，$\frac{12x \times 1 \times 2y}{4x} = 6y$ 答

(2) $18ab \times 3b \times \left(-\frac{1}{27ab}\right)$

$= -\frac{18ab \times 3b \times 1}{27ab}$

$= -2b$ 答

(3) $(-x^2y) \times \left(-\frac{2}{3x}\right) \times (-9y)$

$= -\frac{x^2y \times 2 \times 9y}{3x}$

$= -6xy^2$ 答

トレーニング3

次の計算をしなさい。 ▶解答：p.189

(1) $(-2x) \times (-3xy)$

(2) $(-3ab) \times 4abc$

(3) $(-4x)^2 \times 2x$

(4) $(-16xy) \div 4x$

(5) $15a^2b^2 \div (-3ab^2)$

(6) $2x \div (-4xy)$

(7) $30xy^2 \div (-10xy)$

(8) $8xy \div \frac{4}{3}xy$

(9) $a^2b \div ab \times (-3a)$

(10) $a^2x \div (-6ax) \times (-3)$

(11) $(2x)^3 \div \left(-\frac{2}{3}xy\right) \times \left(-\frac{1}{4}y\right)$

(12) $6a^2 \times \frac{1}{2}ab \div \left(-\frac{3}{4}a^3\right)$

テーマ

4 いろいろな計算

イントロダクション

- カッコを含んだ式の計算 ➡ 分配法則を用いてカッコをはずす
- 多項式をわる ➡ 逆数を用いてかけ算にかえる
- 分数を含んだ式の計算 ➡ 通分する

カッコを含んだ式の計算

$2(5a+3b)$のような式は，**分配法則を用いてカッコをはずします。**

$2(5a+3b)=10a+6b$ となります。 分配法則

次の式を計算してみましょう。

$3(2a+5b)-2(a-4b)$ カッコをはずす
$=6a+15b-2a+8b$ 同類項をまとめる
$=4a+23b$

カッコの前の数は，どこまでかけるかわかりづらいです。

こう考えてください。上の式では，2つのかたまりがあります。それを

$\boxed{3}(2a+5b)$ / $\boxed{-2}(a-4b)$ のように分けて考えます。

そして，/ の前をはずし，次に / の後をはずしてつなげます。

例題 10

次の計算をしなさい。

(1) $2(3x+5y)$ (2) $3(2x-7y)$

(3) $-4(6x+2y)$ (4) $\dfrac{1}{2}(8x-4y)$

(5) $5(a+2b)+3(2a-b)$ (6) $-2(3a-4b)-(4a-3b)$

(1) $2(3x+5y)$
$=6x+10y$ 答

(2) $3(2x-7y)$
$=6x-21y$ 答

(3) $-4(6x+2y)$
$=-24x-8y$ 答

(4) $\frac{1}{2}(8x-4y)$
$=\frac{1}{2}\times 8x-\frac{1}{2}\times 4y$ 約分できます
$=4x-2y$ 答

(5) $\boxed{5}(a+2b)$ / $\boxed{+3}(2a-b)$ このように切って考えます。
$=5a+10b+6a-3b$
$=11a+7b$ 答 わかりましたか？

(6) $-2(3a-4b)$ / $-(\ 4a\ -3b\ )$
$=-6a+8b-4a+3b$
$=-10a+11b$ 答

カッコの前が－のときは
カッコの中の式の符号を
かえてはずすんでしたね。

確認問題 7

次の計算をしなさい。

(1) $4(x+5y)$

(2) $-2(3x-6y)$

(3) $\frac{1}{3}(9x-15y)$

(4) $2(6x-y)+(5x-7y)$

(5) $8(a-b)-5(3a+2b)$

次に，$(2x-3y)\div\frac{1}{2}$ のような，わり算をやってみます。

逆数にかえて，かけ算にすればできると思います。

はい，$(2x-3y)\div\frac{1}{2}=(2x-3y)\times 2=4x-6y$ とできます。

ここで，逆数について確認しておきましょう。

逆数とは，かけて1となる関係にある数どうしのことでしたね。

簡単にいえば，**符号をかえずに分母と分子を入れかえてつくる**ことができます。

逆数の例

$-\frac{2}{3}$ vs $-\frac{3}{2}$

$\frac{1}{2}$ vs 2

例題 11

次の計算をしなさい。

(1) $(12x-8y)\div 4$

(2) $(-4x+2y)\div(-2)$

(3) $3(2a+3b)+(a+2b)\div\left(-\frac{1}{2}\right)$

(1) $(12x-8y)\div 4$

↓ 逆数

$=(12x-8y)\times\frac{1}{4}$

$=\mathbf{3x-2y}$ 答

(2) $(-4x+2y)\div(-2)$

↓ 逆数

$=(-4x+2y)\times\left(-\frac{1}{2}\right)$

$=\mathbf{2x-y}$ 答

(3) $3(2a+3b)+(a+2b)\div\left(-\frac{1}{2}\right)$

↓ 逆数

$=3(2a+3b)$ / $+(a+2b)\times(-2)$ 切って考えます

$=6a+9b-2a-4b$

$=\mathbf{4a+5b}$ 答

やり方はわかりましたか？　練習しましょう。

確認問題 8

次の計算をしなさい。

(1) $(8x-14y)\div 2$

(2) $(9a+27b)\div(-3)$

(3) $2(5x-7y)+(x+y)\div\left(-\frac{1}{3}\right)$

$\frac{5a-3b}{4}-\frac{a+b}{2}$ という計算について考えていきます。

何だか複雑そうな計算ですが，どうしたらいいと思いますか？

4をかけて，分母をはらってはダメなんですか？

それをやっていいのは方程式のときだけなので，気をつけてください。

今回は方程式ではなく，文字式の計算なので**分母をはらってはいけません。通分する**のです。

> ちがいに注意しよう
> 方程式 → 分母をはらう
> 文字式の計算 → 通分する

やり方は2通りあります。

$$\frac{5a-3b}{4}-\frac{a+b}{2}$$

分数を前に出す方法

$$=\frac{1}{4}(5a-3b)-\frac{1}{2}(a+b)$$

$$=\frac{5}{4}a-\frac{3}{4}b-\frac{1}{2}a-\frac{1}{2}b$$

通分

$$=\frac{5}{4}a-\frac{3}{4}b-\frac{2}{4}a-\frac{2}{4}b$$

$$=\frac{3}{4}a-\frac{5}{4}b$$

←同じです→

1つの分数にする方法

$$=\frac{5a-3b}{4}-\frac{2(a+b)}{4}$$ 通分

$$=\frac{5a-3b-2(a+b)}{4}$$ 1つに

$$=\frac{5a-3b-2a-2b}{4}$$

$$=\frac{3a-5b}{4}$$

このように，どちらでやっても同じ答えが出ますね。

では，どちらの方が楽でしょうか？

慣れてくると，右側の「1つの分数にする方法」の方が解きやすいはずです。ポイントは，必ず**分数を1つにする**ことです。上の式でいえば，赤い文字の式をつくるようにしてください。

もう1問やってみましょう。

$$\frac{2a+5b}{3}-\frac{a-3b}{4}$$

分母を，3と4の最小公倍数12に通分します。

$$=\frac{4(2a+5b)}{12}-\frac{3(a-3b)}{12}$$

「分母が何倍になったか」を考えて分子にかけます。カッコをつけてください。

$$=\frac{4(2a+5b)-3(a-3b)}{12}$$

1つの分数にします。ここがポイント。

$$=\frac{8a+20b-3a+9b}{12}$$

分子のカッコをはずします。

$$=\frac{5a+29b}{12}$$

同類項をまとめて，答えが求まります。

慣れてきたら，上の赤い文字の式にいきなり行ってもかまいません。

練習してみましょう。

例題 12

次の計算をしなさい。

(1) $\dfrac{x+2y}{2}-\dfrac{2x+y}{3}$　　　(2) $\dfrac{5x+7y}{6}+\dfrac{3x-y}{4}$

(1) $\dfrac{x+2y}{2}-\dfrac{2x+y}{3}$　　分母を 6 に通分します。

$=\dfrac{3(x+2y)}{6}-\dfrac{2(2x+y)}{6}$　　カッコをつけるのを忘れずに

$=\dfrac{3(x+2y)-2(2x+y)}{6}$　　1 つの分数に

$=\dfrac{3x+6y-4x-2y}{6}$　　カッコをはずして，計算します。

$=\dfrac{-x+4y}{6}$ 　　これでできました。

この答えですが，6 と 4 は約分できないんですか？

できないんです。**分母や分子にたし算やひき算が入っている式では，一部分だけの約分は禁止です。**注意しましょう。

ところが，たとえば $\dfrac{-2x+4y}{6}$ となったら，全部を一気に 2 で約分して，$\dfrac{-x+2y}{3}$ としなければいけません。ちがいがわかりましたか？

(2) $\dfrac{5x+7y}{6}+\dfrac{3x-y}{4}$　　分母を 12 に通分します。

$=\dfrac{2(5x+7y)}{12}+\dfrac{3(3x-y)}{12}$

$=\dfrac{2(5x+7y)+3(3x-y)}{12}$　　慣れてきたら，この式にいきなり行ってもかまいません。

$=\dfrac{10x+14y+9x-3y}{12}$

$=\dfrac{19x+11y}{12}$ 答

次の計算をしなさい。

▶解答：p.190

(1) $-3(4x+6y)$

(2) $2(-3a+4b)$

(3) $-5(x+2y-3z)$

(4) $\frac{1}{3}(9x+6y)$

(5) $2(6x-7y)+3(2x+5y)$

(6) $-3(5x+y)-(8x-9y)$

(7) $(9x-15y)\div(-3)$

(8) $(2a-b)\div\left(-\frac{1}{4}\right)$

(9) $\frac{1}{3}(21x-15y)-(4x+3y)\div\left(-\frac{1}{2}\right)$

(10) $\frac{5x-y}{3}+\frac{x+7y}{2}$

(11) $\frac{9x-5y}{4}+\frac{-4x+2y}{3}$

(12) $\frac{2x+5y}{6}-\frac{x+2y}{3}$

(13) $\frac{-4x+2y}{5}-\frac{3x-y}{2}$

(14) $\frac{x-3y}{4}-\frac{5x+4y}{6}$

(15) $\frac{9x+10y}{8}-\frac{3x-7y}{6}$

テーマ

5 式の値

イントロダクション

- ◆ 式の値の意味 ➡ 変数がある値をとったときとは
- ◆ 文字が 2 つ以上ある式の値 ➡ 正確に代入する
- ◆ 代入のしかた ➡ どこで代入するか

式の値

文字式において，文字がある値をとると，その式がある値をとります。たとえば，xy という式は，$x=2$，$y=3$ のときは 6 になりますね。これを式の値といいます。式の値は，その値を文字に代入して求めます。

例題 13

$x=2$，$y=-3$ のとき，次の式の値を求めなさい。

(1) $3x+2y$　　(2) $x-5y$

(3) $2x-y^2$　　(4) $\frac{1}{6}xy$

(1) $x=2$，$y=-3$ を代入します。

$3x+2y$
$=3\times2+2\times(-3)$
$=6-6$
$=0$ 答

代入すると文字式ではなくなるので，×を書きます。負の数を代入するときは(　)をつけます。

(2) $x-5y$
$=2-5\times(-3)$
$=2+15$
$=17$ 答

(3) $2x-y^2$
$=2\times2-(-3)^2$
$=4-9$
$=-5$ 答

(4) $\frac{1}{6}xy$
$=\frac{1}{6}\times2\times(-3)$
$=-1$ 答

負の数の代入は，ミスが多いので注意しましょう。

確認問題 9

$x=-4$，$y=3$ のとき，次の式の値を求めなさい。

(1) $-3x+4y$　　(2) $2x^2-7y$

(3) $-\frac{1}{2}x+\frac{2}{3}y$　　(4) $-\frac{1}{12}x^2y$

次に，式がさらに複雑な場合を考えましょう。

例題 14

$a=3$，$b=-2$ のとき，次の式の値を求めなさい。

(1)　$2a+b-3a+2b$　　　(2)　$3(2a+5b)-(4a+11b)$

(3)　$2a^2\div 4ab\times 6b$

(1)　$2a+b-3a+2b$ に $a=3$，$b=-2$ を代入して，

$2\times 3+(-2)-3\times 3+2\times(-2)=\cdots$

とやっても式の値は求まりますが，ややこしいです。もとの式を見てください。同類項がありますね。まず式を簡単にします。

$2a+b-3a+2b$

$=\boldsymbol{-a+3b}$　この式に代入して，

$-3+3\times(-2)$

$=-9$　答

式の値の求め方のポイント
式を簡単にしてから代入する

式を簡単にしてから，最後の式に代入するんですね。

はい。合言葉「代入は，式を簡単にしてから」です。

(2)　$3(2a+5b)-(4a+11b)$

$=6a+15b-4a-11b$

$=\boldsymbol{2a+4b}$　この式に代入して，

$2\times 3+4\times(-2)$

$=-2$　答

(3)　$2a^2\times\dfrac{1}{4ab}\times 6b=\boldsymbol{3a}$　代入して，9　答

こうやって解くとアッサリできます。最初の式に代入したらたいへんです。

確認問題 10

$x=-2$，$y=-3$ のとき，次の式の値を求めなさい。

(1)　$4x+8y-3x-10y$　　　(2)　$6(x+2y)-2(4x+5y)$

(3)　$-4xy^2\times 6x\div 12xy$

テーマ

6 等式の変形とその利用

イントロダクション

◆ 文字について解くこと ➡ どんな形の等式にすることか
◆ 等式の変形のしかた ➡ 移項，等式の性質を利用する
◆ 等式の変形の利用 ➡ 文章題への応用

等式の変形

$2x+y=5$ という等式があったとします。

この式は，$2x$ を右辺に移項すると $y=5-2x$ という式になります。

このように，左辺を y だけ，右辺を y 以外の式に変形することを，**y について解く**といいます。

やり方は，①移項，②等式の性質を利用し，左辺を主役の文字だけにします。

> 「y について解く」とは，
> $y=$ ◯ の形にすること

例題 15

次の式を，〔　〕の中の文字について解きなさい。

(1) $y+3=x$ 〔y〕　(2) $2x=3y$ 〔x〕

(3) $6x-3=y$ 〔x〕　(4) $2a+3b=10$ 〔a〕

(1) $y+3=x$　y について解くということは y が主役です。

答 $y=x-3$　$y=$ ◯ の形にするために，3 を移項します。

(2) $2x=3y$　$x=$ ◯ の形にするには，2 がじゃまです。

この 2 をなくすには，どうすればいいですか？

両辺を 2 でわればいいと思います。

そのとおりです。左辺は $x\times2$ なので，2 でわります。

2 を移項してしまわないよう，注意してください。

$2x=3y$

両辺を 2 でわって

答 $x=\dfrac{3y}{2}$

(3) $6x-3=y$　　まず，主役の x を含む項 $6x$ だけを左辺にするため，
$6x=y+3$　　-3 を移項します。

そして，左辺は $x\times6$ なので，両辺を 6 でわります。$x=\dfrac{y+3}{6}$ 

分子にたし算があるので，3 と 6 は約分できないですね。

よく理解できていますね。うっかり約分しないよう注意しましょう。

(4) $2a+3b=10$　　a を含む項だけを左辺に残すよう，$3b$ を移項します。
$2a=10-3b$　　そして，両辺を 2 でわります。

答 $a=\dfrac{10-3b}{2}$　　これも約分できません。

> 文字について解く手順(基本)
> ①注目する文字を含む項以外を右辺に移項する
> ②その文字の係数で両辺をわる(約分ミスに注意する)

ある文字について解くとき，等式の形で答えなければいけません。
左辺を書き忘れないよう，注意してください。

(4) の答えは $a=\dfrac{10-3b}{2}$ で，右辺の $\dfrac{10-3b}{2}$ ではありません。

例題 16

次の等式を〔　〕内の文字について解きなさい。

(1) $\dfrac{ah}{2}=S$ 〔a〕　　(2) $\dfrac{1}{3}\pi r^2h=V$ 〔h〕

(1) 分数はイヤですね。両辺に 2 をかけます。

$ah=2S$　　右辺にも 2 をかけるのを忘れずに。
　　そして，a にかけられた h で両辺をわります。

答 $a=\dfrac{2S}{h}$

(2) 両辺に 3 をかけましょう。

$\pi r^2h=3V$　　右辺にも 3 をかけます。
　　左辺は $h\times\pi r^2$ なので，両辺を πr^2 でわります。

答 $h=\dfrac{3V}{\pi r^2}$

確認問題 11

次の等式を，〔　〕内の文字について解きなさい。

(1) $a-5=b$ 〔a〕　　(2) $6x=5y$ 〔x〕

(3) $8x-2=y$ 〔x〕　　(4) $\frac{1}{3}a^2h=V$ 〔h〕

例題 17

次の等式を，〔　〕内の文字について解きなきい。

(1) $y=x+2$ 〔x〕　　(2) $3x=4y$ 〔y〕

(3) $y=16-2x$ 〔x〕　　(4) $l=2(a+b)$ 〔a〕

(1) この問題は，今までの問題とちがって，主役の x が右辺にありますね。どうやって x を左辺にもって行きますか？

x を移項すればいいと思います。

確かにそれでもできますが，移項すると符号がかわってしまいますね。そこで，左辺と右辺をそっくりそのままひっくりかえしてみます。

$x+2=y$ 〈 $A=B$ ならば $B=A$

これで，2 を右辺に移項してでき上がりです。 答 $x=y-2$

この方法は，主役が右辺にあるときに有効ですね。

(2) y が右辺にあるので，両辺を入れかえます。

$4y=3x$　両辺を 4 でわって，　$y=\frac{3x}{4}$ 答

(3) 両辺を入れかえると，$16-2x=y$

16 を右辺に移項して，　$-2x=y-16$

この式は，先頭に－がついていますね。このとき両辺に－1 をかけて符号をかえておくと楽です。

$2x=-y+16$　←両辺に×(－1)　$x=\frac{-y+16}{2}$ 答

ポイント

- 解きたい文字が右辺にあったら両辺を入れかえる
- 先頭に－がきたら両辺に－1 をかけて符号をかえる

(4) 両辺を入れかえましょう。このあと，2 通りの方法があります。

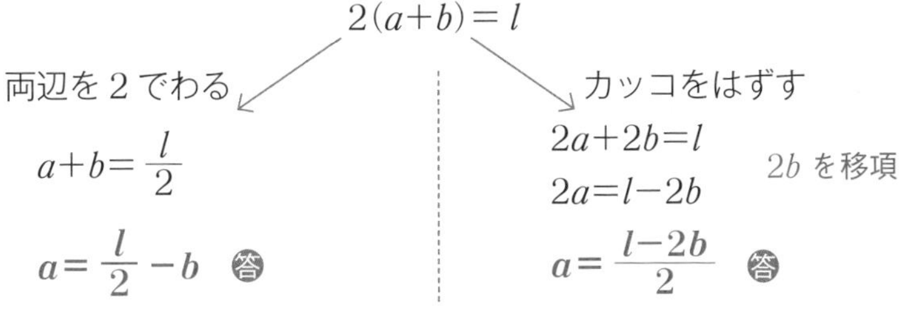

これらは同じ式です。どちらで解いてもかまいません。

ここまでやってわかったと思いますが，等式の変形は途中のやり方には決まりがないのです。道順はいろいろで，ゴールに着けばよいのです。

確認問題 12

次の等式を〔 〕内の文字について解きなさい。

(1) $4y=5-x$ 〔x〕　　(2) $2x=5y$ 〔y〕

(3) $y=\dfrac{2x-1}{3}$ 〔x〕　　(4) $x=5(a+2b)$〔a〕

等式の変形の利用

例題 18

50 本の鉛筆を 5 人に a 本ずつ配ったら b 本余った。
a を，b を用いて表しなさい。

いきなり $a=$ の式を作るのは難しく感じますね。
5 人に a 本ずつ配って b 本たせば 50 本ですね。
ということは，$5a+b=50$　これならできますね。
そして，$5a+b=50$ を a について解く問題なのです。

a a a a a　b本あまり
5人

$5a=50-b$

$a=\dfrac{50-b}{5}$ 答

（文章題への応用）
作りやすい等式を立て，変形すればよい。

確認問題 13

あるテストの結果，男子 5 人の平均点が a 点，女子 4 人の平均点が b 点で，合計 9 人の平均点が m 点であった。a を，b と m を用いた式で表しなさい。

テーマ

7 文字を使った説明

イントロダクション

- ◆ 文字を使った説明をするわけ ➡ 必ず成り立つことを説明する
- ◆ 偶数や奇数の表し方 ➡ 文字を用いてつくる
- ◆ 結論の導き方 ➡ 説明のしかたを身につける

偶数や奇数の説明

偶数とは 0 と 2 の倍数，奇数とは偶数に 1 を加えてできる数ですね。

たとえば，偶数と偶数をたすと偶数になることは，皆さん知っているかと思います。それを，説明できますか？

たとえば，$2+4=6$，$8+6=14$ など，偶数どうしをたせば偶数になってはいますが，これは例でしかないので，説明したことになりません。

このように，数学では，普段あたりまえだと思っていることであっても，必ずそうなることを説明していきます。

そこで重要なのが文字の利用です。

たとえば，m を整数として $2m$ と表せば，どんな偶数にもなれますね。n を整数として $2n$ と表しても偶数になり，m を整数として $2m+1$ と表せば，奇数ができます。（整数を表す文字は m や n をよく使います）

m，n を整数として	偶数のつくり方	奇数のつくり方
	$2m$，$2n$	$2m+1$，$2n+1$

例題 19

偶数と偶数の和は偶数であることを，文字を使って説明しなさい。

2 つの偶数を，整数 m，n を使って $2m$，$2n$ と表す。	① 文字を使って表します。
偶数と偶数の和は， $2m+2n=2(m+n)$	② 和を計算し，2 でくくります。
$m+n$ は整数だから $2(m+n)$ は 偶数である。	③（　　）の中が整数を示し， 2×(整数) なので偶数である と説明します。
したがって， 偶数と偶数の和は偶数である。	④ 結論を述べます。

もう1題，練習しておきましょう。

例題 20

偶数と奇数の和は奇数であることを，文字を使って説明しなさい。

前ページの①～④の手順にそって説明してみましょう。
まず，偶数と奇数を，文字を使って表してみてください。

m，n を整数として，偶数は $2m$，奇数は $2n+1$ です。

はい。それで OK です。わかってきましたね。では書いていきます。

m，n を整数として，偶数を $2m$，奇数を $2n+1$ と表す。 ―― ① 文字を使って表します。

偶数と奇数の和は，

$$2m+(2n+1)$$
$$=2m+2n+1$$
$$=2(m+n)+1$$

―― ② 和を計算して，2 でくくります。

$m+n$ は整数だから，$2(m+n)+1$ は奇数である。 ―― ③ (　　)の中が整数を示し，2×(整数)+1 なので奇数といえます。

したがって，
偶数と奇数の和は奇数である。 ―― ④ 結論を述べます。

苦手な人が多い分野ですが，このような手順にそって書けばできるようになります。説明の言いまわしは，あまりこだわらなくて大丈夫です。

確認問題 14

奇数と奇数の和は偶数であることを，文字を使って説明しなさい。

いろいろな説明

偶数や奇数以外にも，文字を使っていろいろな説明ができます。

初めに，文字を使って数を表してみましょう。

m，n を整数としていろいろな数を表すと，右のようになります。

3 の倍数→ $3m$，$3n$
5 の倍数→ $5m$，$5n$
連続する 3 つの整数→ m，$m+1$，$m+2$
連続する 2 つの偶数→ $2m$，$2m+2$

例題 21

5の倍数と5の倍数の和は5の倍数である。このことを文字を使って説明しなさい。

m，n を整数として，2つの5の倍数を $5m$，$5n$ と表す。
これらの和は，
$5m+5n$
$=5(m+n)$ ＜5の倍数であることを示すために5でくくります
$m+n$ は整数だから，＜(　　)の中が整数であることを示します
$5(m+n)$ は5の倍数である。＜5×(整数)は5の倍数
したがって，5の倍数と5の倍数の和は5の倍数である。

確認問題 15

3の倍数と3の倍数の和は3の倍数である。このことを文字を使って説明しなさい。

書き方がほぼ一緒に思えてきました！

そういう感覚になってきたら，この分野はもう身についたといえます。

例題 22

連続した3つの整数の和は3の倍数である。このことを文字を使って説明しなさい。

連続した3つの整数とは，3，4，5とか8，9，10のような3つの整数のことです。3+4+5=12，8+9+10=27　確かに和はどちらも3の倍数になりました。いつでもそうなることを説明するんですね。

m を整数として，連続した3つの整数を m，$m+1$，$m+2$ と表す。
これらの和は，$m+(m+1)+(m+2)$
$=3m+3$
$=3(m+1)$ ＜3でくくりました
$m+1$ は整数だから $3(m+1)$ は3の倍数である。
したがって，連続した3つの整数の和は3の倍数である。

確認問題 16

連続した5つの整数の和は5の倍数である。このことを文字を使って説明しなさい。

例題 23

連続した2つの奇数の和は4の倍数である。このことを文字を使って説明しなさい。

小さい方の奇数を $2m+1$ と表すと，次の奇数はどう表せますか？

小さい方の奇数より2増えるので，$2m+3$ です。

正解です。$(2m+1)+2$ で $2m+3$ となりますね。

m を整数として，連続した2つの奇数を $2m+1$，$2m+3$ と表す。

これらの和は，$(2m+1)+(2m+3)$

$=4m+4$

$=4(m+1)$　4でくくりました

$m+1$ は整数だから，$4(m+1)$ は4の倍数である。

したがって，連続した2つの奇数の和は4の倍数である。

例題 24

2けたの自然数と，その数の十の位と一の位を入れかえた自然数との和は11の倍数になる。このことを文字を使って説明しなさい。

もとの自然数の十の位の数を x，一の位の数を y とすると，もとの自然数は $10x+y$，入れかえた自然数は $10y+x$ と表される。

これらの和は，

$(10x+y)+(10y+x)$

$=11x+11y$

$=11(x+y)$　11でくくります

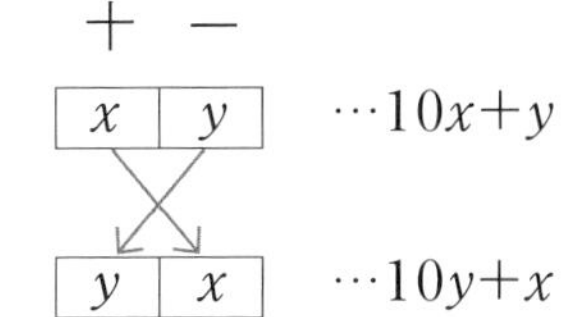

$x+y$ は整数だから，$11(x+y)$ は11の倍数である。

したがって，2けたの自然数と，その数の十の位と一の位を入れかえた自然数との和は11の倍数になる。

式の計算まとめ

定期テスト対策 A

▶解答：p.192

1. 次の多項式の次数を求めなさい。また項をすべて書きなさい。

(1) $2a+5b^2$　　(2) x^2y-y^2+3x+1

2. 次の式の同類項をまとめて簡単にしなさい。

(1) $-3a+4b+2a-8b$　　(2) $5x^2-x-3x^2+4x$

3. 次の計算をしなさい。

(1) $(5x-2y)+(2x-3y)$

(2) $(4a+3b)-(6a-2b)$

(3) $\begin{array}{rr} & 5x+2y \\ +) & 3x-y \\ \hline \end{array}$　　(4) $\begin{array}{rr} & 8a-3b \\ -) & 7a-3b \\ \hline \end{array}$　　(5) $\begin{array}{rr} & x^2+4x-5 \\ -) & 3x^2-3x-7 \\ \hline \end{array}$

4. 次の計算をしなさい。

(1) $3(2x-y)$　　(2) $-2(3x-y+4)$

(3) $(4x-6y)\div 2$　　(4) $(10a-15b+5)\div(-5)$

(5) $3(x+2y)-(2x-y)$

(6) $-3(2b-a)+5(2a+3b)$

(7) $6(x-2y)-3(3x-4y)$

(8) $5a\times 3b$　　(9) $3x\times(-2y)$

(10) $(-6x)\times(-2ab)$　　(11) $\dfrac{2}{5}x\times(-10y)$

5.　$a=-3$，$b=2$ のとき，次の式の値を求めなさい。

(1)　$2a+5b$　　(2)　a^2-ab　　(3)　$-4a-b$

(4)　$3(2a-b)-2(4a-3b)$　　(5)　$6a^2b^2\div(-2ab)$

6.　次の等式を〔　〕内の文字について解きなさい。

(1)　$2x+y=8$　〔y〕　　(2)　$4x=y-2$　〔y〕

(3)　$l=2\pi r$　〔r〕　　(4)　$2a+b=6$　〔a〕

(5)　$b=\dfrac{a-1}{2}$　〔a〕　　(6)　$m=3(a+b)$　〔a〕

7.　奇数から偶数をひいた差は奇数になることを，次のように説明した。
□にあてはまるものを入れなさい。

m，n を整数として，奇数は□，偶数は $2n$ と表される。
奇数から偶数をひいた差は，
(□) $-2n=2$(□) $+1$
□は整数だから，2(□) $+1$ は奇数である。
したがって，奇数から偶数をひいた差は奇数である。

8.　連続する 3 つの偶数の和は 6 の倍数になることを，次のように説明した。□にあてはまるものを入れなさい。

m を整数として，連続する 3 つの偶数は $2m$，□，□と表される。これらの和は，
$2m+$(□)$+$(□)$=6$(□)
□は整数だから，6(□)は 6 の倍数である。
したがって，連続する 3 つの偶数の和は 6 の倍数である。

式の計算まとめ　定期テスト対策B

▶解答：p.194

1.　次の計算をしなさい。

(1)　$6(2x-5y)-5(x-3y)$

(2)　$2(2x+3y)-(x-3y+4)$

(3)　$3(x-2y-5)+2(x+3y+4)$

(4)　$4(2a^2+3a-1)-3(a^2+3a-2)$

2.　次の計算をしなさい。

(1)　$12xy \div \frac{4}{3}x$

(2)　$(-20ab) \div \left(-\frac{5}{2}a\right)$

(3)　$6ab \times 4b \div (-8a)$

(4)　$-2x^2 \times (-12xy) \div 8x^2y$

3.　次の計算をしなさい。

(1)　$\left(\frac{5}{3}x-\frac{1}{2}y\right) \div \left(-\frac{1}{6}\right)$

(2)　$\frac{x+3y}{2}+\frac{2x-5y}{3}$

(3)　$\frac{x-5y}{3}-\frac{3x-2y}{4}$

(4)　$\frac{5x-3y}{4}-\frac{2x-7y}{6}$

4.　$a=4$，$b=-2$ のとき，次の式の値を求めなさい。

(1)　$(2a+b)-3(a+3b)$

(2)　$8ab^2 \times 3b \div (-6b^2)$

(3)　$-14a^2b^3 \div \left(-\frac{7}{2}ab\right)$

5. 次の等式を，〔　〕内の文字について解きなさい。

(1) $5x-3y=18$　〔y〕　　(2) $\dfrac{x}{2}-3y=5$　〔x〕

(3) $m=\dfrac{3a+4b}{7}$　〔a〕　　(4) $V=\dfrac{1}{3}abc$　〔a〕

(5) $a=2(b+5)$　〔b〕　　(6) $a-2b+c=8$　〔b〕

6. 男子 18 人, 女子 17 人の合計 35 人のクラスで数学のテストを行った。男子の平均点は a 点，女子の平均点は b 点で，クラス全体の平均点は m 点であった，次の問に答えなさい。

(1) m を，a，b を用いて表しなさい。

(2) a を，b，m を用いて表しなさい。

7. 右の図の台形の面積を S として，次の問に答えなさい。

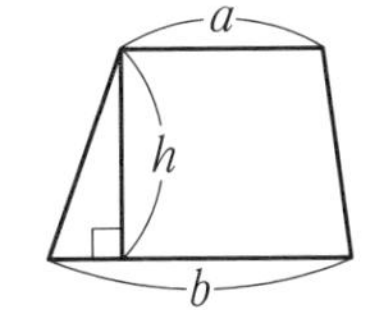

(1) S を，a，b，h を用いて表しなさい。

(2) a を，b，h，S を用いて表しなさい。

8. 右のカレンダーにおいて，図のような形で囲んだ５つの数の和は５の倍数となることの説明を完成させなさい。

日	月	火	水	木	金	土
1	2	3	4	5	6	7
8	9	10	11	12	13	14
15	16	17	18	19	20	21
22	23	24	25	26	27	28
29	30	31				

中央の数を x とする。他の４つの数は，x を用いて表すと右のようになる。

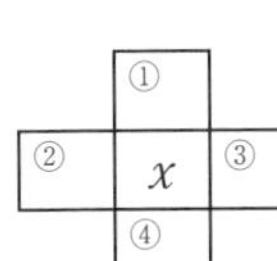

この５つの数の和は，

(①□) + (②□) + x + (③□) + (④□) = ⑤□

x は整数だから⑤□は５の倍数。よってこれらの和は５の倍数である。

第2章 連立方程式

テーマ1 連立方程式の解き方

イントロダクション

- **連立方程式と解** ⇒ 連立方程式とは何か，解とは何か
- **加減法による解き方** ⇒ どのようにして文字を消去するか
- **代入法による解き方** ⇒ 代入法の利点を知る

連立方程式とは

文字を2つ含む1次方程式のことを**2元1次方程式**といいます。
つまり，この「元」とは，含まれる文字の数を表します。
中1で学習した，1つの文字を含む1次方程式は1元1次方程式です。
たとえば，$2x+y=5$ のような方程式が，2元1次方程式です。
この方程式は，$x=1$，$y=3$ のときに成り立つので，これは解です。

この方程式は $x=2$，$y=1$ のときも成り立ちますよね？

そうなんです。他にも，$x=0$，$y=5$ で成り立ちますね。
つまり，**2元1次方程式には解が無数にある**んです。
ところが，2つの2元1次方程式を組にすると解は1つに決まります。このように，**2つの2元1次方程式を組にしたものを連立方程式といいます**。たとえば，この $2x+y=5$ と，もう1つ $x+2y=7$ を組にすると，
$\begin{cases} 2x+y=5 \\ x+2y=7 \end{cases}$ という連立方程式ができるわけです。
この両方の式を成り立たせる x，y の値は，$x=1$，$y=3$ しかないのです。これを，連立方程式の**解**といいます。求め方はこの後やります。解を求めることを，連立方程式を**解く**といいます。

2つの2元1次方程式を組にしたもの　連立方程式 $\begin{cases} 2x+y=5 \\ x+2y=7 \end{cases}$ —解く→ 解 $\begin{cases} x=1 \\ y=3 \end{cases}$

例題 25

連立方程式 $\begin{cases} x+y=5 \cdots ① \\ 2x+y=7 \cdots ② \end{cases}$ について次の問に答えなさい。

(1) ①の式について，下の表を完成させなさい。

x	0	1	2	3	4	5
y						

(2) ②の式について，下の表を完成させなさい。

x	0	1	2	3	4	5
y						

(3) この連立方程式の解を答えなさい。

(1) $x+y=5$ に $x=0$ を代入すると，$y=5$

$x=1$ を代入すると，$y=4$　　下の表ができます。

x	0	1	2	3	4	5
y	5	4	3	2	1	0

(2) 同じように $x=0,\ 1,\ 2,\ \cdots$ を代入して y の値を求めていきます。右の表ができます。

x	0	1	2	3	4	5
y	7	5	3	1	-1	-3

(3) できた表から，$x=2,\ y=3$ がどちらにも登場しています。

これが解です。　答 $x=2,\ y=3$

この方法で解をさがすのは，たいへんです。

そうですよね。今回はたまたま解が見つかっただけです。
そこで，計算によって効率よく解く方法を，これから学習します。

加減法による連立方程式の解き方

連立方程式 $\begin{cases} 2x+3y=11 & \cdots ① \\ -2x+y=1 & \cdots ② \end{cases}$ を解くことを考えます。

①の式と②の式の，左辺どうし，右辺どうしをたすとどうなるでしょう。

$$\begin{array}{rr} & 2x+3y=11 \\ +) & -2x+y=1 \\ \hline & 4y=12 \\ & y=3 \end{array}$$

x がなくなる

このように，縦書き計算をしてみます。すると，x を含む項がなくなりますね。$y=3$ と求まり，①か②のどちらかに代入します。$x=1$ と求まります。

答 $x=1,\ y=3$

前ページでやったことをふりかえってみます。

式どうしをたして，x がない式にできました。このことを，x を**消去**（しょうきょ）**する**といいます。つまり，一方の文字を消去すれば解が求まるのです。一方の式からもう一方の式をひくことで，文字が消去できることもあります。

このようにして一方の文字を消去する解き方を，**加減法**といいます。

加減法
式どうしをたしたりひいたりして，一方の文字を消去する解き方

例題 26

次の連立方程式を解きなさい。

(1) $\begin{cases} x+y=5 \\ 2x-y=1 \end{cases}$　(2) $\begin{cases} 2x+3y=1 \\ 2x-5y=9 \end{cases}$

(1) $\begin{cases} x+y=5 & \cdots① \\ 2x-y=1 & \cdots② \end{cases}$　y の係数を見ると，たせば y が消去できそうです。

①＋②より，

$$\begin{array}{rr} & x+y=5 \\ +) & 2x-y=1 \\ \hline & 3x \quad =6 \end{array}$$

yの消去に成功！　$x=2$

①に代入しましょう（②に代入しても OK です）。

$2+y=5$ より，$y=3$　㊟ $x=2$，$y=3$

(2) $\begin{cases} 2x+3y=1 & \cdots① \\ 2x-5y=9 & \cdots② \end{cases}$　x の係数が同じです。どうしますか？

①と②をたしても消えません。ひけば x が消えそうです。

その通りです。係数が同じ文字があったら，ひくと消去できます。

①－②より，

$$\begin{array}{rr} & 2x+3y=1 \\ -) & 2x-5y=9 \\ \hline & 8y=-8 \end{array}$$

xの消去に成功！　$y=-1$

①に代入して，$2x-3=1$

$x=2$　㊟ $x=2$，$y=-1$

係数の符号ちがい→たして消去，係数が同じ→ひいて消去　ですね。

確認問題 17

次の連立方程式を解きなさい。

(1) $\begin{cases} x+y=7 \\ 2x-y=2 \end{cases}$　　(2) $\begin{cases} 3x+2y=11 \\ 3x-4y=-13 \end{cases}$

連立方程式 $\begin{cases} 3x-y=-6 & \cdots ① \\ 2x+3y=7 & \cdots ② \end{cases}$ は，どうやったら解けるでしょうか。

①と②をたしても，①から②をひいても，x も y も消去できません。

等式は，両辺に同じ数をかけても成り立つんでしたね。

そこで，①の式の両辺を 3 倍するとどうなるでしょうか。

$\begin{cases} 3x-y=-6 \cdots ① & \text{両辺を 3 倍すると} \rightarrow 9x-3y=-18 \cdots ①' \\ 2x+3y=7 \cdots ② & \rightarrow \text{そのまま} \rightarrow 2x+3y=7 \cdots ② \end{cases}$

どうですか？　これなら①′＋②で y が消去できますね。

①′＋②より，

$$\begin{array}{rrl} & 9x-3y & =-18 \\ +) & 2x+3y & =7 \\ \hline & 11x & =-11 \\ & x & =-1 \end{array}$$

> 係数がそろっていないとき
> ↓
> 式の両辺に同じ数をかけて
> 係数をかえる

もとの式の①に代入しちゃいましょう。

$-3-y=-6$ より，$y=3$　

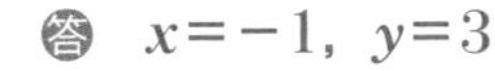

答 $x=-1$，$y=3$

式を何倍かして係数をかえてしまえばいいんですね。

例題 27

連立方程式 $\begin{cases} 2x+3y=-4 \\ x+2y=-1 \end{cases}$ を解きなさい。

$\begin{cases} 2x+3y=-4 \cdots ① \\ x+2y=-1 \cdots ② \end{cases}$　②の式の x の係数を 2 にしたいですね。

②の式の両辺を 2 倍します。$2x+4y=-2 \cdots ②'$

①−②′より，

$$\begin{array}{rrl} & 2x+3y & =-4 \\ -) & 2x+4y & =-2 \\ \hline & -y & =-2 \quad y=2 \end{array}$$

右辺の 2 倍も忘れずに！

②に代入して，$x=-5$ と求まります。　答 $x=-5$，$y=2$

確認問題 18

次の連立方程式を解きなさい。

(1) $\begin{cases} 2x+y=-2 \\ 3x-2y=-17 \end{cases}$　　(2) $\begin{cases} x+4y=1 \\ 2x+3y=7 \end{cases}$

例題 28

連立方程式 $\begin{cases} 3x+2y=14 \\ 4x-5y=-12 \end{cases}$ を解きなさい。

$\begin{cases} 3x+2y=14 \cdots ① \\ 4x-5y=-12 \cdots ② \end{cases}$　一方を何倍かしても，係数がそろいません。

こんなときは，①にも②にも何かをかけていきます。

たとえば，x の係数に着目してください。

3と4の最小公倍数

①では，x の係数が3

②では，x の係数が4です。

→x の係数を12にそろえましょう。

$\begin{cases} 3x+2y=14 \cdots ① & \text{両辺を4倍して→ } 12x+8y=56 \cdots ①' \\ 4x-5y=-12 \cdots ② & \text{両辺を3倍して→ } 12x-15y=-36 \cdots ②' \end{cases}$

そして①′から②′をひけば x が消去できますね。

①′－②′より，

$$\begin{array}{rr} & 12x+8y=56 \\ -) & 12x-15y=-36 \\ \hline & 23y=92 \end{array} \qquad y=4$$

①に代入して，$3x+8=14$

$x=2$　　答 $x=2$，$y=4$

このように，一方の式の両辺にかけても文字が消去できないときは，**それぞれの式の両辺に数をかけて，係数の絶対値をそろえます。**

y を消去することもできるんじゃないですか？

はい。よいところに気づきましたね。

その場合は①の両辺を5倍して，②の両辺を2倍します。

①×5より，$15x+10y=70$

②×2より，$8x-10y=-24$　　このように，y の係数が10と－10になって，たせば y が消去できます。どちらでやってもかまいませんよ。

確認問題 19

次の連立方程式を解きなさい。

(1) $\begin{cases} 3x-2y=18 \\ 2x+3y=-1 \end{cases}$　　(2) $\begin{cases} 9x-4y=-1 \\ 6x-5y=-17 \end{cases}$

出た答えが合っているのか，確かめられませんか？

計算が複雑になると，その解で合っているのか不安ですよね。

実は，確かめる方法があります。検算のしかたを紹介しましょう。

解とは，連立方程式を成り立たせる文字の値のことです。

ということは，逆にいえば解を代入したときに成り立つはずです。

つまり，もとの連立方程式に代入してみればよいのです。

そして，成り立っていることを確かめてください。

（連立方程式の検算のしかた）
出た解を，もとの連立方程式に代入し，成り立っているかを確かめる

代入法による連立方程式の解き方

連立方程式 $\begin{cases} x-2y=1 & \cdots① \\ y=x-3 & \cdots② \end{cases}$ を解くことを考えてみます。

②の式を$-x+y=-3$と変形して，加減法で解くことはできます。

しかし，せっかく②の式が「$y=$　」の形をしているのです。

②を使って，①のyを$x-3$におきかえてみます。

②を①に代入すると，

$x-2(x-3)=1$

簡単にyが消去できます。

$x-2x+6=1$

$x=5$

（代入のしかた）

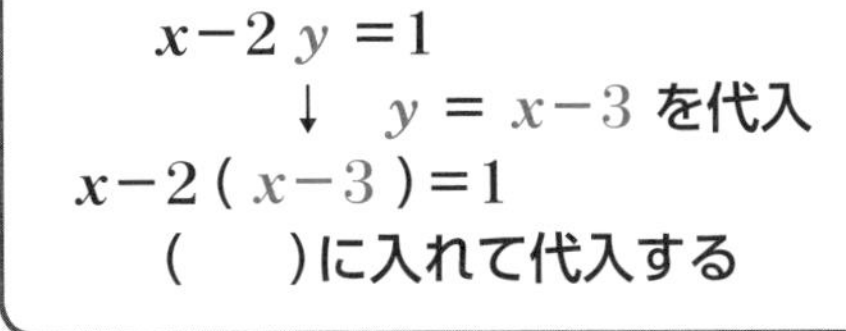

②に代入して，$y=2$　　答 $x=5$，$y=2$

このような解き方を，**代入法**といいます。まとめておきましょう。

一方の式が「$x=$　」,「$y=$　」の形をした連立方程式では，その式をもう一方の式に代入して，文字を消去するのです。

例題 29

次の連立方程式を，代入法で解きなさい。

(1) $\begin{cases} 3x-2y=-2 \\ y=x+2 \end{cases}$　　(2) $\begin{cases} x=2y+3 \\ 2x-5y=8 \end{cases}$

(1) $\begin{cases} 3x-2y=-2 \cdots ① \\ y=x+2 \cdots ② \end{cases}$ 代入

②を①に代入して，$3x-2(x+2)=-2$

これを解いて，$x=2$

②に代入して，$y=4$　　答 $\boldsymbol{x=2,\ y=4}$

(2) $\begin{cases} x=2y+3 \cdots ① \\ 2x-5y=8 \cdots ② \end{cases}$ 代入

①を②に代入して，$2(2y+3)-5y=8$

これを解いて，$y=-2$

①に代入して，$x=-4+3=-1$　　答 $\boldsymbol{x=-1,\ y=-2}$

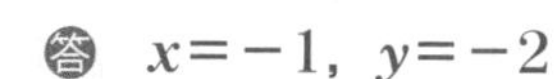

解は，yを先に書いてもいいですか？

厳密には間違いではありませんが，解はふつうアルファベット順に並べます。aとbなら$a=$○，$b=$△，xとyなら$x=$○，$y=$△と書きます。

確認問題 20

次の連立方程式を，代入法で解きなさい。

(1) $\begin{cases} y=x-1 \\ 3x-y=9 \end{cases}$　　(2) $\begin{cases} x=3y-2 \\ -x+2y=3 \end{cases}$

今まで学習してきた，基本的な連立方程式の解き方をまとめましょう。

〈方針〉一方の文字を消去する	
加減法 で消去する ・式どうしをたす，ひく。 ・式の両辺を何倍かしてたす，ひく。	代入法 で消去する ・「$x=$　」「$y=$　」となっている式をもう一方の式に代入する。

トレーニング5

次の連立方程式を解きなさい。

▶解答：p.197

(1) $\begin{cases} x+y=6 \\ x-y=2 \end{cases}$

(2) $\begin{cases} x+2y=5 \\ -x+y=1 \end{cases}$

(3) $\begin{cases} 2x+y=2 \\ x+y=-1 \end{cases}$

(4) $\begin{cases} x+3y=12 \\ 2x-3y=6 \end{cases}$

(5) $\begin{cases} 5x+2y=12 \\ 5x-3y=7 \end{cases}$

(6) $\begin{cases} x+4y=-2 \\ 2x+3y=1 \end{cases}$

(7) $\begin{cases} 3x+y=10 \\ x-2y=1 \end{cases}$

(8) $\begin{cases} 2x+3y=5 \\ x+2y=4 \end{cases}$

(9) $\begin{cases} 2x+3y=7 \\ 3x-5y=1 \end{cases}$

(10) $\begin{cases} 4x-3y=-10 \\ 3x+2y=1 \end{cases}$

(11) $\begin{cases} 5x+4y=3 \\ -4x+3y=10 \end{cases}$

(12) $\begin{cases} 5x-2y=0 \\ 2x+3y=19 \end{cases}$

(13) $\begin{cases} 5x-3y=25 \\ y=x-7 \end{cases}$

(14) $\begin{cases} x=2y+9 \\ 6x+5y=3 \end{cases}$

テーマ

2 いろいろな連立方程式

イントロダクション

- カッコのある連立方程式を解く ➡ どのようにして式を整理するか
- 小数や分数のある連立方程式を解く ➡ 係数を整数にして解く
- A＝B＝C の形の方程式を解く ➡ ふつうの連立方程式にする

カッコのある連立方程式の解き方

ここからは，式の形が複雑な連立方程式を扱っていきます。
まず，式の中にカッコのある連立方程式をみてみましょう。

例題 30

次の連立方程式を解きなさい。

(1) $\begin{cases} 3(x+y)-x=3 \\ 2(x-y)+y=-9 \end{cases}$　　(2) $\begin{cases} 2(x-y)=x-3 \\ 3(x-5)=2y \end{cases}$

(1) カッコをはずして，式を簡単にすれば解けそうですね。

$\begin{cases} 3(x+y)-x=3 & \cdots① \\ 2(x-y)+y=-9 & \cdots② \end{cases}$

①の式のカッコをはずします。

$3x+3y-x=3$

$2x+3y=3$

②の式のカッコをはずします。

$2x-2y+y=-9$

$2x-y=-9$

$\begin{cases} 2x+3y=3\cdots①' \\ 2x-y=-9\cdots②' \end{cases}$　これを解けばよいことになります。

①′－②′より，

$$\begin{array}{rr} & 2x+3y=3 \\ -) & 2x-y=-9 \\ \hline & 4y=12 \\ & y=3 \end{array}$$

代入するのは，①′か②′がいいです。

①′に代入して，$2x+9=3$

$2x=-6$

$x=-3$　　**答** $x=-3$, $y=3$

見た目ほど難しくないことがわかりましたか？

(2) $\begin{cases} 2(x-y)=x-3 \cdots ① \\ 3(x-5)=2y \quad \cdots ② \end{cases}$ 同じようにやってみます。

①の式のカッコをはずして，

$2x-2y=x-3$

$x-2y=-3 \quad \cdots ①'$

②の式のカッコをはずして，

$3x-15=2y$

$3x-2y=15 \quad \cdots ②'$

数だけの項は右辺に移項するんですか？

はい，そこがポイントなんです。

文字 x や y を含む項は左辺に，定数項は右辺に移項します。

交通整理ですね。

○ x＋△ y＝数　の形が，解きやすい連立方程式の式の形です。

$\begin{cases} x-2y=-3 \cdots ①' \\ 3x-2y=15 \cdots ②' \end{cases}$

これを解いてみてください。

$x=9$，$y=6$ 答 と求まります。

カッコのある連立方程式
①カッコをはずす
②文字を含む項は左辺に，定数項は右辺に移項する

確認問題 21

次の連立方程式を解きなさい。

(1) $\begin{cases} 2(x+y)-y=14 \\ 3x-y=6 \end{cases}$　　(2) $\begin{cases} 3(3x-y)=y-1 \\ 5(-x+y)=17+x \end{cases}$

小数や分数のある連立方程式の解き方

小数や分数をふくむ連立方程式を解いてみます。

1 次方程式で小数や分数を含むとき，どうやったか覚えていますか？

小数のときは 10 倍し，分数のときは分母をはらいました。

そうでしたね。連立方程式でも，やることは同じです。

小数があったら 10 倍や 100 倍し，分数があったら分母をはらいます。

小数や分数をふくまない，係数が整数の連立方程式にすればよいのです。

例題 31

次の連立方程式を解きなさい。

(1) $\begin{cases} 0.2x+0.5y=0.3 \\ 3x-2y=-5 \end{cases}$ (2) $\begin{cases} x+4y=-2 \\ \frac{1}{3}x+\frac{1}{2}y=1 \end{cases}$

(1) $\begin{cases} 0.2x+0.5y=0.3\cdots① \\ 3x-2y=-5\cdots② \end{cases}$

①の式の両辺を 10 倍します。

$2x+5y=3\cdots①'$

②の式は小数をふくまないのでそのままで OK です。

①′と②を連立方程式として解き，$x=-1$，$y=1$ 答 が求まります。

(小数のある連立方程式)
小数のある式の両辺を10倍，100倍…して，係数が整数の連立方程式にかえて解く

(2) $\begin{cases} x+4y=-2\cdots① \\ \frac{1}{3}x+\frac{1}{2}y=1\cdots② \end{cases}$

②の式の両辺を 6 倍します。

$2x+3y=6\cdots②'$ 右辺も 6 倍

①と②′を連立方程式として解き，$x=6$，$y=-2$ 答 が求まります。

(分数のある連立方程式)
分数のある式の両辺に，分母の最小公倍数をかけて，分母をはらう。右辺にもかけるのを忘れずに

確認問題 22

次の連立方程式を解きなさい。

(1) $\begin{cases} 0.3a-0.2b=1.8 \\ 2a+3b=-1 \end{cases}$ (2) $\begin{cases} 2x+y=11 \\ \frac{1}{2}x-\frac{1}{3}y=1 \end{cases}$

A=B=C の形の方程式の解き方

例題 32

方程式 $x-2y=3x-8y-4=4$ を解きなさい。

A=B=C の形の方程式は，次の 3 通りの連立方程式

$\begin{cases} A=B \\ A=C \end{cases}$ か $\begin{cases} A=B \\ B=C \end{cases}$ か $\begin{cases} A=C \\ B=C \end{cases}$ の**どれを解いてもいい**です。

もとの式を見てください。一番簡単になりそうな組み合わせにしましょう。

Cにあたる部分が短いので，$\begin{cases} A=C \\ B=C \end{cases}$ がよさそうです。

そうですよね。$\begin{cases} x-2y=4 & \cdots① \\ 3x-8y-4=4 & \cdots② \end{cases}$ という連立方程式ができます。

解いてみてください。　$x=8$，$y=2$ 答 と求まります。

トレーニング6

1. 次の連立方程式を解きなさい。 ▶解答：p.199

(1) $\begin{cases} 3(x-2y)+5y=2 \\ 4x-3(2x-y)=8 \end{cases}$

(2) $\begin{cases} 4x+y=9 \\ x-3(3x-2y)=-10 \end{cases}$

(3) $\begin{cases} 3(x-2y)=x+8 \\ 6x-y=4(x-3) \end{cases}$

(4) $\begin{cases} 3x+y=2 \\ 0.6x-0.4y=1 \end{cases}$

(5) $\begin{cases} 0.2x+0.15y=-0.1 \\ 0.1x-0.3y=-0.3 \end{cases}$

(6) $\begin{cases} x+y=15 \\ \dfrac{x}{3}+\dfrac{y}{6}=4 \end{cases}$

(7) $\begin{cases} \dfrac{1}{4}x+y=5 \\ \dfrac{1}{2}x+\dfrac{1}{2}y=4 \end{cases}$

(8) $\begin{cases} \dfrac{x+y}{4}=\dfrac{1}{2} \\ \dfrac{3}{5}x+\dfrac{1}{3}y=2 \end{cases}$

2. 次の方程式を解きなさい。

(1) $4x+y=3x-y=7$

(2) $x+2y+4=2x+y=5$

(3) $-5x+3y=2x+5y+3=-3x+8$

テーマ

3 連立方程式の利用①

イントロダクション

- ◆ **連立方程式の解と定数** ➡ 解を代入して定数の値を求める
- ◆ **整数の問題を解く** ➡ 式の立て方を知る
- ◆ **代金・個数の問題を解く** ➡ 2 種類の数量の関係を式にする

解と定数

例題 33

連立方程式 $\begin{cases} ax+by=5 \\ bx+ay=-7 \end{cases}$ の解が $x=2$，$y=-1$ のとき，定数 a，b の値を求めなさい。

この連立方程式は，a や b があってこのままでは解けません。
解がわかっています。どうしたらいいかわかりますか？

解がわかっているときは，代入できると思います。

その通りです。1 次方程式のときと同じですね。
やってみましょう。$x=2$, $y=-1$ を代入します。

$$\begin{cases} 2a-b=5 & \cdots① \\ 2b-a=-7 & \cdots② \end{cases}$$

解が与えられたら
↓
代入する

すると，a と b の連立方程式ができます。
②の式の a と b の順番が逆です。こういうときは，順番を整えましょう。

$-a+2b=-7\cdots②'$ 文字の順をそろえる

$$\begin{cases} 2a-b=5\cdots① \\ -a+2b=-7\cdots②' \end{cases}$$

これを解いて，$a=1$，$b=-3$ 答

確認問題 23

連立方程式 $\begin{cases} ax-by=4 \\ bx+ay=3 \end{cases}$ の解が $x=-2$，$y=1$ のとき，定数 a，b の値を求めなさい。

整数の問題

例題 34

次の問に答えなさい

(1) 大小2つの整数がある。2つの整数の和は10であり，大きい数の2倍と小さい数の3倍は等しい。この2つの整数を求めなさい。

(2) 十の位の数と一の位の数の和が9である2けたの整数がある。この整数の十の位の数と一の位の数を入れかえると，もとの数より27小さくなる。もとの整数を求めなさい。

いよいよ，文章題に入りました。連立方程式では，文字が2つ使えます。何をx，yにするか決めて，与えられた条件から式を2つ立てます。

(1) 大きい整数をx，小さい整数をyとする。**←必ず書いてください**

2つの整数の和が10なので，$\boldsymbol{x+y=10}$

そして，大きい数の2倍と小さい数の3倍が等しいので，$\boldsymbol{2x=3y}$

これで連立方程式 $\begin{cases} x+y=10 \cdots ① \\ 2x=3y \cdots ② \end{cases}$ ができました。解きます。

②を交通整理して，$2x-3y=0 \cdots ②'$

①と②′の連立方程式を解いて，$x=6$，$y=4$

これは問題に合っている。 **←必ず確かめます。** 答 **6と4**

(2) 十の位の数をx，一の位の数をyとする。

まず，その和が9なので，

$x+y=9$

もとの数は$10x+y$，入れかえた数は$10y+x$と表せます。

文章どおりに式を立てると，$10y+x=10x+y-27$ となります。

$\begin{cases} x+y=9 & \cdots ① \\ 10y+x=10x+y-27 & \cdots ② \end{cases}$

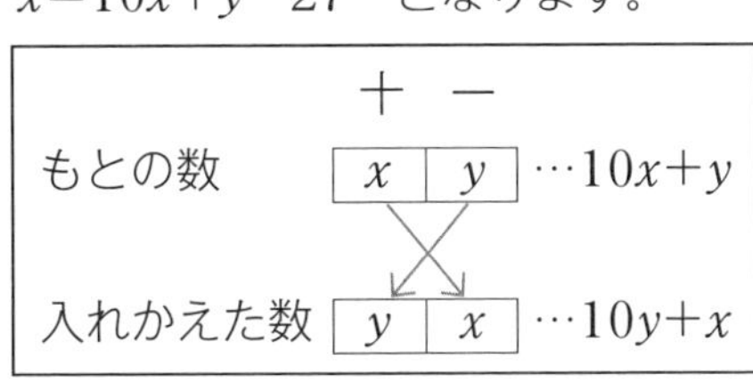

②の式は，$-9x+9y=-27 \cdots ②'$

①と②′の連立方程式を解いて，

$x=6$，$y=3$

63となり，問題に合っている。 答 **63**

文章題の解き方

①何を x, y にするか決め，それを必ず書く。
②与えられた条件から式を２つ立て，連立方程式にする。
③連立方程式を解く。
④出た解が問題に合っているか確かめる。
⑤問われている形で答えを書く。

中１でやった１次方程式のときと同じです。

そのとおりです。流れは全く同じだと思ってください。

確認問題 24

次の問に答えなさい。

(1) 大小２つの整数があり，その和は 19 で，大きい数の２倍から小さい数の３倍をひくと３になる。２つの整数を求めなさい。

(2) ２けたの整数があり，各位の数の和は 10 である。この整数の十の位の数と一の位の数を入れかえると，もとの整数より 18 大きくなる。もとの整数を求めなさい。

代金と個数の問題

例題 35

なし３個とりんご２個を買うと代金は 650 円であり，同じなし４個とりんご５個を買うと代金は 1100 円である。なしとりんご１個の値段をそれぞれ求めなさい。

なし１個 x 円，りんご１個 y 円とする。

$$\begin{cases} 3x+2y=650 & \text{←代金の関係} \\ 4x+5y=1100 & \text{←代金の関係} \end{cases}$$

なし		りんご		合計
$3x$	と	$2y$	で，	650 円
$4x$	と	$5y$	で，	1100 円

$x=150$, $y=100$ が求まります。
問題に合っている。

答 **なし１個 150 円，りんご１個 100 円**

例題 36

ある博物館に，あるグループが入場した。このグループの大人は子どもより3人少なかった。入場料は大人が1人600円，子どもが1人400円で，このグループの入場料の合計は6200円であった。このグループの大人と子どもの人数をそれぞれ求めなさい。

	大人	子ども	
人数	x 人	y 人	
入場料	$600x$ と	$400y$	で 6200 円

このグループの大人を x 人，子どもを y 人とする。

まず，人数について式ができます。

大人は子どもより3人少なかったので，$x=y-3$　となりますね。

次に，入場料について，$600x+400y=6200$ という式ができます。

$$\begin{cases} x=y-3 \cdots ① & \leftarrow \text{人数の関係} \\ 600x+400y=6200 \cdots ② & \leftarrow \text{代金の関係} \end{cases}$$

人数の式と代金の式の2つで連立方程式を作ったのかぁ。

そうです。代金の関係だけでなく，人数や個数の式を組み合わせることもあるんですね。

さて，上の連立方程式を解きます。

②は，両辺を200でわると，$3x+2y=31 \cdots ②'$　となります。

そして，①が「$x=$　」の形をしているので，代入法で解きましょう。

$x=5$，$y=8$ が求まるはずです。

問題に合っている。　答　**大人5人，子ども8人**

確認問題 25

次の問に答えなさい。

(1) 鉛筆2本とノート3冊の代金の合計は460円，同じ鉛筆5本とノート2冊の代金の合計は490円である。

鉛筆1本とノート1冊の値段をそれぞれ求めなさい。

(2) 1個80円のみかんと1個120円のりんごを合わせて20個買い，代金が1920円であった。それぞれ何個買ったか求めなさい。

テーマ4 連立方程式の利用②

イントロダクション

- 速さの問題における基本 ➡ 時間，道のりを求める公式を確認する
- 速さが変わる問題 ➡ かかる時間の関係を式にする
- 出会う，追いこす問題 ➡ 進む道のりの関係を式にする

速さが変わる問題

初めに確認です。時間を求める公式は覚えていますか？

確か，時間＝道のり÷速さ　です。

はい，分数の形で，**時間＝$\dfrac{\text{道のり}}{\text{速さ}}$** と覚えてください。

例題 37

家から 1500 m はなれた学校に行くのに，途中の A 地までは分速 60 m で歩き，A 地からは分速 150 m で走ったところ，家を出発してから 13 分後に学校に着いた。家から A 地までの道のりと，A 地から学校までの道のりをそれぞれ求めなさい。

家から A 地までの道のりを xm，A 地から学校までを ym とする。

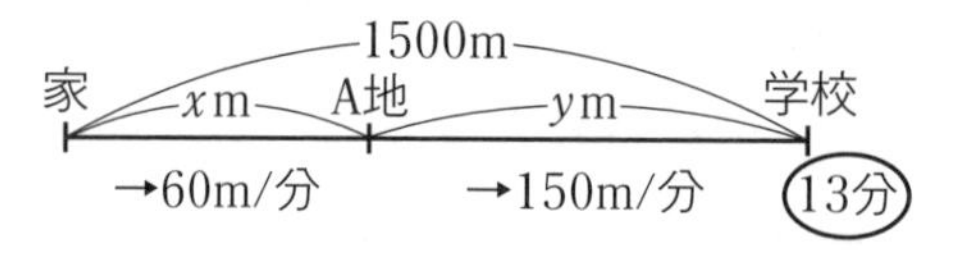

家から学校までの道のりについて，$x+y=1500$ という簡単な式ができます。

家を出発して A 地に着くまでの時間は，時間＝$\dfrac{\text{道のり}}{\text{速さ}}$ より，$\dfrac{x}{60}$（分）

A 地から学校までにかかる時間は，$\dfrac{y}{150}$（分）　合わせて 13 分です。

$$\begin{cases} x+y=1500 \cdots ① & \leftarrow \text{道のりの式} \\ \dfrac{x}{60}+\dfrac{y}{150}=13 \cdots ② & \leftarrow \text{時間の式} \end{cases}$$

②×300 より，
$5x+2y=3900 \cdots ②'$

①，②′ を解くと，$x=300$，$y=1200$　が求まり，問題に合っている。

答 家からA地まで300m，A地から学校まで1200m

速さの文章題

①求める道のりをそれぞれ x，y とする。

②道のりに関する式を立てる。

③時間＝$\dfrac{道のり}{速さ}$の公式を用いて，時間に関する式を立てる。

④連立方程式を解き，解が問題に合っているか調べる。

⑤問われている形で答える。

確認問題 26

家から1200 mはなれた駅に行くのに，家を午前8時に出発した。はじめは分速80 mで歩き，途中から分速160 mで走って行ったら，午前8時10分に駅に着いた。歩いた道のりと走った道のりをそれぞれ求めなさい。

例題 38

ある人がA地から峠をこえてB地まで往復した，行きも帰りも上りは時速2 km，下りは時速4 kmで歩いたところ，行きは3時間30分，帰りは4時間かかった。A地から峠までの道のりと，峠からB地までの道のりをそれぞれ求めなさい。

A地から峠までの道のりを x km，峠からB地までを y kmとする。

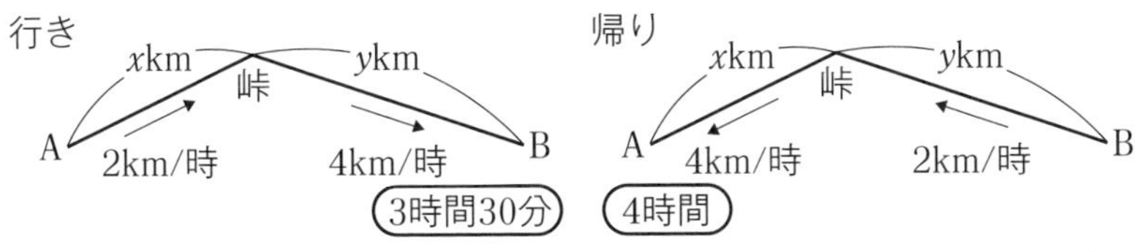

行きと帰りで，上りと下りが逆になっています。

そうなんです。行きについての式を立ててみましょう。

$\dfrac{x}{2}+\dfrac{x}{4}=\dfrac{7}{2}$　（3時間30分＝$3\dfrac{1}{2}$時間＝$\dfrac{7}{2}$時間です。）

帰りについての式を立て，解いてください。できたら次のページへ。

答え合わせをします。帰りは $\frac{y}{2}+\frac{x}{4}=4$ です。できましたか？

$$\begin{cases} \frac{x}{2}+\frac{y}{4}=\frac{7}{2} \cdots ① \\ \frac{y}{2}+\frac{x}{4}=4 \cdots ② \end{cases}$$

①を 4 倍して，$2x+y=14$…①′
②を 4 倍して，$x+2y=16$…②′
①′，②′ を解き，$x=4$，$y=6$ が求まります。

問題に合っている。 **A 地から峠まで 4 km，峠から B 地まで 6 km**

確認問題 27

A 地から峠をこえて B 地まで往復するのに，行きも帰りも上りは時速 2 km，下りは時速 4 km で歩いたところ，行きは 2 時間，帰りは 2 時間 30 分かかった。A 地から峠までの道のりと，峠から B 地までの道のりをそれぞれ求めなさい。

出会う，追いこす問題

例題 39

池のまわりに，周囲が 4.2 km 道がある。この道を，A は自転車で，B は歩いてまわるとき，同じ場所を同時に出発して，反対方向にまわると 14 分後に出会い，同じ方向にまわると 30 分後に A が B を 1 周追いこすという。A と B の速さは，それぞれ分速何 m か。

A の速さを分速 x m，B の速さを分速 y m とする。

図で考えてみます。

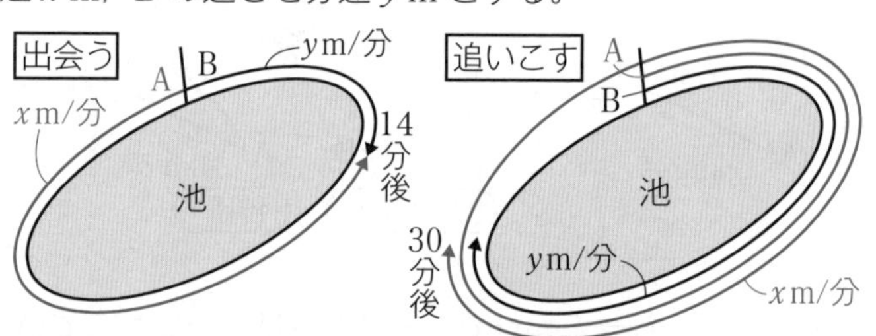

A の進んだ道のりを赤い線，B の進んだ道のりを黒い線でかきました。

出会うとき，赤い線と黒い線の合計が 1 周になってます。

よく気づきました。そして，**道のり＝速さ×時間**でしたね。

Aさんの進んだ道のりは $14x$(m)，Bさんの道のりは $14y$(m)です。

したがって，$14x+14y=4200$…①(単位がmなので，右辺は4200)

追いこすときの図をよく見てください。

赤い線の長さから，黒い線の長さをひくと，ちょうど1周になっています。したがって，$30x-30y=4200$…②　となります。

①，②を解くと，$x=220$，$y=80$　　問題に合っている。

答　**Aの速さ分速220 m，Bの速さ分速80 m**

反対方向に進んで**出会う**とき→道のりの**和**が1周
同じ方向に進んで**追いこす**とき→道のりの**差**が1周

確認問題 28

周囲が2 kmの池がある。AさんとBさんが，この池の周りを同じ地点から出発して，反対方向にまわると10分後に出会い，同じ方向にまわると25分後にAさんがBさんを1周追いこすという。AさんとBさんの進む速さはそれぞれ分速何mか求めなさい。

トレーニング7

▶解答：p.201

(1) A地から180 kmはなれたB地に行くのに，A地から途中のP地までは時速40 kmで，P地からB地までは時速60 kmで自動車で行ったところ，全部で4時間かかった。A地からP地まで，P地からB地までの道のりをそれぞれ求めなさい。

(2) A地から峠をこえて，7 kmはなれたB地に行った。A地から峠までは時速2 kmで，峠からB地までは時速4 kmで行ったところ，2時間半かかったという。A地から峠まで，峠からB地までの道のりをそれぞれ求めなさい。

(3) 家から学校の前を通って駅に行くのに，家から学校までは分速80 mで歩き，学校から駅までは分速60 mで歩いたら，全部で30分かかった。家から学校までの道のりは，学校から駅までの道のりより400 m短い。家から駅までの道のりを求めなさい。

テーマ
5 連立方程式の利用③

イントロダクション

- ◆ 食塩の重さの関係を式にする ➡ 溶けている食塩の重さを正確に求める
- ◆ できた連立方程式の処理 ➡ 簡単な式にかえる方法を知る
- ◆ 水を加える問題 ➡ どうやって式を立てるか

食塩水を混ぜる問題

まず食塩水に溶けている食塩の重さの求め方から学ぼう。

食塩の重さ＝食塩水の重さ×$\dfrac{濃度(\%)}{100}$ で食塩の重さが求まります。

問題に入る前に，食塩が何 g 溶けているのかを求める練習をします。

200g ← 食塩水の重さ
3% ← 濃度

このようにビーカーの図で考えます。
上の式にあてはめて計算すれば，

この食塩水に溶けている食塩の重さは，$200\times\dfrac{3}{100}=6$(g)です。

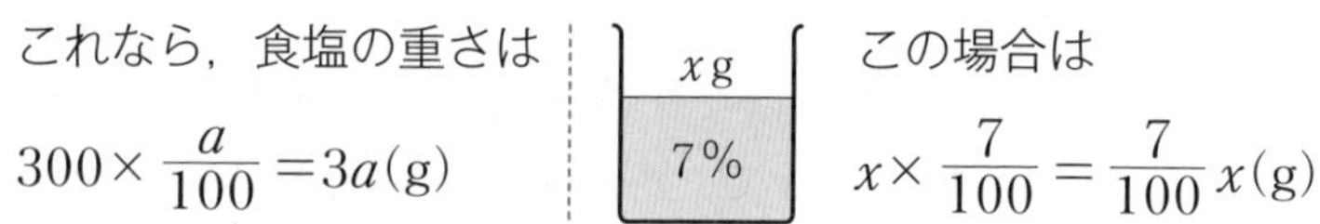

300g
a%

これなら，食塩の重さは

$300\times\dfrac{a}{100}=3a$(g)

xg
7%

この場合は

$x\times\dfrac{7}{100}=\dfrac{7}{100}x$(g)

案外，簡単に求められるとわかりました。

実は，これが求められるようになれば，食塩水の問題は難しくないです。

例題 40

7% の食塩水と 4% の食塩水を混ぜて，5% の食塩水を 600 g つくりたい。7% の食塩水と 4% の食塩水をそれぞれ何 g 混ぜればよいか，求めなさい。

7%の食塩水を xg，4%の食塩水を yg 混ぜるとする。

表で解く方法もありますが，本書では，ビーカーの図をかいて考えます。食塩水の重さを上に，濃度を食塩水の入ったところに書き入れます。

右の図ができますね。

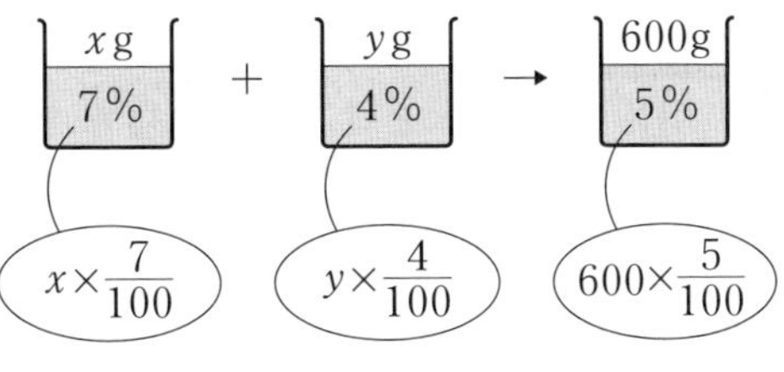

食塩水の重さについて，

$x+y=600$　これは簡単です。

さて，それぞれに溶けている食塩の重さは，右の通りです。そして，7%の食塩水中の食塩と4%の食塩水中の食塩が，全部5%の食塩水中に入っているはずです。

したがって，$x\times\frac{7}{100}+y\times\frac{4}{100}=600\times\frac{5}{100}$

わけあって，わざと約分しないでおきます。

したがって，$\begin{cases} x+y=600\cdots① \\ x\times\frac{7}{100}+y\times\frac{4}{100}=600\times\frac{5}{100}\cdots② \end{cases}$　となります。

さて，②の式ですが，約分しても全て整数になるわけではありません。そこで，いい方法を教えましょう。

分母は全部100ですよね。②の式の両辺を100倍するんです。

すると，$7x+4y=3000\cdots②'$ というきれいな式になります。

食塩水問題は，約分するより100倍した方が楽ですね。

そうなんです。これは大切なポイントです。

よくあるミスとして，右辺を約分してしまうことがあります。

右辺も100倍してください。

①，②′を解いて，$x=200$，$y=400$　　問題に合っている。

答　7%の食塩水200g，4%の食塩水400g

食塩水の問題　ビーカーの図をかく。

$\begin{cases} \text{食塩水の重さについての式}\cdots① \\ \text{食塩の重さについての式}\quad\cdots② \end{cases}$ で連立方程式を立てる。

②の式は，約分するより，100倍する(右辺も100倍する)。

解が問題に合っているか確認し，問われている形で答える。

確認問題 29

8% の食塩水と 13% の食塩水を混ぜて，10% の食塩水を 500g つくりたい。それぞれ何 g ずつ混ぜればよいか，求めなさい。

例題 41

A，B，2 種類の食塩水がある。食塩水 A100g と食塩水 B200g を混ぜると 7% の食塩水ができる。また，食塩水 A400g と食塩水 B200g を混ぜると 8% の食塩水ができる。A，B の食塩水の濃度をそれぞれ求めなさい。

A の濃度を x%，B の濃度を y%とする。

100g	+	200g	→	300g		400g	+	200g	→	600g
x%		y%		7%		x%		y%		8%
A		B				A		B		

できる食塩水の重さは，すぐに 300g，600g とわかります。
食塩の重さについて，それぞれ式をつくってみましょう。

$$\begin{cases} 100\times\dfrac{x}{100}+200\times\dfrac{y}{100}=300\times\dfrac{7}{100}\cdots① \\ 400\times\dfrac{x}{100}+200\times\dfrac{y}{100}=600\times\dfrac{8}{100}\cdots② \end{cases}$$

今回は，約分すると係数が整数になってしまいますね。

$$\begin{cases} x+2y=21\cdots①' \\ 4x+2y=48\cdots②' \end{cases}$$

これを解いて，$x=9$，$y=6$

問題に合っている。 答 **食塩水 A9%，食塩水 B6%**

どんな問題のとき，約分して分数がなくなるんですか？

気になりますよね。濃度を求める問題のときによくおこります。

確認問題 30

2 種類の食塩水 A，B がある。A300g と B200g を混ぜると 11% となり，A200g と B300g を混ぜると 12% となる。A，B の食塩水の濃度をそれぞれ求めなさい。

食塩水に水を混ぜる問題

例題 42

濃度12%の食塩水に水を加えて，濃度9%の食塩水を400gつくりたい。濃度12%の食塩水と水をそれぞれ何g加えればよいか求めなさい。

濃度12%の食塩水 x g に水 y g を加えるとする。

x g		y g		400g
12%	＋	水	→	9%

$x+y=400$ はすぐわかります。

次に，食塩の重さについて式を立てます。

水には食塩が含まれませんね。それがポイントです。

$$\begin{cases} x+y=400 \cdots ① \\ x\times\dfrac{12}{100}=400\times\dfrac{9}{100} \cdots ② \end{cases}$$

食塩の重さの式では，水のところはいらない

②×100 より，$12x=3600 \cdots ②'$

①，②′ より，$x=300$，$y=100$　　問題に合っている。

答　**12%の食塩水 300 g，水 100 g**

トレーニング 8

▶解答：p.202

(1)　8%の食塩水と20%の食塩水を混ぜて，12%の食塩水を600gつくりたい。それぞれ何gずつ混ぜればよいか求めなさい。

(2)　5%の食塩水に12%の食塩水を混ぜて，10%の食塩水を700gつくりたい。それぞれ何gずつ混ぜればよいか求めなさい。

(3)　x%の食塩水100gに y%の食塩水200gを混ぜると8%になり，x%の食塩水200gに y%の食塩水100gを混ぜると6%になる。x，y の値を求めなさい。

(4)　15%の食塩水と10%の食塩水を混ぜて，水を500gを加えたところ，6%の食塩水が1000gできた。15%と10%の食塩水は，それぞれ何g混ぜたか求めなさい。

テーマ6 連立方程式の利用④

イントロダクション

◆ 増減の表し方 ➡ 割合を正確に式で表す
◆ 式が立てやすいように文字でおく ➡ もとになる数量を x, y とする
◆ 解きやすい式を立てる ➡ 増減分についての式を立てる

割合の問題

金額や人数が増えたり減ったりする問題の解き方を学びます。

まず，○%増えた，○%減った等の表し方の練習をしておきます。

分数と小数のどちらで表してもよいですが，本書では，このテーマは小数を用いていきます。1%を小数で表せば 0.01 です。

500 円の 3%なら，$500\times0.03=15$(円)ですね。

そして，500 円の 3%引きは，$500\times(1-0.03)=485$(円)と求まります。

300 人の 7%増の人数は，$300\times(1+0.07)=321$(人)です。

増加は(1＋○)を，減少は(1－○)をかけるんですね。

はい，x 人の 5%減なら $x\times(1-0.05)=0.95x$(人)となりますね。

例題 43

次の問に答えなさい。

(1) 38 人のクラスで，男子の 70%，女子の 50%が運動部に入っていて，その人数の合計は 23 人である。このクラスの男子，女子の人数をそれぞれ求めなさい。

(2) ある文房具店で，鉛筆 2 本とボールペン 5 本を買った。定価どおりだと代金の合計は 700 円だったが，鉛筆は定価の 10%引き，ボールペンは定価の 20%引きだったので，代金の合計は 570 円になった。鉛筆 1 本とボールペン 1 本の定価をそれぞれ求めなさい。

(1) 男子の人数を x 人，女子の人数を y 人とする。
クラスの人数について，$x+y=38$ となります。

運動部に入っている男子は，
$x \times 0.7 = 0.7x$(人)，
女子は，$y \times 0.5 = 0.5y$(人)
その合計が 23 人なので，
$0.7x + 0.5y = 23$　となります。

	男子	女子	合計
クラス	x 人	y 人	38 人
	↓×0.7	↓×0.5	
運動部員	$0.7x$	$0.5y$	23 人

$$\begin{cases} x + y = 38 & \cdots ① \\ 0.7x + 0.5y = 23 & \cdots ② \end{cases}$$

②×10 より，$7x + 5y = 230 \cdots ②'$

①，②′を解いて，$x = 20$，$y = 18$　　問題に合っている

答　男子 20 人，女子 18 人

⑵　鉛筆 1 本の定価を x 円，ボールペン 1 本の定価を y 円とする。
定価どおり買ったときの代金として $2x + 5y = 700$ となります。
さて，鉛筆は定価の 10%引きです。1 本いくらで買いましたか？

x 円の 10%引きなので，$x \times (1 - 0.1) = 0.9x$(円)です。

はい。ボールペンは y 円の 20%引きで，$y \times (1 - 0.2) = 0.8y$(円)です。
鉛筆 2 本とボールペン 5 本で 570 円より，$0.9x \times 2 + 0.8y \times 5 = 570$
計算して，$1.8x + 4y = 570$　これで連立方程式ができます。

$$\begin{cases} 2x + 5y = 700 \cdots ① \\ 1.8x + 4y = 570 \cdots ② \end{cases}$$

②×10 より，$18x + 40y = 5700 \cdots ②'$

①，②′を解いて，$x = 50$，$y = 120$　　問題に合っている。

答　鉛筆 1 本 50 円，ボールペン 1 本 120 円

確認問題 31

次の問に答えなさい。

⑴　ある中学校の生徒数は 310 人で，男子の 5%，女子の 8% はボランティア活動に参加しており，その人数は合わせて 20 人である。この中学校の男子，女子の人数をそれぞれ求めなさい。

⑵　ある店で商品 A と B を 1 個ずつ買った。定価どおりだと 3200 円だが，商品 A は定価の 20% 引き，商品 B は定価の 10% 引きだったので，代金は 2680 円だった。商品 A と B の定価をそれぞれ求めなさい。

増減の問題

昨年と比べて今年は○%増えた，減ったという増減の問題を学びます。

例題 44

ある中学校の昨年の生徒数は 440 人であった。今年は昨年とくらべて，男子が 5%減り，女子が 3%増えたので，全体で 6 人減った。今年の男子，女子の生徒数をそれぞれ求めなさい。

一見難しそうですね。

この種の問題は，押えておくべきポイントがいくつかあります。

そのポイントどおりに解いていくと，案外解きやすくなります。

まず，**もとになっている数量を文字でおく**のです。

もとになっているのは昨年の人数です。それですか？

はい，そうなんです。聞かれているのは今年の男子，女子の人数ですが，それを文字でおいてしまうと，式が立てにくくなります。

「昨年とくらべて…」とあるとおり，昨年の男子，女子の人数がもとになっていますね。したがって，それを文字でおきます。

昨年の男子の人数を x 人，女子の人数を y 人とする。

次にやることは，**表にまとめる**ことです。

右のようになります。

	男子	女子	合計
昨年	x	y	440
今年	−5% $0.95x$	+3% $1.03y$	−6 人 434

今年の男子は，x 人の 5%減なので，

$x\times(1-0.05)=0.95x$(人)

今年の女子は，y 人の 3%増なので，

$y\times(1+0.03)=1.03y$(人)

今年の合計人数は，440 人から 6 人減ったので，434 人です。

すると，昨年の人数の式と今年の人数の式で，次の連立方程式ができます。

$$\begin{cases} x+y=440 \\ 0.95x+1.03y=434 \end{cases}$$

さあ，解いてみてください。

式が複雑で解くのがたいへんです……！

そうですよね。では，いったん解くのを中断してください。
もっと解きやすい連立方程式をつくってみましょう。
前のページの表にもどり，赤い矢印で表したところを式にしてみます。
すると， $-0.05x+0.03y=-6$ となります。わかりますか？
つまり，**増減した分についての式をつくる**のです。

$$\begin{cases} x+y=440 \cdots ① \\ -0.05x+0.03y=-6 \cdots ② \end{cases}$$

これなら解きやすいですね。

②×100 より，$-5x+3y=-600$…②′
①，②′を解いて，$x=240$，$y=200$
ただし，**これを答えにしてはいけません。**
なぜなら，x，y は昨年の人数だからです。
聞かれている，今年の人数にする作業が最後です。
今年の男子は $0.95x$ に $x=240$ を代入して，$0.95\times240=228$(人)，
今年の女子は $1.03y$ に $y=200$ を代入して，$1.03\times200=206$(人)
問題に合っている。 答 **男子 228 人，女子 206 人**

増減の問題の解き方

① もとになる数量を文字でおく。
② 表をつくって整理する。
③ 増減した分について式を立て，連立方程式をつくる。
④ 問われている数量を求める。

このポイントどおり解けばできそうです。重要ですね。

はい。たくさん練習して慣れてください。
特に，③の式の立て方は練習が必要ですし，④をやり忘れるミスが多いので，注意しましょう。もう 1 問，例題で確認しておきましょう。

例題 45

ある図書館の，先月の利用者数は男女合わせて 750 人であった。今月は，先月にくらべて男子が 7%増え，女子が 4%減ったので，男女合わせて 753 人であった。今月の男子，女子の利用者数をそれぞれ求めなさい。

もとになる，先月の人数を文字でおきます。

先月の男子を x 人，女子を y 人とする。**表をつくります。**

今月の男子は，x 人の 7%増なので，

$x\times(1+0.07)=1.07x$(人)

今月の女子は，y 人の 4%減なので，

$y\times(1-0.04)=0.96y$(人)

	男子	女子	合計
先月	x	y	750
今月	+7% $1.07x$	−4% $0.96y$	+3 人 753

今月の合計は，先月の合計にくらべて，3 人が増えています。

先月の人数について，$x+y=750$　となります。

増減した人数について，式にすると，$0.07x-0.04y=3$

よって，できる連立方程式は $\begin{cases} x+y=750 & \cdots① \\ 0.07x-0.04y=3 & \cdots② \end{cases}$

②×100 より，$7x-4y=300$…②′

①，②′を解いて，$x=300$，$y=450$　**今月の人数を求めます。**

今月の男子は，$1.07x$ に $x=300$ を代入して，321 人

今月の女子は，$0.96y$ に $y=450$ を代入して，432 人

問題に合っている。　答　**男子 321 人，女子 432 人**

今月の女子は，合計から男子の人数をひいても求まります。

いいところに気付きました。一方の人数がわかれば，その方が楽ですね。

確認問題 32

ある学校の課外活動で，毎月空き缶を回収している。先月に集めた空き缶は，アルミ缶とスチール缶を合わせて 55 kg であった。今月は先月にくらべて，アルミ缶は 20% 増え，スチール缶は 10% 減ったので，合計で 2 kg 増えた。今月回収したアルミ缶，スチール缶の重さをそれぞれ求めなさい。

トレーニング9

▶解答：p.203

(1) ある映画館に300人の観客がいる。男性の30%，女性の20%は子どもであり，子どもの人数の合計は78人である。このときの，男性と女性の人数をそれぞれ求めなさい。

(2) A，B2つの品物を定価で1個ずつ買うと，代金の合計は1400円である。Aは定価の30%引き，Bは定価の20%引きで買えたので，代金の合計は1040円になった。A，Bの定価をそれぞれ求めなさい。

(3) A店でノート5冊と鉛筆10本を買うと，代金の合計は1500円である。B店では，A店よりノート1冊の値段が2割安く，鉛筆1本の値段が2割高いので，B店でノート5冊と鉛筆10本を買うと，代金の合計は1400円になる。A店のノート1冊と鉛筆1本の値段をそれぞれ求めなさい。

(4) ある部活の昨年の人数は50人で，今年は昨年にくらべて，男子が10%減り，女子が15%増えたので，全体で昨年と同じ人数であった。今年の男子，女子の人数をそれぞれ求めなさい。

(5) ある商店で，品物AとBの売れた個数を調べたところ，先月はAとB合計で1200個売れた。今月は先月にくらべて，品物Aは5%多く売れ，品物Bは20%少なかったので，合計で40個減った。今月の品物A，Bの売れた個数をそれぞれ求めなさい。

(6) ある図書館で利用者数を調べたところ，先週は男女合わせて500人であった。今週は先週にくらべて，男子が10%減り，女子が20%増えたので，女子が男子より180人多かった。今週の男子，女子の利用者数をそれぞれ求めなさい。

連立方程式まとめ　定期テスト対策 A

▶解答：p.204

1.　次の連立方程式を解きなさい。

(1) $\begin{cases} 3x+y=3 \\ -2x-y=0 \end{cases}$　　(2) $\begin{cases} 2x-3y=4 \\ x-2y=1 \end{cases}$

(3) $\begin{cases} 2x+3y=-7 \\ 7x+5y=-8 \end{cases}$　　(4) $\begin{cases} 3x-y=4 \\ y=2x-1 \end{cases}$

2.　次の連立方程式を解きなさい。

(1) $\begin{cases} 5x+2y=1 \\ 3(x+y)=4x+10 \end{cases}$　　(2) $\begin{cases} \dfrac{x}{3}+\dfrac{y}{2}=2 \\ x-y=11 \end{cases}$

(3) $\begin{cases} 0.3x+0.1y=-0.2 \\ 5x+3y=6 \end{cases}$　　(4) $2x-y=4x+y-2=11$

3.　x，y についての連立方程式 $\begin{cases} ax-y=3 \\ 2ax+by=1 \end{cases}$ の解が $x=2$，$y=-1$ であるとき，a，b の値を求めなさい。

4.　大小 2 つの自然数がある。その和は 14 であり，大きい方の数は小さい方の数の 2 倍より 1 小さい。この 2 つの自然数を求めなさい。

5.　ノート 3 冊と消しゴム 2 個の代金の合計は 610 円で，ノート 2 冊と消しゴム 3 個の代金の合計は 540 円である。ノート 1 冊，消しゴム 1 個の値段をそれぞれ求めなさい。

6.　ある遊園地の入場料は，大人 5 人と子ども 3 人で 5200 円，大人 4 人と子ども 6 人で 5600 円である。大人 1 人，子ども 1 人の入場料をそれぞれ求めなさい。

7.　2 けたの自然数がある。各位の数の和は 10 で，十の位の数と一の位の数を入れかえた数は，もとの数より 36 大きい。もとの 2 けたの自然数を求めなさい。

8.　A 町から 13 km はなれた C 町に行くのに，途中の B 町までは時速 4 km で，B 町から C 町までは時速 5 km で進んだら 3 時間かかった。A 町から B 町までの道のりと，B 町から C 町までの道のりをそれぞれ求めなさい。

9.　家から 1500 m はなれた駅まで行くのに，はじめは分速 60 m で歩いていたが，途中から分速 180 m で走ったところ，15 分かかった。歩いた道のりと走った道のりをそれぞれ求めなさい。

10.　9% の食塩水と 3% の食塩水を混ぜ合わせて，7% の食塩水を 1.2 kg つくりたい。2 種類の食塩水をそれぞれ何 g 混ぜ合わせればよいか，求めなさい。

11.　ある中学校の昨年の生徒数は 580 人であった。今年は，昨年にくらべて，男子が 6% 減り，女子は 5% 増えて，全体で 4 人減った。今年の男子，女子の人数をそれぞれ求めなさい。

連立方程式まとめ　定期テスト対策B

▶解答：p.206

1.　次の連立方程式を解きなさい。

(1) $\begin{cases} 2(x+y)=x-y+9 \\ 3(x-y)+4y=11 \end{cases}$

(2) $\begin{cases} \dfrac{x}{3}-\dfrac{y}{4}=-\dfrac{1}{2} \\ \dfrac{2y+4}{3}=x \end{cases}$

(3) $4x+2y-9=2x+7y+11=x+2$

2.　次の２つの連立方程式の解が同じであるとき，a, b の値を求めなさい。

$\begin{cases} -2x+3y=8 \\ ax+by=3 \end{cases}$　　$\begin{cases} bx-ay=-14 \\ 8x+5y=2 \end{cases}$

3.　あるクラスの生徒 38 人が校外学習に行き，３人の班と４人の班を合わせて 11 班つくることになった。３人の班と４人の班の数をそれぞれ求めなさい。

4.　大小２つの自然数がある。その差は 18 であり，大きい方の数を小さい方の数でわると，商が３で余りが４となる。この２つの自然数を求めなさい。

5.　十の位の数と一の位の数の和が９である２けたの自然数がある。十の位の数と一の位の数を入れかえてできる整数は，もとの数の２倍より９小さい。もとの自然数を求めなさい。

6. 現在，父の年齢は子の年齢の 3 倍であるが，12 年後には父の年齢が子の年齢の 2 倍になるという。現在の子の年齢と父の年齢を，それぞれ求めなさい。

7. 峠をはさんで，A 町と B 町がある。ある人が A 町から B 町までを往復した。行きは上りを時速 2 km, 下りを時速 3 km で歩き, 3 時間かかった。帰りは上りを時速 2 km，下りを時速 4 km で歩き，2 時間 30 分かかった。A 町から峠まで，峠から B 町までの道のりをそれぞれ求めなさい。

8. 1 周 3.2 km の遊歩道を，A さんと B さんが同時に同じ場所から出発し，反対方向に歩くと 20 分後に出会い，同じ方向に歩くと 1 時間 20 分後に A さんが B さんを 1 周追いぬくという。A さんと B さんの速さは，それぞれ分速何 m か求めなさい。

9. 20% の食塩水 200g に，15% の食塩水と水を加えて，13% の食塩水を 1 kg つくりたい。15% の食塩水と水を，それぞれ何 g 加えればよいか求めなさい。

10. 5% の食塩水 200g に，8% の食塩水と 9% の食塩水を加えて，7% の食塩水を 500g つくりたい。8%，9% の食塩水を，それぞれ何 g 加えればよいか求めなさい。

11. ある学校の昨年の生徒数は 500 人であった。今年は昨年にくらべて，男子が 5%減り，女子が 10%増えて，全体としては 1%増えた。今年の男子，女子の人数をそれぞれ求めなさい。

テーマ 1 1次関数とは

イントロダクション

- ◆ 1次関数とは何か ➡ 1次関数の式の形を知る
- ◆ 変化の割合とは何か ➡ 意味を知る
- ◆ 変化の割合を求める ➡ どんな特徴があるか

1次関数とは

中1で，関数とは何かを学びました。おさらいしておきます。

ともなって変わる2つの数量 x，y があって，x の値を決めると y の値がただ1つに決まるとき，y は x の関数であるといいました。

覚えていますか？

はい！　比例や反比例も関数の1つでしたよね。

そうでしたね。

では，次の例を考えてください。深さが50 cmの水そうに，すでに10 cmの水位まで水が入っています。この水そうに毎分5 cmずつ水位が増えるように水を入れていきます。

水を入れ始めてから x 分後の水位を y cmとします。x 分たつと，$5x$ cm水位が上がりますね。

したがって，$y=5x+10$ という関係が成り立ちます。これも，y が x の関数であるといえます。そして，このように，$\boldsymbol{y=ax+b}$ の関係が成り立つとき，**y は x の1次関数である**といいます。

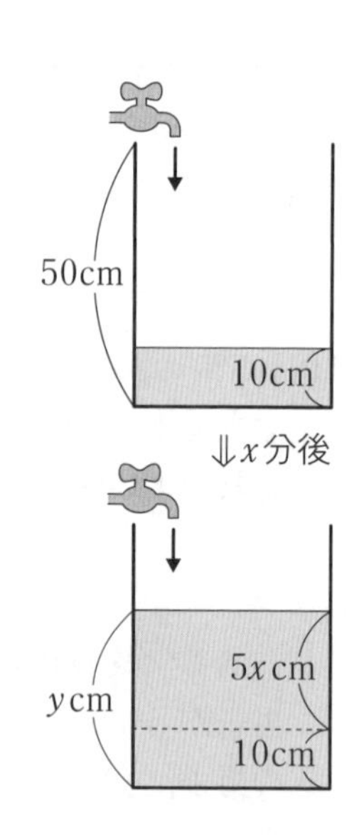

覚えよう！

> **y が x の関数で，$y=ax+b\ (a \neq 0)$ で表される→y は x の1次関数**

$b=0$ のとき $y=ax$ で比例です。これも1次関数ですか？

はい。比例は1次関数の特別な場合と考えてください。

例題 46

次の数量の関係について，y を x の式で表しなさい。また，y が x の1次関数であるかどうかを答えなさい。

(1) 縦の長さ x cm，横の長さ 2 cm の長方形の周の長さが y cm
(2) 20 km の道のりを，時速 x km で進むときのかかる時間が y 時間
(3) 1個 x 円の品物を3個買うときの代金が y 円
(4) 50 L の水を毎分 2 L ずつ x 分間排水したとき，残った水が y L

(1) 周の長さは，縦の長さの2倍と横の長さの2倍の和なので，
$y=2x+4$ 答 と表せます。
式が $y=ax+b$ の形をしています。 答 1次関数である

(2) 時間＝$\dfrac{道のり}{速さ}$ にあてはめて，$y=\dfrac{20}{x}$ 答 この式は反比例です。
$y=ax+b$ の形ではありません。 答 1次関数ではない

(3) $y=3x$ 答 $y=ax+b$ の $b=0$ の場合です。 答 1次関数である

(4) $y=50-2x$ 答 と表せます。
書きかえれば，$y=-2x+50$ となります。 答 1次関数である

例題 47

次のア～オの中から，y が x の1次関数であるものをすべて選び，記号で答えなさい。

㋐ $y=3x-80$ ㋑ $y=2x^2$ ㋒ $y=\dfrac{2}{x}$ ㋓ $y=\dfrac{1}{2}x-5$ ㋔ $y=2x$

$y=ax+b$ の形をしているものを選びます。 ㋐，㋓，㋔ 答
㋑は2次関数といいます。㋒は反比例ですね。

確認問題 33

次のうち，y が x の1次関数であるものはどれか。

㋐ $y=-x+4$ ㋑ $y=-\dfrac{6}{x}$ ㋒ $y=\dfrac{x}{2}$ ㋓ $y=-x^2$

変化の割合

ある関数において，xの増加量に対するyの増加量の割合，つまり，

$\dfrac{y\text{の増加量}}{x\text{の増加量}}$ のことを変化の割合といいます。

$$(\text{変化の割合})=\frac{(y\text{の増加量})}{(x\text{の増加量})}\quad \begin{matrix}\leftarrow y\text{がいくつ増えたか}\\ \leftarrow x\text{がいくつ増えたか}\end{matrix}$$

たとえば，$y=2x+1$という関数で，xが3から5まで増えた場合を考えてみましょう。下のような表をつくります。

x	3	5
y	7	11

xの増えた量は，$5-3=2$です。
yの増えた量は，$11-7=4$となります。

したがって，(変化の割合)$=\dfrac{4}{2}=2$　と求められます。

例題 48

1次関数$y=3x+2$で，次の場合の変化の割合を求めなさい。
(1)　xが-2から4まで増加するとき
(2)　xが1から5まで増加するとき

(1)　表をつくります。

x	-2	4
y	-4	14

(xの増加量)$=4-(-2)=6$
(yの増加量)$=14-(-4)=18$

したがって，(変化の割合)$=\dfrac{18}{6}=3$　答

(2)

x	1	5
y	5	17

(xの増加量)$=5-1=4$
(yの増加量)$=17-5=12$　(変化の割合)$=\dfrac{12}{4}=3$　答

(1)，(2)で求めたとおり，1次関数では変化の割合は一定となり，
$y=ax+b$のaの値と一致します。
つまり，この例では，$y=$③$x+2$なので，3となります。

えっ！ 計算しないでxの係数を書いてもいいんですか？

実はそれでいいんです。これは，1次関数の特徴といえます。

1 次関数における変化の割合

1 次関数 $y=ax+b$ の変化の割合は一定で，x の係数 a と等しい

$y=ⓐx+b$
↑
変化の割合

確認問題 34

次の 1 次関数の変化の割合を答えなさい。

(1) $y=4x-5$　　(2) $y=-2x+9$

(3) $y=x+\frac{1}{3}$　　(4) $y=-\frac{2}{3}x+6$

例題 49

1 次関数 $y=\frac{2}{3}x+4$ において，x の増加量が 6 であるとき，y の増加量を求めなさい。

「x の増加量が 6」といわれているだけで，x がどんな値からどんな値まで増えたかがわかりません。ちょっとつらいですね。

そこで，(変化の割合) $=\frac{(y\text{ の増加量})}{(x\text{ の増加量})}$ を思い出してください。

両辺に(x の増加量)をかけてみます。分母をはらうのです。

(変化の割合)×(x の増加量)＝(y の増加量)

左辺と右辺を入れかえます。

(y の増加量)＝(変化の割合)×(x の増加量)

1 次関数 $y=ax+b$ の変化の割合は a なので，

(y の増加量)＝a×(x の増加量)　となります。

1 次関数 $y=ax+b$ では，**(y の増加量)＝a×(x の増加量)**

この問題にあてはめましょう。(y の増加量)＝$\frac{2}{3}\times 6=4$ 答

y の増加量を求めるのに便利ですね。

確認問題 35

1 次関数 $y=-2x+1$ において，x の増加量が 3 であるとき，y の増加量を求めなさい。

2 1次関数のグラフ

イントロダクション

- ◆ 比例のグラフを利用して1次関数のグラフをかく ➡ 平行移動する
- ◆ 切片と傾きから，1次関数のグラフをかく ➡ 通る点の見つけ方を知る
- ◆ グラフから式を求める ➡ 通る点をもとに，切片と傾きを求める

比例のグラフを利用して1次関数のグラフをかく

中1で学習した比例の式とグラフについて，おさらいしておこう。

y が x に比例するとき，式は $y=ax$ の形をしています。そして，a を比例定数といい，グラフは，原点を通る直線です。

思い出そう

y が x に比例するとき，
式…$y=ⓐx$
↑比例定数
グラフ…原点を通る直線

たとえば，$y=2x$ のグラフは，点(1, 2)と原点を結んだ直線ですね。

1次関数のグラフは，この**比例のグラフを平行移動してかく**ことができます。

たとえば，$y=2x+3$ のグラフは，$y=2x$ のグラフを，y 軸の正の方向に3だけ平行移動したものです。

y 軸の正の方向って，上の方向ですか？

はい。y 軸の正の方向→ y 座標が増加する方向
→上の方向　　　です。

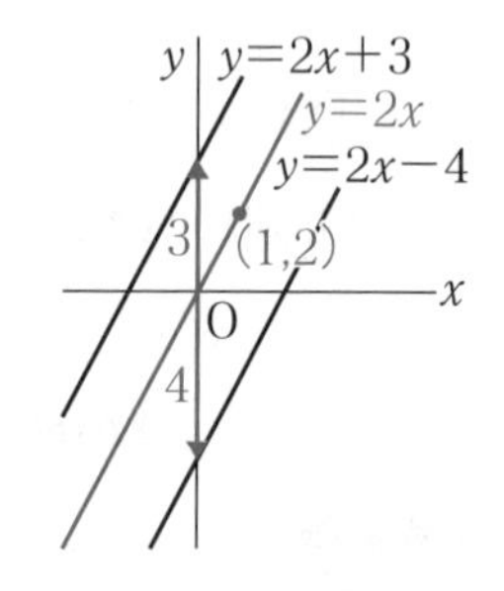

したがって，1次関数 $y=2x+3$ のグラフは，$y=2x$ のグラフを，**上に**3平行移動したものです。また，1次関数 $y=2x-4$ のグラフは，$y=2x$ のグラフを，y 軸の正の方向に−4つまり，**下に**4平行移動したものです。

まとめれば，1次関数 $y=ax+b$ のグラフは，**比例 $y=ax$ のグラフを，y 軸の正の方向に b だけ平行移動したもの**です。

例題 50

次の1次関数のグラフをかきなさい。

(1) $y=-x+2$　　(2) $y=\frac{3}{2}x-4$

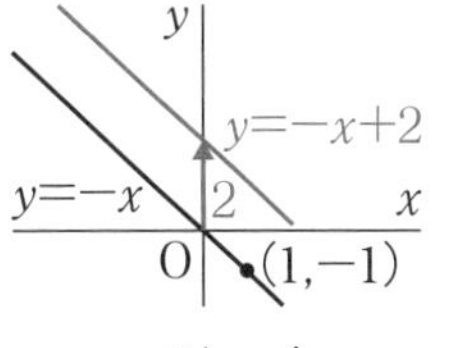

(1) $y=-x$ のグラフは，点$(1,\ -1)$と原点を結んだ直線で，それを**上に** 2 平行移動させれば，$y=-x+2$ のグラフがかけます。

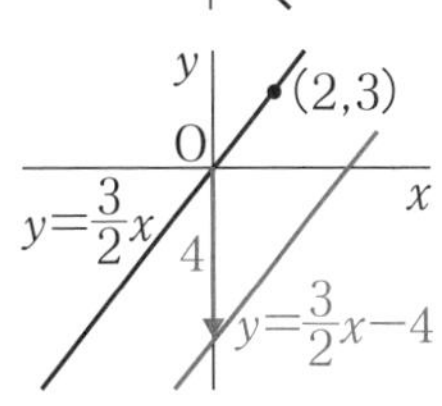

(2) $y=\frac{3}{2}x$ のグラフは点$(2,\ 3)$と原点を結んだ直線で，それを**下に** 4 平行移動させれば，$y=\frac{3}{2}x-4$ のグラフがかけます。

切片と傾きから，1次関数のグラフをかく

1次関数 $y=ax+b$ において，a を変化の割合といいますね。

変化の割合とは，何を表していますか？　前のテーマで学びました。

確か，$\frac{y\text{の増加量}}{x\text{の増加量}}$ を表しています。

はい。よく覚えていましたね。これを用いてグラフをかいてみましょう。

例題 51

1次関数 $y=\frac{2}{3}x-1$ のグラフをかきなさい。

$x=0$ を代入すると，$y=-1$ になりますね。これは，点$(0,\ -1)$を通ることを表します。

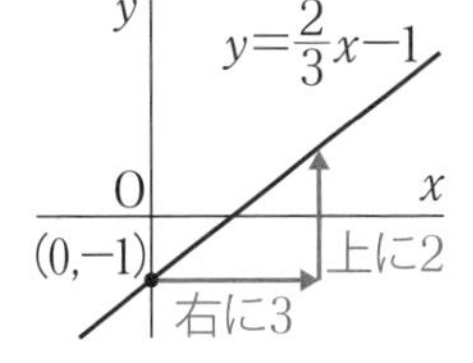

$(\text{変化の割合})=\frac{(y\text{の増加量})}{(x\text{の増加量})}$ が $\frac{2}{3}$ なので，

x が 3 増えると y が 2 増えるんですね。x が 3 増える→右に 3 移動，y が 2 増える→上に 2 移動と考えれば，点$(0,\ -1)$から**右に 3，上に 2 移動した点を通る**といえます。

この方法をマスターすると，楽にグラフがかけます。

例題 52

1 次関数 $y=-\frac{3}{2}x+4$ のグラフをかきなさい。

$x=0$ を代入すると $y=4$ なので，点(0，4)を通ります。

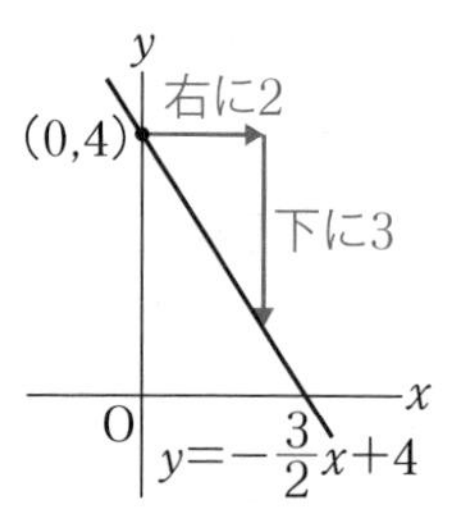

$\frac{(y\text{の増加量})}{(x\text{の増加量})}=-\frac{3}{2}$ を，$\frac{-3}{2}$ と考えれば，**右に** 2，上に −3 → **下に** 3 **移動した点を通る**といえます。

このように，1 次関数 $y=ax+b$ では，b の値は y 軸と交わる点の y 座標を表していて，**切片**（せっぺん）といいます。

a の値はグラフの傾きを表しているので，**傾き**といいます。

ポイント

1 次関数 $y=$ ⓐx ⊕b のグラフのかき方
傾き↑　↑切片

切片 b → そのグラフが **y 軸と交わる点の y 座標**を示している

傾き $a=\frac{\triangle}{\bigcirc}$ ←上に△ ←右に○ 移動させた点を通る

傾きが整数のときは，どう考えればいいですか？

たとえば，傾きが 2 のときは，$\frac{2}{1}$ と考えて，右に 1，上に 2 です。

例題 53

次の 1 次関数のグラフをかきなさい。

(1)　$y=x-2$　　(2)　$y=-3x+2$

(1)　切片が −2 なので，点(0，−2)を通ります。

傾き 1 を，$\frac{1}{1}$ と考えて，**右に** 1，**上に** 1 移動させた点を通ります。

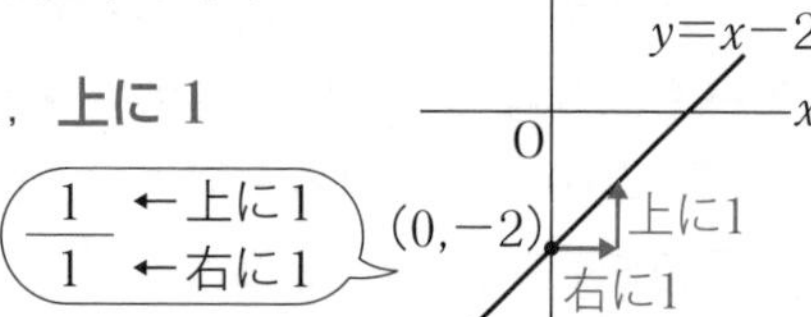

(2) 切片が 2 なので，点(0, 2)を通ります。

傾き－3 を，$\dfrac{-3}{1}$ と考えて，**右に 1**，

上に－3 →**下に 3** 移動させた点を通ります。

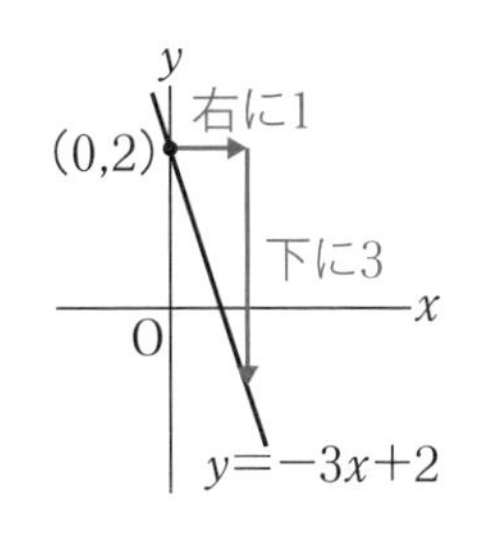

確認問題 36

次の 1 次関数のグラフを，それぞれかきなさい。

(1) $y=\dfrac{5}{2}x-4$

(2) $y=-\dfrac{3}{4}x+6$

(3) $y=2x-7$

(4) $y=-x+5$

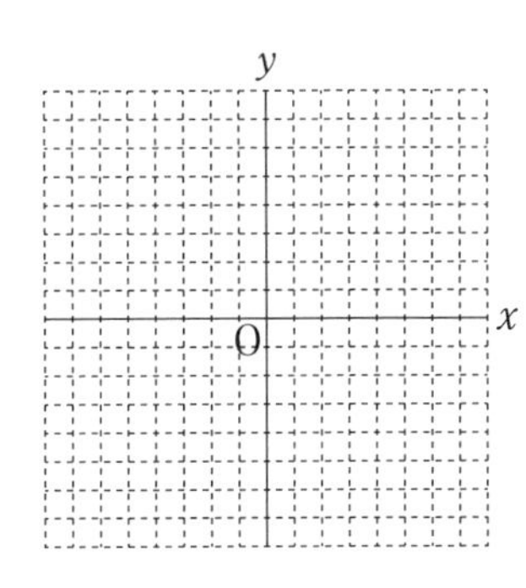

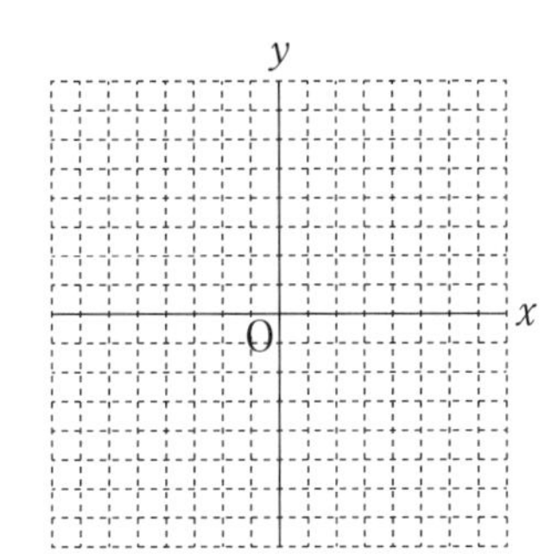

例題 54

1 次関数 $y=-\dfrac{1}{2}x+5$ について，x の変域が $-4 \leqq x \leqq 2$ のとき，グラフをかきなさい。

x の変域が与えられているときは，その範囲でかきます。つまり，**x 座標が－4 の点から 2 の点までのグラフをかく**のです。

まず切片 5 より，点(0, 5)を通りますね。そして，右に 2，下に 1 移動した点を通ります。この直線のうち，$-4 \leqq x \leqq 2$ の範囲でグラフをかいて，でき上がりです。

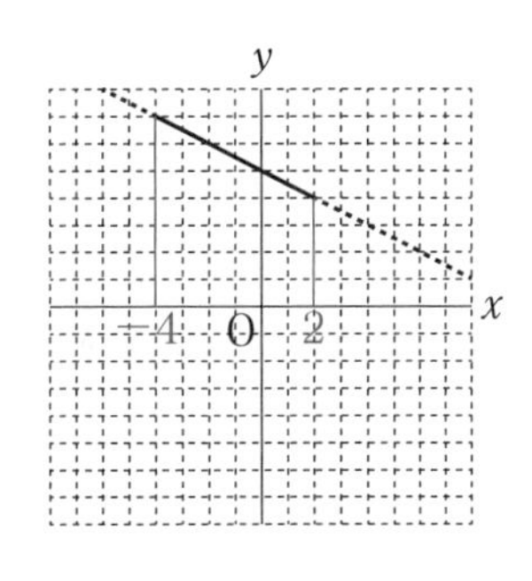

確認問題 37

1 次関数 $y=\frac{1}{2}x-3$ について，

x の変域が $-2 \leqq x \leqq 6$ のとき，

次の問に答えなさい。

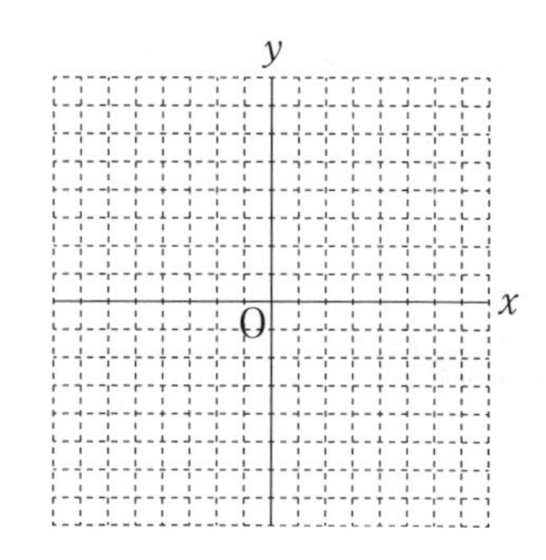

(1) グラフをかきなさい。

(2) y の変域を求めなさい。

グラフから 1 次関数の式を求める

グラフから，1 次関数の式を求めていきます。

今までやったことの逆の作業をすればよいのです。すぐに慣れますよ。

例題 55

右のグラフ①，②の式を

それぞれ求めなさい。

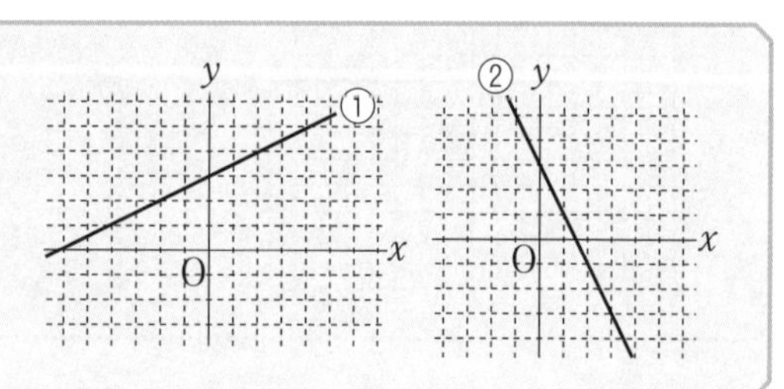

①のグラフは，y 軸と点 $(0,\ 3)$ で交わっていますから，切片は 3 ですね。

そして，点 $(0,\ 3)$ からみて右に 2，上に 1 移動した点を通っているので，傾きは $\frac{1}{2}$ です。

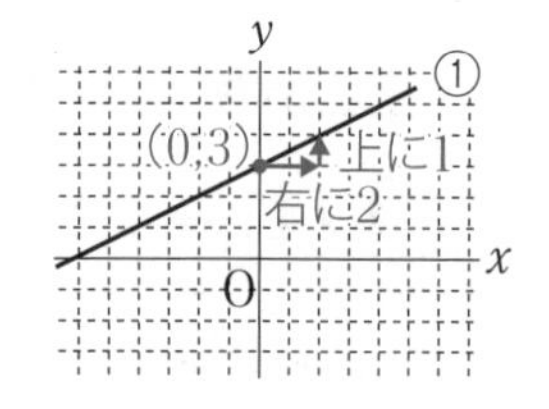

したがって，①の式は $y=\frac{1}{2}x+3$ 答

②のグラフは切片 3 で，点 $(0,\ 3)$ からみて右に 1，下に 2 移動した点を通っています。

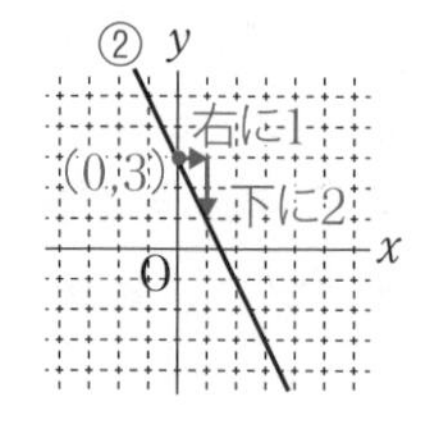

ということは，傾きは $\frac{-2}{1}$ で -2 です。

よって，$y=-2x+3$ 答 と求まります。

まず切片を読みとり，右に○，上に△で傾き $\dfrac{\triangle}{\bigcirc}$ ですね。

はい，その通りです。よく練習してください。

確認問題 38

次の図で，グラフが①〜④である１次関数の式を求めなさい。

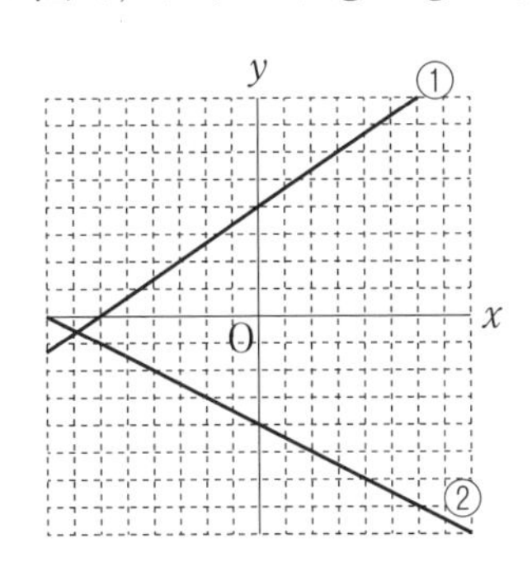

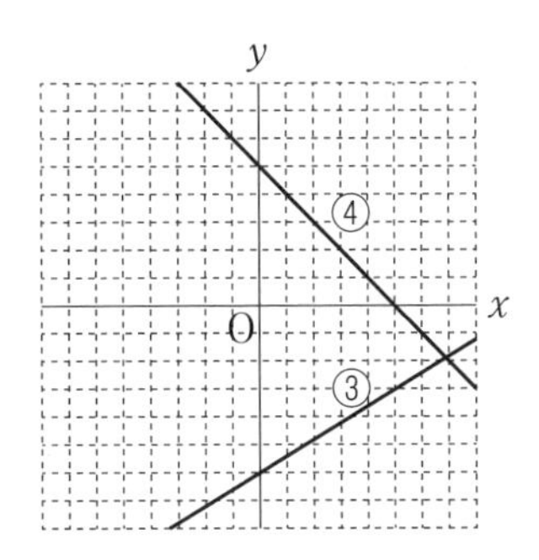

トレーニング 10

1. 次のグラフを，右にかきなさい。 ▶解答：p.209

① $y=\dfrac{2}{3}x-6$

② $y=-\dfrac{1}{2}x+5$

③ $y=-\dfrac{5}{2}x+2$

④ $y=2x-5$

⑤ $y=x+3$

⑥ $y=-x+6$

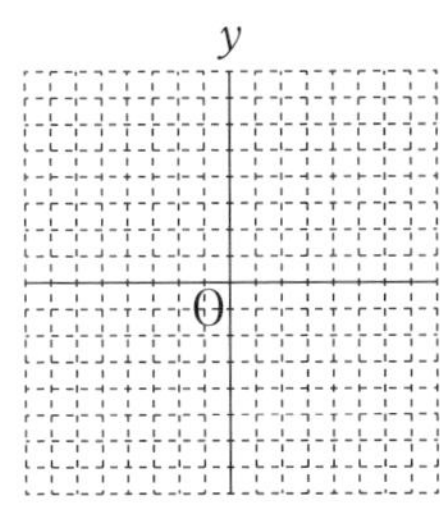

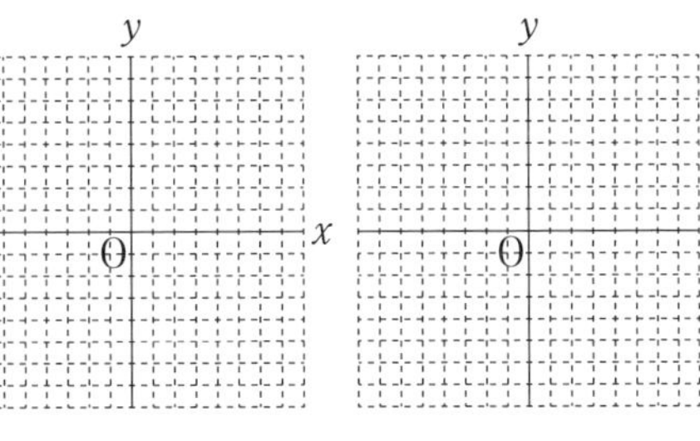

2. 右の図で，グラフが⑦〜⑩である１次関数の式を求めなさい。

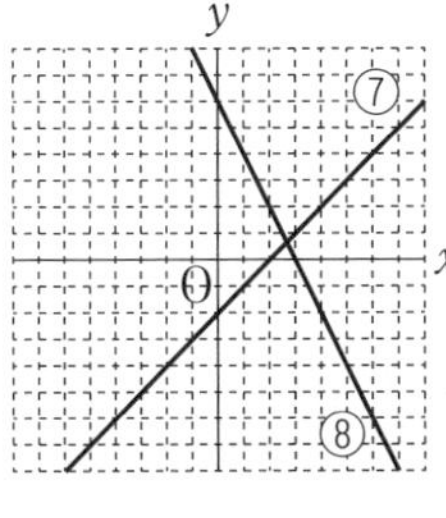

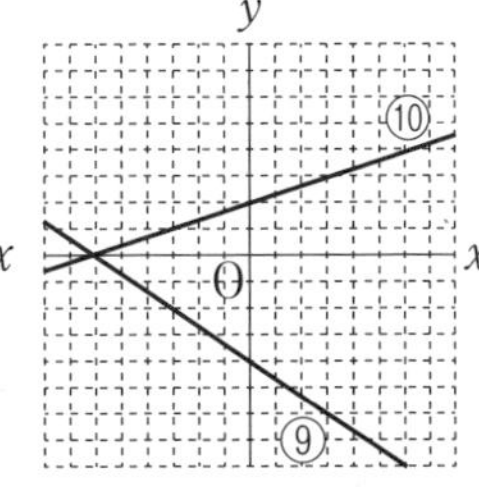

テーマ

3 1次関数の式を求める

イントロダクション

- 1次関数の式を求めるとは ➡ $y=ax+b$ の a と b の値を求める
- 式の条件を用いて1次関数を求める ➡ 変化の割合に着目する
- グラフの条件から1次関数を求める ➡ 傾き，切片の求め方を知る

式の条件から1次関数を求める

いろいろな条件から，1次関数の式を求めることをやっていきます。
1次関数は，式が $y=ax+b$ の形をしていましたね。
与えられた条件を用いて，a と b の値を求めればいいんです。
たとえば，$a=3$，$b=-2$ と求まれば，1次関数は $y=3x-2$ です。

例題 56

次の条件をみたす1次関数を求めなさい。
(1) 変化の割合が2で，$x=3$ のとき $y=1$ である。
(2) x の値が2増えると y の値が6増え，$x=1$ のとき $y=-2$ である。
(3) $x=1$ のとき $y=5$ で，$x=4$ のとき $y=-1$ である。

(1) とりあえず，1次関数の式を $y=ax+b$ とおきましょう。
変化の割合とは，a の値と一致するんでしたね。
したがって，$\boldsymbol{a=2}$ とわかります。
すると，$y=2x+b$ となり，答えに半分近づきました。
あとは b の値を求めればよいことになります。
$y=2x+b$ に，$x=3$，$y=1$ を代入します。

$1=6+b$
$6+b=1$ 　左辺と右辺を入れかえます。
$\boldsymbol{b=-5}$ 　これで b も求まりました。

a と b の値をあてはめて，$\boldsymbol{y=2x-5}$ 答 と求まります。

$y=ax+b$ とおいて，a と b の値を求めるんですね。

はい，これが１次関数の式の求め方です。

（1次関数の式の求め方）
①$y=ax+b$とおく
②条件からa，bの値を求める

(2)　これも，$y=ax+b$ とおきます。

x が２増えると y が６増えるといっていますが，変化の割合はわかりますか？

確か，変化の割合は $\dfrac{y\text{の増加量}}{x\text{の増加量}}$ なので，$\dfrac{6}{2}$ で３です。

はい，よくできました。完璧です。$a=3$ ですね。

すると，$y=3x+b$ となり，答えに半分近づきました。

あとは，$x=1$，$y=-2$ をこれに代入して b を求めるだけです。

$-2=3+b$
$3+b=-2$　（入れかえて）
$b=-5$　できました。　答　$y=3x-5$

(3)　$y=ax+b$ とおきます。

$x=1$ のとき $y=5$ なので，代入します。

$5=a+b$
$a+b=5$　（入れかえます）

$x=4$ のとき $y=-1$ なので，こちらも代入します。

$-1=4a+b$
$4a+b=-1$　（入れかえます）

できた式を連立方程式 $\begin{cases} a+b=5 \\ 4a+b=-1 \end{cases}$ にして解けばよいのです。

これを解いて，$a=-2$，$b=7$ と求まります。　答　$y=-2x+7$

このように，連立方程式にするときは，$\bigcirc a+\triangle b=$数　の形にします。

確認問題 39

次の条件をみたす１次関数を求めなさい。

(1)　変化の割合が３で，$x=-1$ のとき $y=2$ である。

(2)　x の値が４増加すると y の値が２減少し，$x=6$ のとき $y=5$ である。

(3)　$x=4$ のとき $y=-1$ で，$x=2$ のとき $y=1$ である。

グラフの条件から１次関数を求める

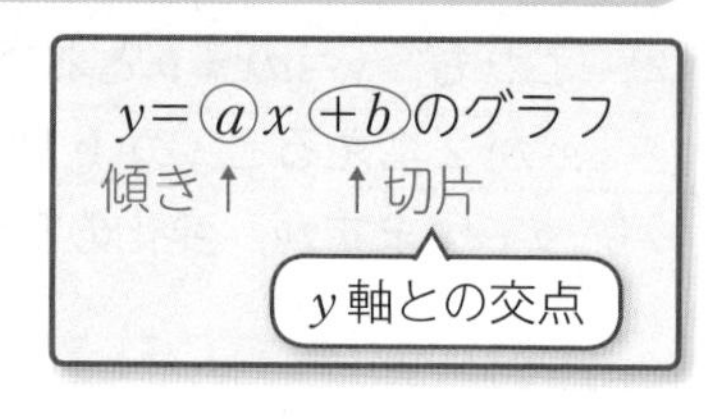

１次関数 $y=ax+b$ のグラフで a は傾きです。b は切片で，y 軸との交点の y 座標を表しましたね。

実際のグラフを読みとって１次関数の式を求めることは，前のテーマで学びました。

ここでは，グラフの条件から，１次関数の式を求めることをやります。

例題 57

グラフが次の条件をみたす１次関数を求めなさい。

(1) 傾きが３，切片が－１である直線

(2) 傾きが $-\frac{3}{2}$ で，点(4，－5)を通る直線

(3) 切片が－２で，点(6，1)を通る直線

(1) $y=ax+b$ とおく。

傾きは a なので，$a=3$。切片は b なので，$b=-1$ です。

したがって，$\boldsymbol{y=3x-1}$ 答　a と b を数にかきかえただけです。

(2) $y=ax+b$ とおく。

$a=-\frac{3}{2}$ より，$y=-\frac{3}{2}x+b$　　これで答えに半分近づきました。

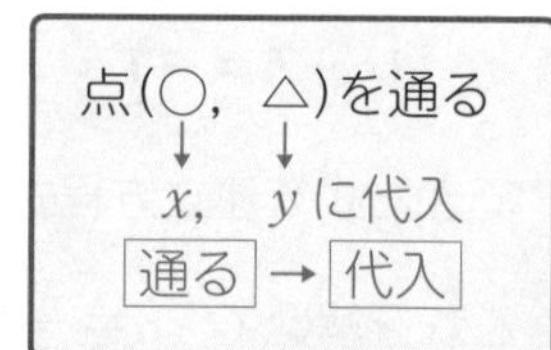

点(4，－5)を通るとあります。

4 は x 座標で，－5 は y 座標ですね。

これは，$x=4$，$y=-5$ を代入して成り立つことを表します。

$y=-\frac{3}{2}x+b$ に $x=4$，$y=-5$ を代入します。

$-5=-6+b$ より，$\boldsymbol{b=1}$ と求まります。　答　$\boldsymbol{y=-\frac{3}{2}x+1}$

点を通るとき，x 座標を x に，y 座標を y に代入ですね。

はい，点を通るときは，代入してください。

(3) $y=ax+b$ とおく。

切片は b なので，$b=-2$ より，$y=ax-2$ となります。

点(6，1)を通る…ハイ！ $x=6$，$y=1$ を代入です。

$$1=6a-2$$
$$6a-2=1$$
入れかえ

これを解いて，$a=\frac{1}{2}$ 答 $y=\frac{1}{2}x-2$

確認問題 40

グラフが次の条件をみたす1次関数を求めなさい。

(1) 傾きが-2，切片が4である直線

(2) 傾きが$\frac{1}{3}$で，点$(-6，0)$を通る直線

(3) 切片が1で，点$(-3，-1)$を通る直線

通る点が2点与えられたとき，1次関数の式を求めてみましょう。

例題 58

グラフが2点$(-3，5)$，$(2，10)$を通る直線の式を求めなさい。

$y=ax+b$ とおく。

この問題では，a や b の値がすぐにわかるわけではありませんね。

まず，点$(-3，5)$を通るので，$x=-3$，$y=5$ を代入します。

$$5=-3a+b$$

次に，点$(2，10)$を通るので，$x=2$，$y=10$ を代入します。

$$10=2a+b$$ このあと，どうしたらよいでしょうか？

連立方程式にして，a と b を求めればいいと思います。

その通りです。それぞれの式の左辺と右辺を入れかえておきましょう。

$$\begin{cases} -3a+b=5 \\ 2a+b=10 \end{cases}$$ これを解いて，$a=1$，$b=8$ 答 $y=x+8$

このように，**通る2点がわかっているときは，それぞれ代入し，連立方程式を解く**ことで，a，b の値が求められます。

確認問題 41

グラフが2点$(-2,\ -3)$，$(1,\ -9)$を通る直線の式を求めなさい。

2点を通る直線の式の求め方について，別の方法を紹介します。

例題 59

グラフが2点$(1,\ -2)$，$(3,\ 4)$を通る直線の式を求めなさい。

$y=ax+b$ とおきます。

点$(1,\ -2)$を通るということは，$x=1$ のとき $y=-2$，点$(3,\ 4)$を通るということは，$x=3$ のとき $y=4$ なので，次のような表ができます。

x の増加量 $3-1$

x	1	3
y	-2	4

y の増加量 $4-(-2)$

変化の割合は，

$$\frac{4-(-2)}{3-1}=\frac{6}{2}=3$$ と求まります。

$a=$(変化の割合)$=\dfrac{(y\text{の増加量})}{(x\text{の増加量})}$ にあてはめたのです。

$a=3$ と求まったので，$y=3x+b$ となります。 (3，4)でもOK

これが点$(1,\ -2)$を通るので，$x=1$，$y=-2$ を代入して，

$-2=3+b$ より，$b=-5$　　答 $y=3x-5$

わざわざ表をつくらなくても，2点を通る直線の傾きは次の通りです。

覚えよう!

2点$(a,\ b)$，$(c,\ d)$を通る直線の傾きは，$\dfrac{d-b}{c-a}$（ひく／ひく）

この方法の利点は，すぐに傾きが求まることです。

連立方程式で解くのと，どちらがいいですか？

どちらでもかまいません。慣れてきたらこの方法でやってみてください。

確認問題 42

グラフが2点$(-3,\ 4)$，$(2,\ -1)$を通る直線の式を求めなさい。

例を用いてまとめておきます。

傾きと通る点が 与えられたら	(例)　傾きが-3で$(-1,\ 2)$を通る直線 $y=ax+b$とおくと，$a=-3$ $y=-3x+b$に$x=-1$，$y=2$を代入 $2=3+b$より$b=-1$　答　$y=-3x-1$
切片と通る点が 与えられたら	(例)　切片が1で点$(2,\ -1)$を通る直線 $y=ax+b$とおくと，$b=1$ $y=ax+1$に$x=2$，$y=-1$を代入 $-1=2a+1$より$a=-1$　答　$y=-x+1$
通る2点が 与えられたら	(例)　2点$(3,\ 2)$，$(1,\ 0)$を通る直線 〈解　1〉 $y=ax+b$とおく $2=3a+b$ $0=a+b$　より， $\begin{cases}3a+b=2\\a+b=0\end{cases}$　を解く $a=1$，$b=-1$ 〈解　2〉 $y=ax+b$とおく $a=\dfrac{0-2}{1-3}=1$ $y=x+b$ $(1,\ 0)$を通るから， $0=1+b$より$b=-1$ 答　$y=x-1$

グラフどうしの関係

例題 60

直線$y=\dfrac{1}{3}x+5$に平行で，点$(6,\ -2)$を通るグラフとなる1次関数を求めなさい。

$y=ax+b$とおく。

2直線が平行なのは，傾きが等しいときです。

$y=\boxed{\dfrac{1}{3}}x+5$と平行なので，$a=\dfrac{1}{3}$なんですね。

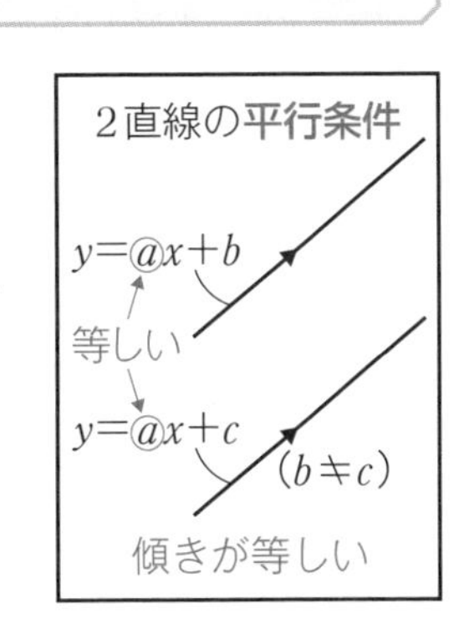

$y=\dfrac{1}{3}x+b$が点$(6,\ -2)$を通るので，

$x=6$，$y=-2$を代入して，$b=-4$と求まります。　答　$y=\dfrac{1}{3}x-4$

$y=\frac{1}{3}x+5$ は，点$(0,\ 5)$を通って，右に3，上に1移動した点を通ります。

$y=\frac{1}{3}x-4$ は，点$(0,\ -4)$を通って，やはり右に3，上に1移動した点を通ります。傾きが等しいとき，確かに平行ですね。

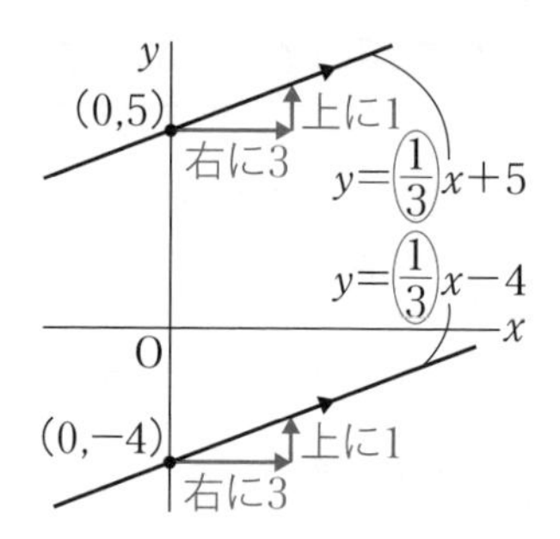

例題 61

グラフが点$(-2,\ 5)$を通り，直線$y=2x+1$とy軸上で交わる1次関数を求めなさい。

2つのグラフがy軸上で交わるとき，どんなことが成り立つかを，右の図をよく見て，考えてください。

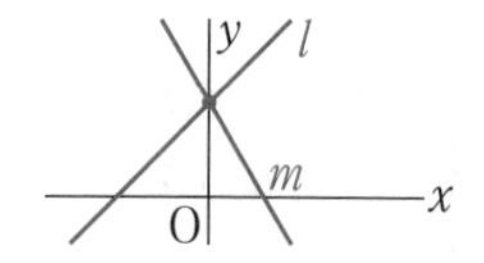

わかりました！　切片が等しくなっています。

よくわかりましたね。その通りです。

$y=ax+b$ とおく。

$y=2x+1$ と切片が等しいので，$b=1$ です。

$y=ax+1$ が点$(-2,\ 5)$を通るので，

$x=-2$，$y=5$ を代入して，$5=-2a+1$

$a=-2$ と求まります。　答 $y=-2x+1$

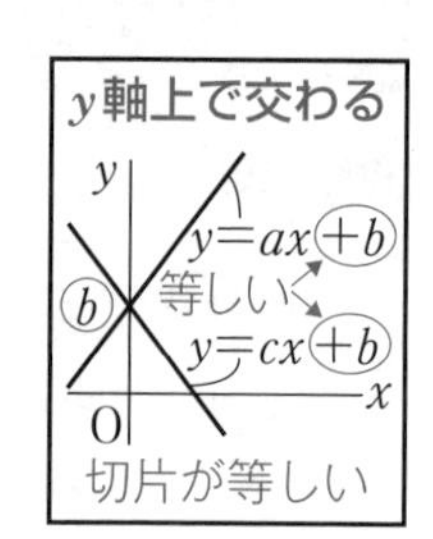

覚えよう！

2直線が
- 平行 ⟶ 傾きが等しい
- y軸上で交わる ⟶ 切片が等しい

確認問題 43

グラフが次の条件をみたす1次関数をそれぞれ求めなさい。

(1) 点$(3,\ 4)$を通り，直線$y=\frac{2}{3}x-7$に平行

(2) 点$(2,\ -5)$を通り，直線$y=3x-1$とy軸上で交わる

▶解答：p.210

1. 次の1次関数をそれぞれ求めなさい。

(1) 変化の割合が$\frac{1}{2}$で，$x=4$のとき$y=-7$

(2) xの値が4増加するとyの値が8増加し，$x=5$のとき$y=4$

(3) $x=8$のとき$y=5$，$x=-2$のとき$y=-10$

2. グラフが次の条件をみたす1次関数をそれぞれ求めなさい。

(1) 傾きが-4で切片が-3

(2) 点$(1,\ 6)$を通り，傾き2

(3) 点$(4,\ -3)$を通り，傾き$-\frac{1}{2}$

(4) 点$(-2,\ 1)$を通り，切片3

(5) 点$(-8,\ -6)$を通り，切片-4

(6) 2点$(2,\ -4)$，$(1,\ -7)$を通る

(7) 2点$(-1,\ -3)$，$(5,\ 0)$を通る

(8) 点$(6,\ 2)$を通り，直線$y=\frac{1}{2}x-5$と平行

(9) 点$(-3,\ -1)$を通り，直線$y=4x-2$とy軸上で交わる

方程式とグラフ

イントロダクション

- 方程式のグラフをかく ➡ どんな直線になるか
- $y=m$, $x=n$ のグラフとは ➡ 軸に平行な直線
- 2 直線の交点の座標を求める ➡ 連立方程式の解との関係を知る

方程式のグラフとは

たとえば，$2x+y=5$ のような 2 元 1 次方程式では，解が無数にあることを以前学びましたね。いくつか表にしてみましょう。

x	…	−1	0	1	2	…
y	…	7	5	3	1	…

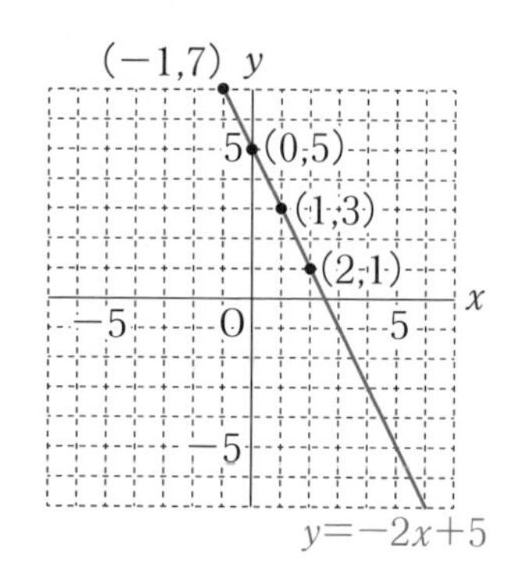

これらを座標にして点をうつと，右のようになります。これらの点は，$2x+y=5$ を y について解いた，$y=-2x+5$ のグラフ上です。

この直線のことを，2 元 1 次方程式 $2x+y=5$ のグラフといいます。つまり，その式を **y について解いた 1 次関数のグラフ**なのです。

例題 62

次の 2 元 1 次方程式のグラフをかきなさい。

(1) $3x+2y=6$　　(2) $5x-2y=10$

(1) まず，$3x+2y=6$ を y について解きます。

$2y=-3x+6$　両辺を 2 でわります。

このとき，$y=\dfrac{-3x+6}{2}$ でも正しいのですが，$y=-\dfrac{3}{2}x+3$ とします。なぜだかわかりますか？

$y=\dfrac{-3x+6}{2}$ だと，傾きや切片がわかりにくいです。

そうなんです。それがわかりやすいように，別々に 2 でわるのです。

$y=-\dfrac{3}{2}x+3$ のグラフをかきます。

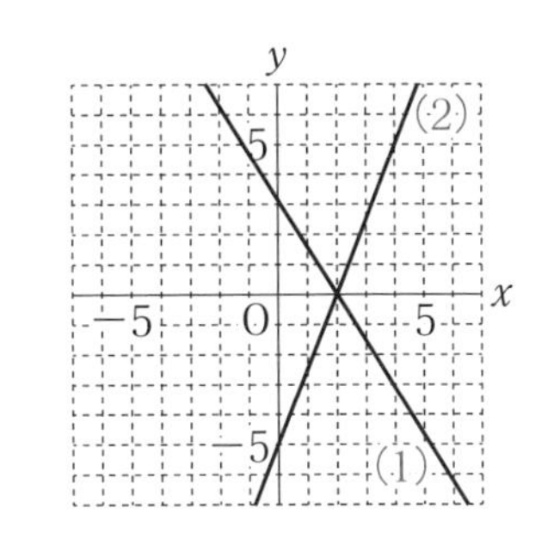

(2)　$5x-2y=10$ より，

$$-2y=-5x+10$$
×(−1)
$$2y=5x-10$$
別々に 2 でわる
$$y=\frac{5}{2}x-5$$

確認問題 44

次の 2 元 1 次方程式のグラフを，右にかきなさい。

(1)　$3x+4y=16$

(2)　$2x-3y=9$

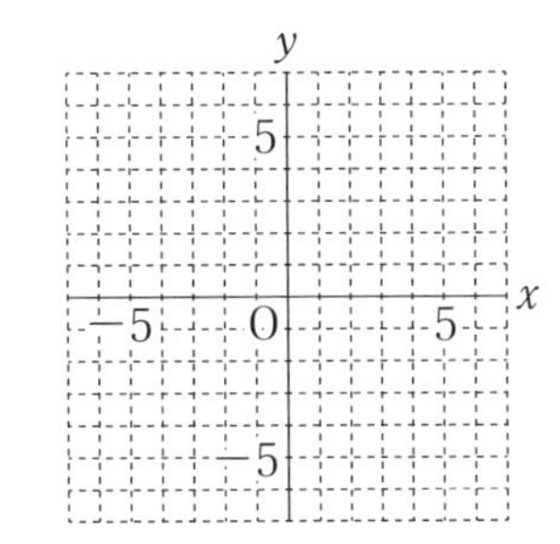

軸に平行なグラフ

$y=2$ のグラフとは，どんなグラフでしょう。式に x がありません。$x=-5$ であろうと，$x=3$ であろうと，常に $y=2$ です。

y 座標が 2 である点を集めると，右のように，点(0，2)を通り x 軸に平行な直線となります。

一方，$x=-3$ のグラフは，x 座標が−3 である点の集まりなので，点(−3，0)を通り y 軸に平行な直線です。

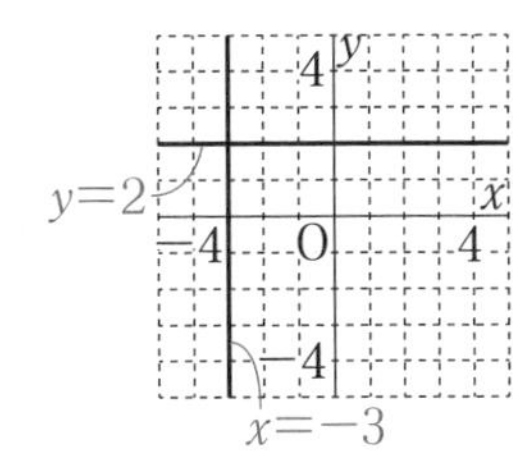

まとめれば，$y=m$ のグラフとは，点(0，m)を通り x 軸に平行な直線です。

$x=n$ のグラフとは，点(n，0)を通り y 軸に平行な直線です。

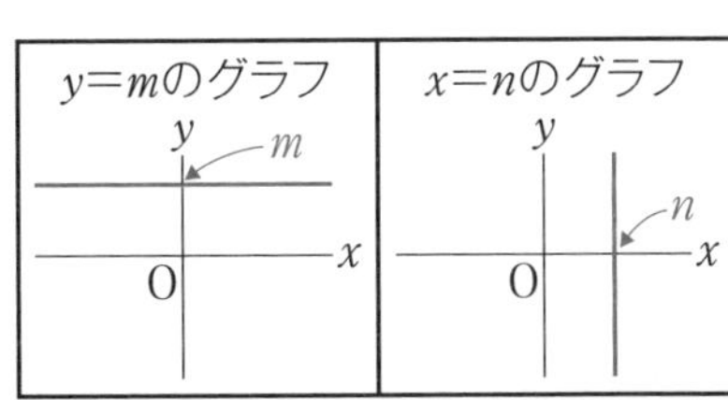

例題 63

次の方程式のグラフをかきなさい。

(1) $3y+12=0$　　(2) $-3x+9=0$

(1) $3y=-12$ より,

$y=-4$　x 軸に平行な直線です。

(2) $-3x=-9$ より,

$x=3$　y 軸に平行な直線です。

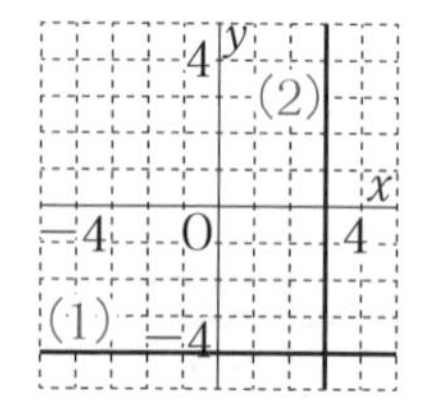

確認問題 45

次の方程式のグラフを，右にかきなさい。

(1) $2y-6=0$

(2) $-4x=8$

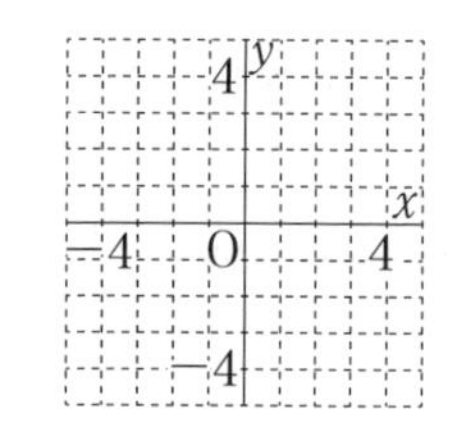

連立方程式の解とグラフの交点

$2x+y=5$…①のグラフと，$x-y=-2$…②のグラフをかき，交点を読み取ってみましょう。

①は，$y=-2x+5$ のグラフで，②は，$y=x+2$ のグラフですね。右のようになり，**交点は $(1,\ 3)$**。

では，今の 2 つの式を組にした連立方程式

$$\begin{cases} 2x+y=5 \cdots ① \\ x-y=-2 \cdots ② \end{cases}$$ を解いてみます。

①+②より，$3x=3$

$x=1$　①に代入して，

$y=3$　よって，**$x=1$，$y=3$**

何か気づきませんか？

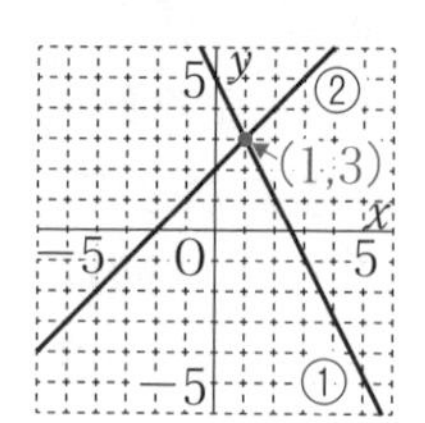

グラフの交点の座標と，連立方程式の解が同じです！

そうなんです。**2直線の交点の座標**は，それぞれの式を組にした**連立方程式の解**で求められるのです。

例題 64

2直線 $y=x-5$ と $y=3x+1$ の交点の座標を求めなさい。

このように，1次関数 $y=x-5$ のグラフのことを，直線 $y=x-5$ と表すことがあります。

さて，この2直線の式の連立方程式

$$\begin{cases} y=x-5 \cdots ① \\ y=3x+1 \cdots ② \end{cases}$$

を解きます。

覚えよう!

2直線の交点の座標

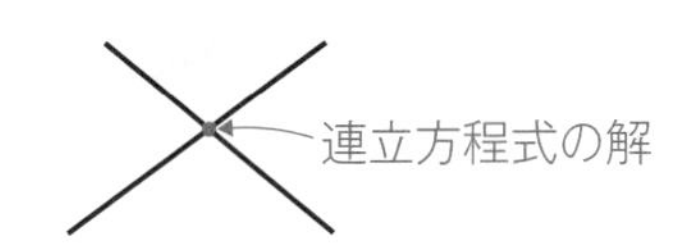

どちらも「$y=\quad$」の形の式です。加減法でしょうか？

それでも解けますが，式がどちらも「$y=\quad$」の形であることを利用します。

①と②の**右辺どうしを等号でつなぐ**と楽なんです。

$$\begin{cases} y=\boxed{ax+b} \\ y=\boxed{cx+d} \end{cases}$$ つなぐ

$$ax+b=cx+d$$

$$\begin{cases} y=\boxed{x-5} \\ y=\boxed{3x+1} \end{cases}$$ つなぐ　$x-5=3x+1$

いきなり y が消去できます

$x=-3$，$y=-8$ と求まり，交点は　$(-3,\ -8)$　答

トレーニング 12

次の2直線の交点の座標を求めなさい。　▶解答：p.211

(1)　$y=x+1$ と $y=2x-3$

(2)　$y=3x-5$ と $y=x+9$

(3)　$y=-3x+5$ と $y=x+13$

(4)　$y=-2x$ と $y=3x+20$

(5)　$y=2x-\dfrac{1}{3}$ と $y=x+\dfrac{2}{3}$

(6)　$y=\dfrac{2}{5}x+1$ と $y=-x+8$

テーマ 5 1次関数のグラフと図形

イントロダクション

- ◆ 直線上の点の座標 ➡ 計算によって座標を求める
- ◆ 座標平面上にある三角形の面積 ➡ 頂点の座標を求める
- ◆ 三角形の面積の 2 等分 ➡ 2 等分する直線はどこを通るかを知る

直線と三角形の面積

例題 65

右の図は直線 $y=\frac{1}{2}x+4$ のグラフである。

点 A，B，C，D の座標をそれぞれ求めなさい。

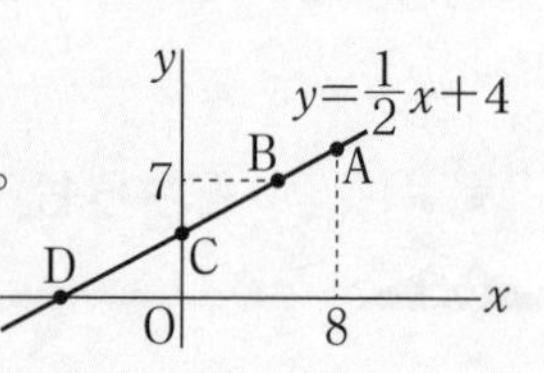

1 次関数の式とは，x と y の値の関係を表したものです。

いいかえれば，**そのグラフ上の点の，x 座標と y 座標の関係**なのです。

したがって，グラフ上の点の x 座標がわかっていたら，**x にその値を代入すれば，その点の y 座標が求まる**のです。

点 A は，x 座標が 8 であることがわかっているので，$x=8$ を代入します。

すると，$y=\frac{1}{2}\times8+4=8$　これが点 A の y 座標です。A(8，8)です。

点 B は，y 座標が 7 の点なので，$y=7$ を代入します。

すると，$7=\frac{1}{2}x+4$　これを解いて，$x=6$　よって，B(6，7)

点 C の座標はどうやって求めますか？

x 座標は 0 のはずなので，$x=0$ を代入して，$y=4$ です。

はい，正解です。点 C はこの直線の切片なので C(0，4)とわかります。

点 D は，y 座標が 0 の点です。したがって，$y=0$ を代入します。

すると，$0=\frac{1}{2}x+4$

これを解いて，$x=-8$

よって，D$(-8,\ 0)$です。

答 A$(8,\ 8)$，B$(6,\ 7)$，
C$(0,\ 4)$，D$(-8,\ 0)$

グラフ上の点の座標の求め方	
x 座標がわかっているとき x にその値を代入 ↓ y 座標が求まる	y 座標がわかっているとき y にその値を代入 ↓ x 座標が求まる

確認問題 46

右の図は，直線 $y=-\frac{1}{2}x+5$ のグラフである。点 A，B，C，D の座標をそれぞれ求めなさい。

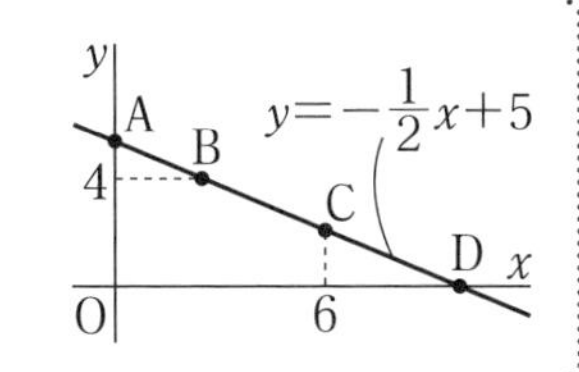

例題 66

右の図で，直線 l の式は $y=-x+3$，直線 m の式は $y=\frac{1}{2}x-3$ である。

l と m の交点を A，l，m と y 軸との交点をそれぞれ B，C とするとき，△ABC の面積を求めなさい。

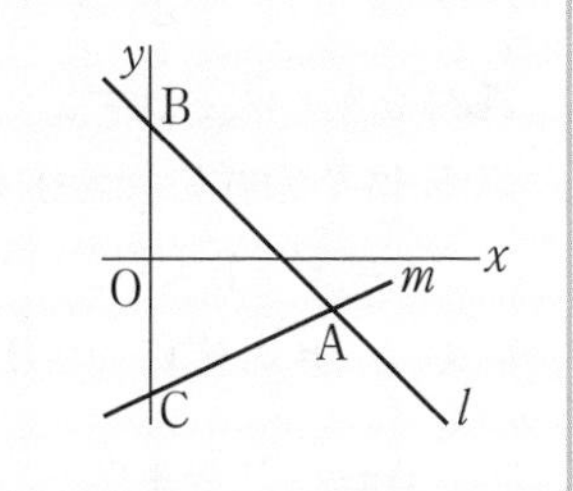

3 点 A，B，C の座標を求めます。

点 A は直線 l と m の交点です。

$$\begin{cases} y=-x+3 \cdots ① \\ y=\frac{1}{2}x-3 \cdots ② \end{cases}$$

の右辺どうしを等号でつないで，$-x+3=\frac{1}{2}x-3$

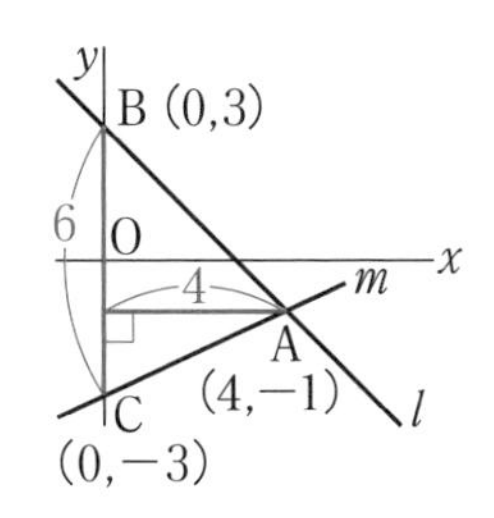

これを解いて，$x=4$　①に代入して $y=-1$　A$(4,\ -1)$

B は l の切片を表すので，B$(0,\ 3)$

C は m の切片を表すので，C$(0,\ -3)$

これで準備完了です。△ABC の底辺 BC$=6$，高さは 4 なので，

△ABC$=6\times4\times\frac{1}{2}=12$　答　座標が求まれば簡単ですね。

例題 67

右の図で，直線 l の式は $y=x+4$，

直線 m の式は $y=-\dfrac{3}{2}x+9$ である。

l と m の交点をA，l，m と x 軸との交点をそれぞれB，Cとするとき，△ABCの面積を求めなさい。

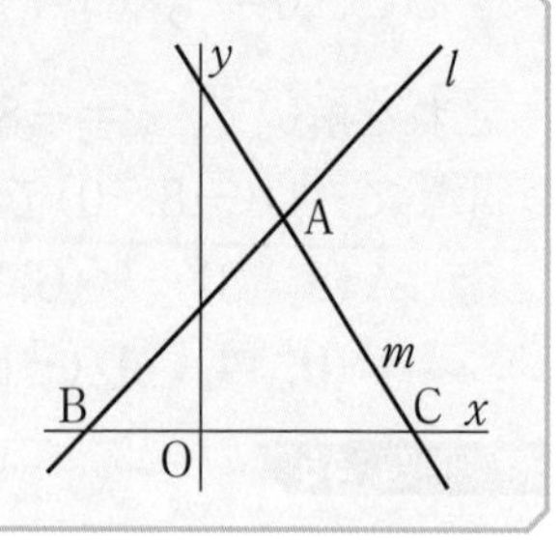

点Aは直線 l，m の交点なので，連立方程式を解いて求めます。

$$\begin{cases} y=x+4\cdots① \\ y=-\dfrac{3}{2}x+9\cdots② \end{cases}$$

右辺どうしをつないで，

$$x+4=-\frac{3}{2}x+9$$

これを解いて，$x=2$　①に代入して $y=6$　A(2，6)

点Bは l の式に $y=0$ を代入して，

　$0=x+4$ より，$x=-4$　よってB$(-4, 0)$

点Cは m の式に $y=0$ を代入して，

$$0=-\frac{3}{2}x+9$$

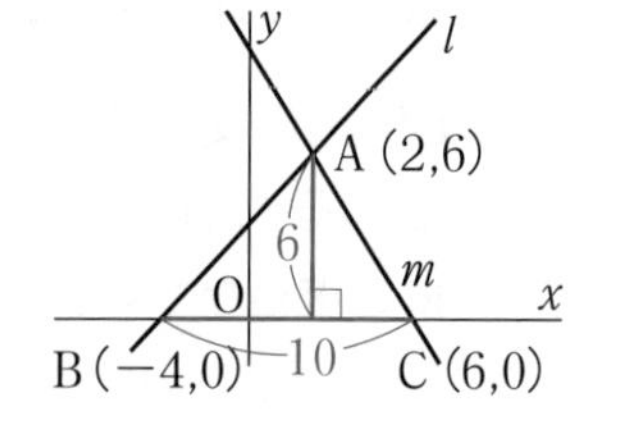

これを解いて，$x=6$　よって，C(6，0)

△ABCの底辺BCは，点Cの x 座標から点Bの x 座標をひいて，

　$BC=6-(-4)=10$　です。

長さを求めるのに，ひくんですか？

はい，左右の線分の長さは，右の x 座標から左の x 座標を**まるごとひいて**求めます。たすのではありません。

$\triangle ABC=10\times6\times\dfrac{1}{2}=30$　答

B　C
右－左
(−4,0)　6−(−4)　(6,0)
左　=10　右

上下の線分の長さは，

(上の y 座標)－(下の y 座標)で求めます。

確認問題 47

右の図で，直線 l の式は $y=2x+4$，直線 m の式は $y=-x+10$ である。

l と m の交点を A，l，m と x 軸との交点をそれぞれ B，C とするとき，△ABC の面積を求めなさい。

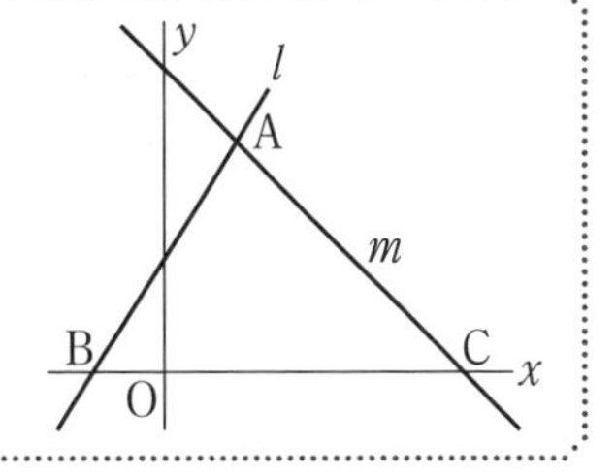

三角形の面積の 2 等分

三角形の頂点を通って，面積を 2 等分する直線は，**向かい合う辺の中点を通ります。**

分けられた 2 つの三角形は底辺と高さが等しくなるからです。そして P$(a,\ b)$，Q$(c,\ d)$ を両端とする線分 PQ の中点の座標は，

$\left(\dfrac{a+c}{2},\ \dfrac{b+d}{2}\right)$ で求められます。

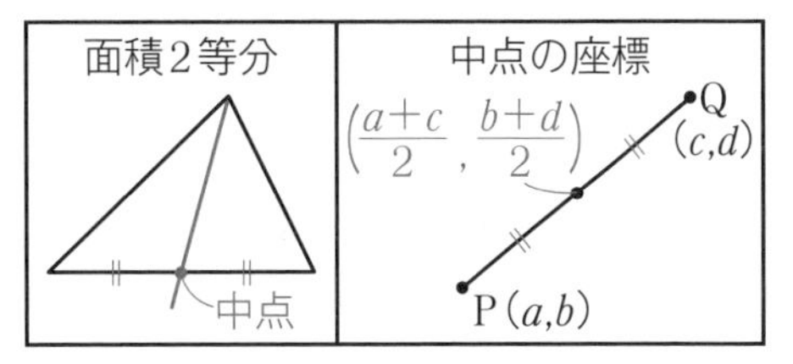

両端の座標の平均と覚えてください。

例題 68

右の図で，点 A を通り，△ABC の面積を 2 等分する直線の式を求めなさい。

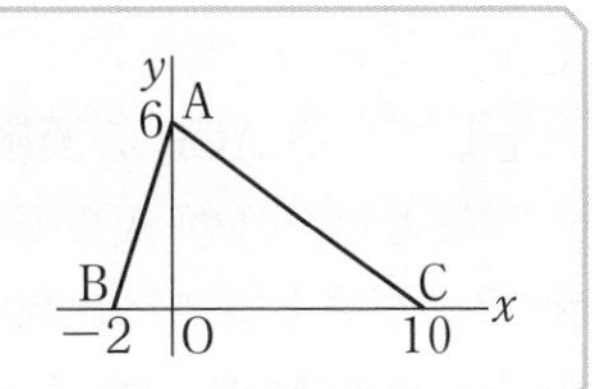

辺 BC の中点を通る直線です。

B$(-2,\ 0)$，C$(10,\ 0)$ の中点の座標は，

$\left(\dfrac{-2+10}{2},\ \dfrac{0+0}{2}\right)$ で $(4,\ 0)$ と求まります。

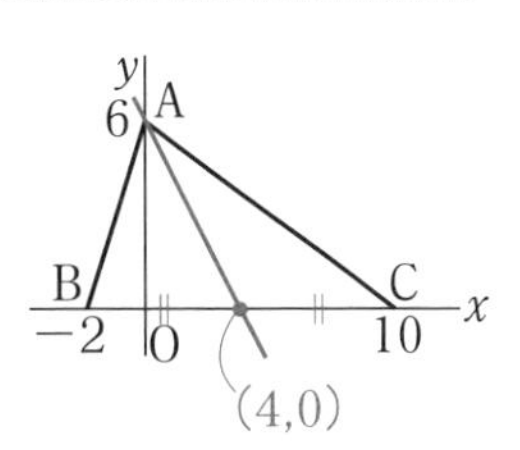

この点 $(4,\ 0)$ と，A$(0,\ 6)$ を通る直線です。

$y=ax+b$ とおき，$a=\dfrac{6-0}{0-4}=-\dfrac{3}{2}$ で，

切片は A の y 座標なので，$b=6$ です。 答 $y=-\dfrac{3}{2}x+6$

テーマ

6 1次関数の利用

イントロダクション

- **動点の問題への利用** ➡ **長さを文字で表す**
- **速さの問題への利用** ➡ **グラフから式をつくる**
- **出会う・追いつく時間，距離** ➡ **グラフの交点の意味を知る**

今まで学習してきた1次関数を，いろいろな問題に応用していきます。文章で与えられた条件を，グラフや式にしていくのです。

最初は難しく感じるかも知れませんが，じっくり取り組めばわかります。がんばってください。

動点の問題への利用

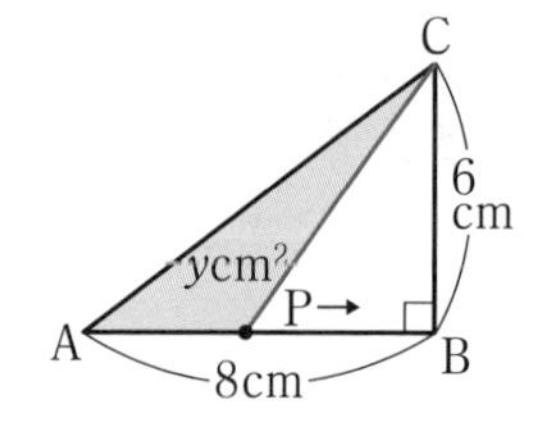

右の図の△ABCは，AB＝8 cm，BC＝6 cm，∠ABC＝90°の直角三角形です。

この三角形は固定されていて動かないと思ってください。

さて，動く点(動点といいます)Pが登場します。

この動点Pが，最初は頂点Aにあり，辺AB上を頂点Bまで動いていくとします。

そして，△ACPの面積をy cm^{2}とします。

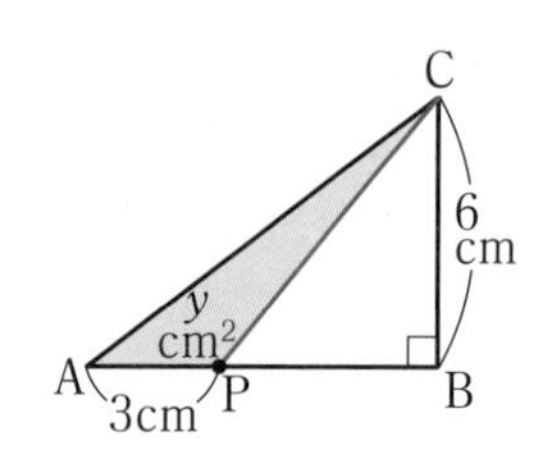

たとえば，PがAから3 cm動いたときを考えてください。AP＝3 cmです。高さは6 cmなので，△ACPの面積y cm^{2}は，

$y=3\times6\times\frac{1}{2}=9(\mathrm{cm}^2)$と求まります。

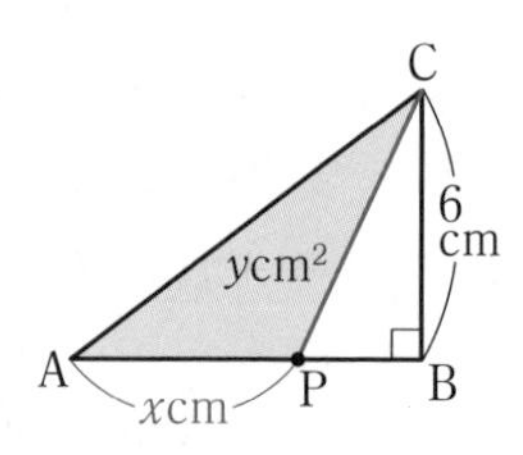

では，点PがAからx cm動いたときはどうなるでしょう。AP＝x cmということです。

底辺がx cm，高さが6 cmなので，

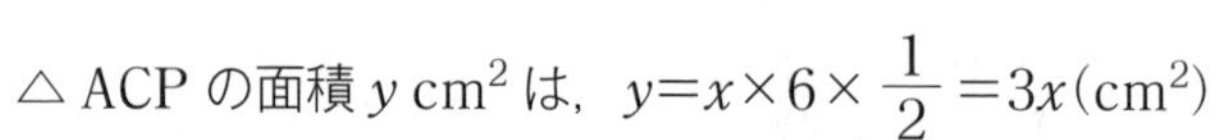
△ACPの面積y cm^{2}は，$y=x\times6\times\frac{1}{2}=3x(\mathrm{cm}^2)$

よって，$\boldsymbol{y=3x}$という式ができます。基本は，これだけです。

さて，xの変域はわかりますか？

つまり，x は何 cm から何 cm まで考えられるか，を考えてください。

x は 0 cm から 8 cm までなので，$0 \leqq x \leqq 8$ ですか？

はい，それで正解です。では，例題に入ります。

例題 69

右の図の△ABC は，AC＝6 cm，BC＝8 cm，∠ACB＝90° の直角三角形である。点 P が辺 AC 上を A から C まで動く。P が A から x cm 動いたときの△PBC の面積を y cm^2 として，次の問に答えなさい。

(1) y を x の式で表しなさい。

(2) x の変域を求めなさい。

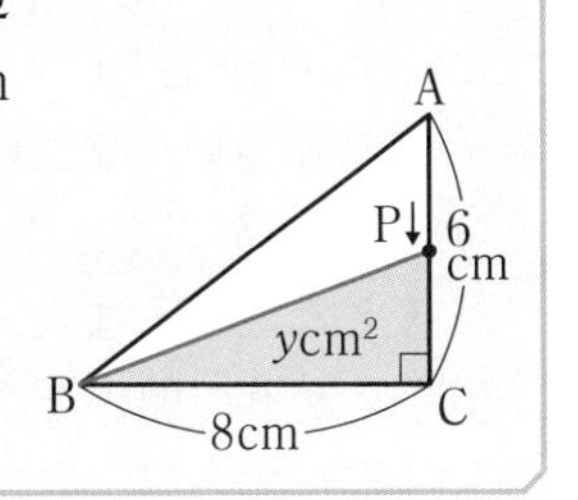

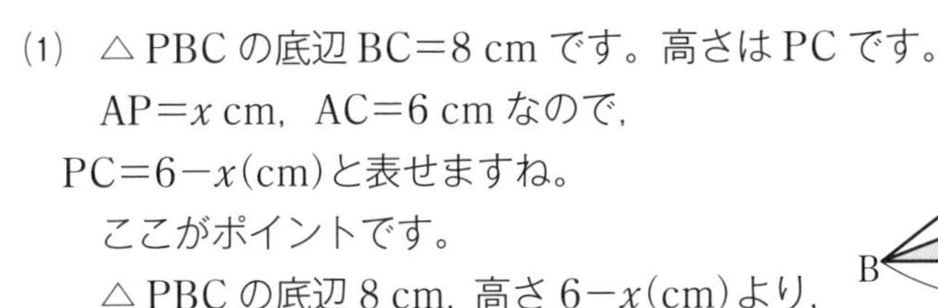

(1) △PBC の底辺 BC＝8 cm です。高さは PC です。

AP＝x cm，AC＝6 cm なので，

PC＝6－x(cm) と表せますね。

ここがポイントです。

△PBC の底辺 8 cm，高さ 6－x(cm) より，

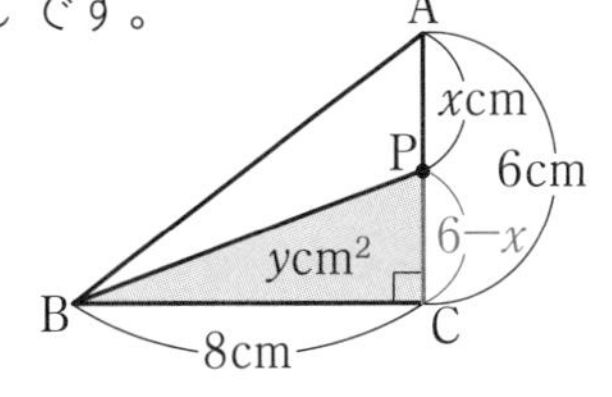

$y=8\times(6-x)\times\frac{1}{2}$　　整理して，$\boldsymbol{y=-4x+24}$ 答

(2) xは0 cmから6 cmまでなので，$\boldsymbol{0 \leqq x \leqq 6}$ 答

確認問題 48

右の図のような，AC＝6 cm，BC＝10 cm，∠ACB＝90° の直角三角形 ABC がある。点 P が辺 BC 上を B から C まで動く。P が B から x cm 動いたとき，△PAC の面積を y cm^2 として，次の問に答えなさい。

(1) y を x の式で表しなさい。

(2) x の変域を求めなさい。

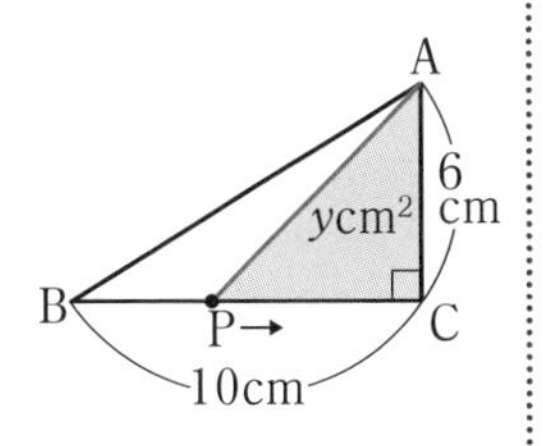

例題 70

右の図は，BC＝6 cm，CA＝4 cm，∠ACB＝90° の直角三角形 ABC である。点 P は頂点 B を出発して，辺 BC，CA 上を点 A まで，毎秒 1 cm の速さで動く点である。点 P が B を出発してから x 秒後の△ABP の面積を y cm^2 として，次の問に答えなさい。

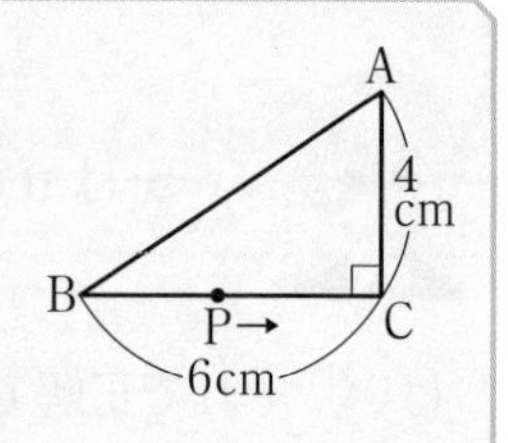

(1) $x=3$ のときの y の値を求めなさい。

(2) $x=7$ のときの y の値を求めなさい。

(3) 点 P が辺 BC 上にあるとき，y を x の式で表しなさい。また，x の変域も求めなさい。

(4) 点 P が辺 CA 上にあるとき，y を x の式で表しなさい。また，x の変域も求めなさい。

(5) x と y の関係をグラフに表しなさい。

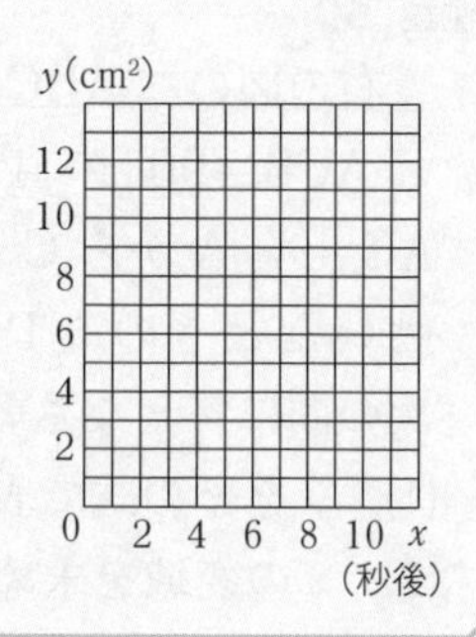

今回は，点 P の速さと，時間が与えられています。

しかし，それはあまり難しく考える必要がありません。

毎秒 1 cm で x 秒後なら→点 P は x cm 動く

毎秒 2 cm で x 秒後なら→点 P は $2x$ cm 動く　というだけですね。

(1) $x=3$ のとき，つまり 3 秒後。

点 P は 3 cm 動くので，右の図です。

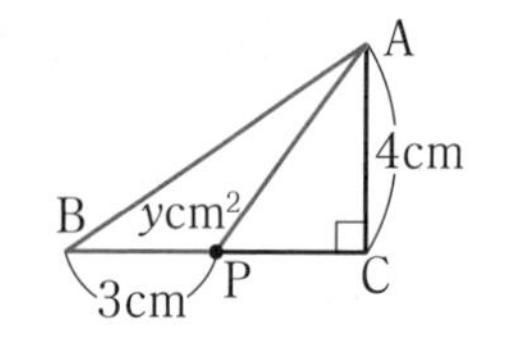

$$y=3\times4\times\frac{1}{2}=6$$ 答

(2) 7 秒後，点 P は 7 cm 動くので，

点 C に着いたあと，1 cm 上に上がったところに点 P があります。右の図です。

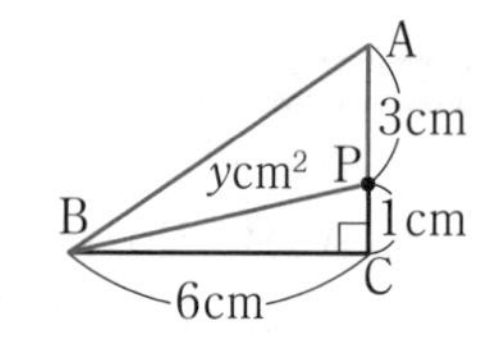

底辺を AP＝3 cm とすれば，高さは 6 cm です。

$$y=3\times6\times\frac{1}{2}=9$$ 答

(3) BP＝x cm となります。

$y=x\times4\times\frac{1}{2}$ より，$\boldsymbol{y=2x}$ 答

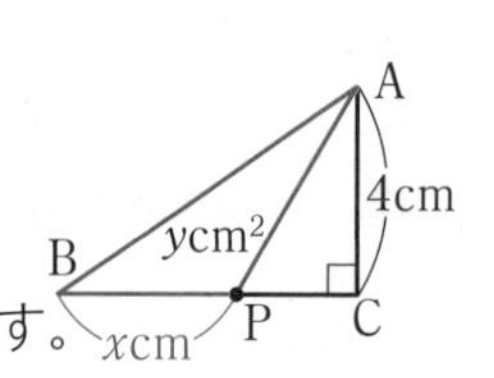

x の変域は，時間が何秒後から何秒後までか，です。

0 秒後に点 B にいて，6 秒後に点 C に着きます。

点 P が辺 BC 上にあるのは，この間ですね。

したがって，x の変域は $0 \leqq x \leqq 6$ 答 となります。

(4) これがちょっとむずかしいです。図をかいてみましょう。

△ ABP の底辺 AP の長さは，どう表せますか？

点 P が動いた長さが赤い線の長さで，

BC＋CA＝10 cm です。さあ，わかりますか？

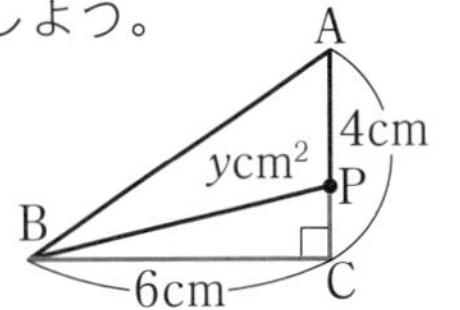

10 cm から赤い線の長さをひいて，$10-x$(cm) ですか？

よくわかりました！　これが一番難しいところです。

これがわかれば，もうあとは求められます。

$y=(10-x)\times 6\times\frac{1}{2}$ より，$y=-3x+30$ 答

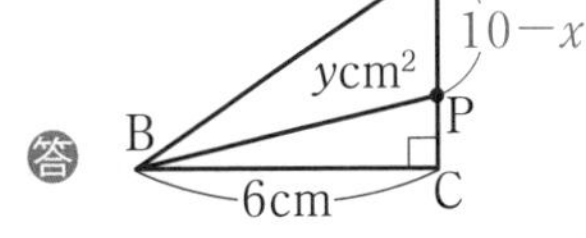

x の変域は，C に着くのが 6 秒後で，A に着くのは 10 秒後なので，

$6 \leqq x \leqq 10$ 答 です。($0 \leqq x \leqq 10$ ではありませんよ。)

(5) (3)と(4)の式をグラフにしていきます。

(3)は，$y=2x$ ($0 \leqq x \leqq 6$) ですが，コツがあります。

x の変域の両端の値を代入します。

つまり，$x=0$ のとき $y=0$ →点(0, 0)

$x=6$ のとき $y=12$ →点(6, 12)

この 2 点を結びます。

(4)も同様に，

$x=6$ のとき $y=12$ →点(6, 12)

$x=10$ のとき $y=0$ →点(10, 0)

この 2 点を結び，でき上がりです。

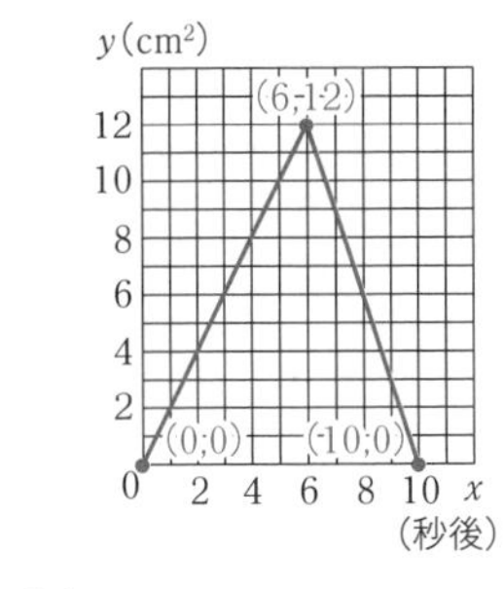

動点の問題へのアプローチ方法は，次の 3 つです。

- その条件にあった図を，毎回かく。1つの図で考えない。
- 点Pが動いた長さを考えて，求める長さを x を用いて表す。
- グラフは，x の変域の両端の点を結んでかく。

確認問題 49

右の図は，BC＝10 cm，CA＝6 cm，∠ACB＝90°の直角三角形ABCである。点PはBを出発し，毎秒1 cmの速さで辺BC，CA上を点Aまで動く点である。点PがBを出発してx秒後の△ABPの面積をy cm^{2}として，次の問に答えなさい。

(1) 点Pが辺BC上にあるとき，yをxの式で表し，xの変域も求めなさい。

(2) 点Pが辺CA上にあるとき，yをxの式で表し，xの変域も求めなさい。

(3) xとyの関係をグラフに表しなさい。

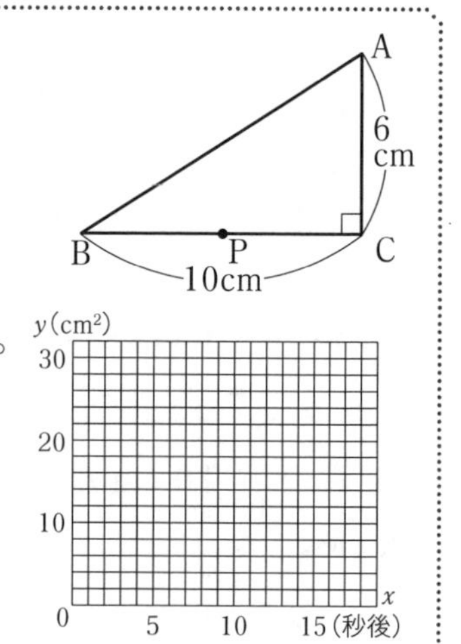

速さの問題への利用

速さに関するグラフの読み取りから，やってみましょう。

例題 71

まき子さんは，家から480 mはなれた図書館に行き，用事をすませて家に帰ってきた。右の図は，まき子さんが家を出発してからx分後に，家からy mの地点にいるとしてグラフに表したものである。

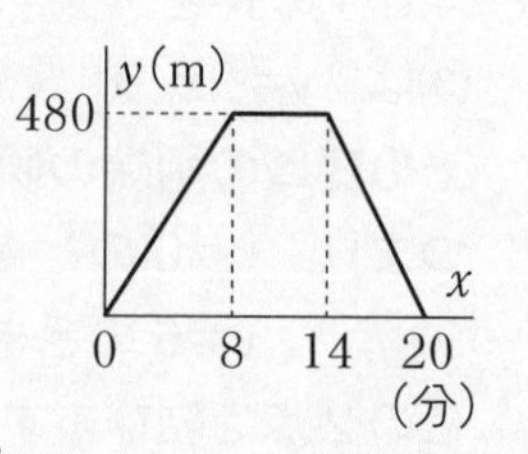

(1) 行きは分速何 mで行ったか，求めなさい。

(2) 図書館で用事をすませるのにかかった時間を求めなさい。

(3) 帰りのグラフについて，yをxの式で表し，xの変域も求めなさい。

(1) 8分間で480 m進んでいるので，480÷8＝60より，**分速60 m** 答

(2) 8分後から14分後なので，14−8＝6より，**6分間** 答

(3) 帰りのグラフを見ただけで式にすることはできますか？

グラフがy軸と交わっていないので，切片がわかりません。

そうなんです。そこがちょっとつらいですよね。

そこで，帰りのグラフが通っている点を読みとっていきます。

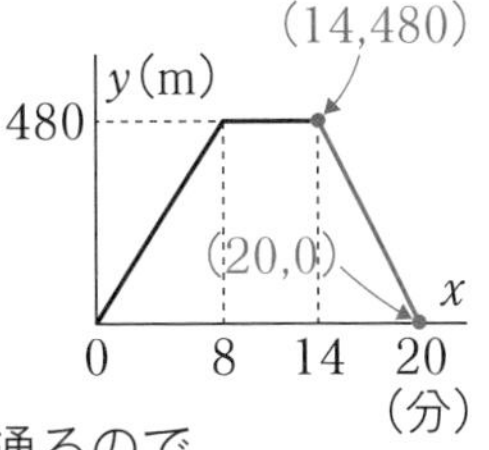

帰りのグラフは，点(14，480)から始まって(20，0)までです。

この2点を通る直線の式を求めます。

$y=ax+b$ とおきます。(14，480)，(20，0)を通るので，

$$a=\frac{0-480}{20-14}=\frac{-480}{6}=-80$$

$y=-80x+b$　　(20，0)を通るので

$0=-1600+b$ より，$b=1600$　　答　$y=-80x+1600$

帰りは，14分後から20分後なので，x の変域は $14 \leqq x \leqq 20$　答

- グラフの両端の座標を読みとる
- その2点を通る直線の式を，計算によって求める

行きの式は，点(0，0)と(8，480)を通るので，

$y=60x$　$(0 \leqq x \leqq 8)$となりますね。　傾きは速さを表す

このとき，傾きの60は速さ60(m/分)を表しています。

帰りの傾きは−80ですね。よって帰りの速さは80(m/分)となります。

傾きが正のときと負のときのちがいは何ですか？

傾きが正のときは遠ざかっているようすを表し，負のときは近づいてきているようすを表しているんです。

確認問題 50

Aさんは家から120 kmはなれた実家に車で往復した。右の図は，家を出発してから x 時間後に家から y kmの地点にいるとして，グラフに表したものである。次の問に答えなさい。

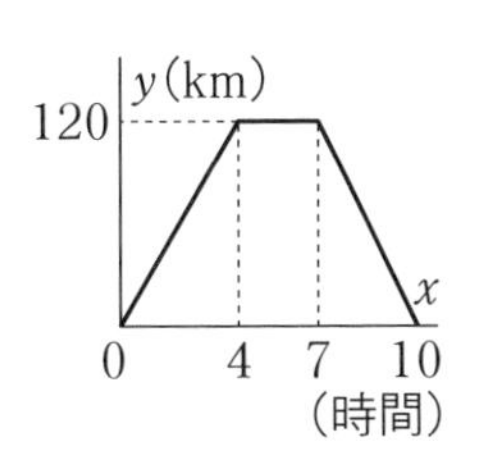

(1)　行きのグラフの式と x の変域を求めなさい。

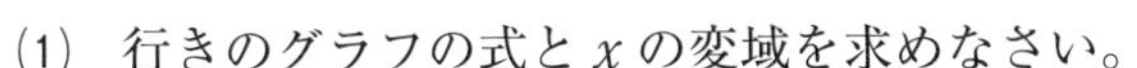

(2)　帰りのグラフの式と x の変域を求めなさい。

２人の人が同じ道を行き，出会ったり追いついたりする問題を学ぼう。

例題 72

家から 2400 m はなれた駅に行くのに，弟は徒歩で出発した。その後 20 分たってから兄が自転車で行った。右のグラフは，弟が出発してからの時間を x 分，家からの距離を y m として表したものである。次の問に答えなさい。

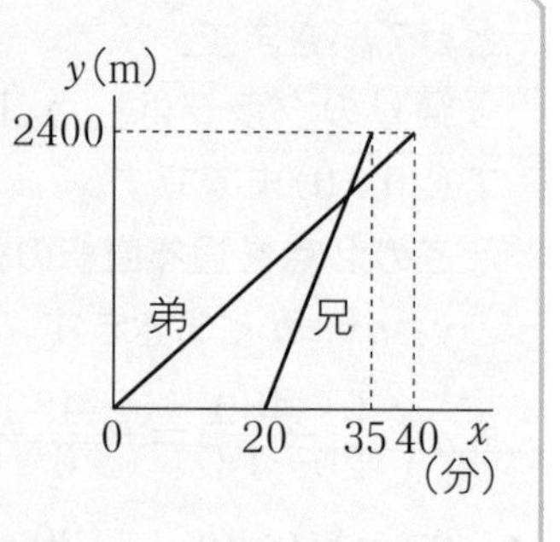

⑴ 弟の歩くようすについて，y を x の式で表しなさい。

⑵ 兄が進むようすについて，y を x の式で表しなさい。

⑶ 兄が弟を追いこすのは，弟が家を出発してから何分後か。また，追いこす地点は家から何 m の地点かを求めなさい。

⑴ 弟のグラフは，点(0，0)，(40，2400)を通っています。
よって，$y=60x$ 答

⑵ 兄のグラフは，点(20，0)，(35，2400)を通っています。
$y=ax+b$ とおくと，

$$a=\frac{2400-0}{35-20}=\frac{2400}{15}=160$$

$y=160x+b$　　(20，0)を通っているので，
$0=3200+b$ より，$b=-3200$　　答 $y=160x-3200$

⑶ さて，追いこすのは，グラフのどこですか？

交点です。ということは，連立方程式の解で求まります。

その通りです。よくわかっていますね。

$$\begin{cases} y=60x \\ y=160x-3200 \end{cases}$$

を解きます。

$60x=160x-3200$

これを解いて，$x=32$，$y=1920$

答 **32 分後，家から 1920 m の地点**

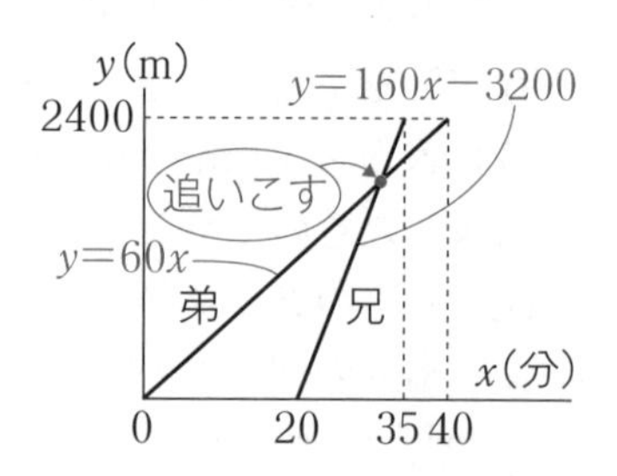

確認問題 51

　姉は午前 8 時に A 地を出発し，B 地に向かって歩いて行った。妹は午前 8 時 10 分に B 地を出発し，姉と同じ道を反対方向に A 地に向かって歩いて行った。右のグラフは，午前 8 時からの時間を x 分，A 地からの距離を y m として表したものである。次の問に答えなさい。

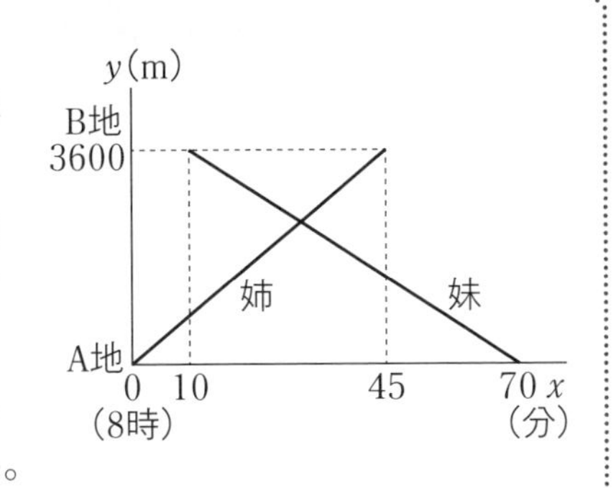

(1)　姉の歩くようすについて，y を x の式で表しなさい。

(2)　妹の歩くようすについて，y を x の式で表しなさい。

(3)　姉と妹が出会う時刻を求めなさい。また，出会う地点は A 地から何 m の地点か求めなさい。

例題 73

　ある電話会社には，A，B の 2 つの料金プランがある。

　右のグラフは 1 か月の通話時間を x 分，電話料金を y 円として表したものである。

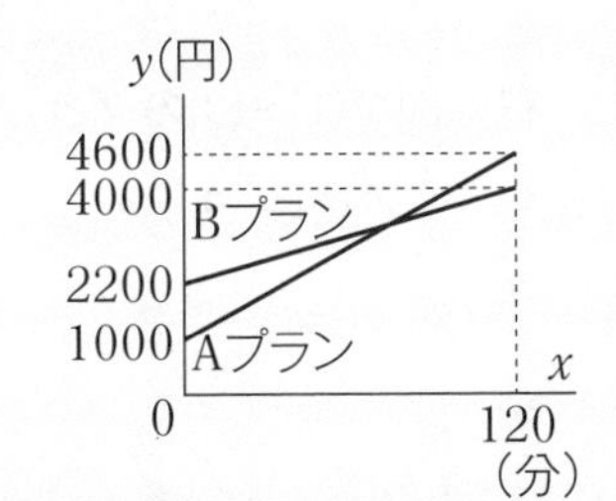

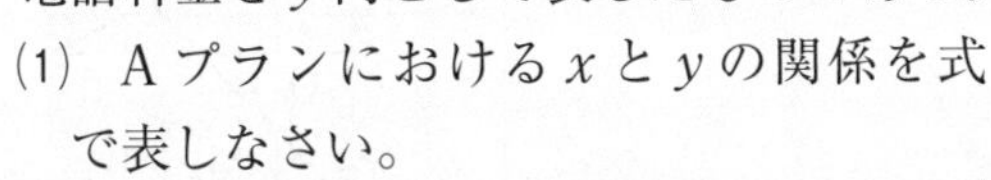

(1)　A プランにおける x と y の関係を式で表しなさい。

(2)　B プランにおける x と y の関係を式で表しなさい。

(3)　B プランの方が料金が安くなるのは，通話時間が何分より長いときか，求めなさい。

(1)　点(0，1000)，(120，4600)を通ります。切片は 1000 です。

$$(\text{傾き}) = \frac{4600-1000}{120-0} = 30$$　答　$y=30x+1000$

(2)　点(0，2200)，(120，4000)を通ります。切片は 2200 です。

$$(\text{傾き}) = \frac{4000-2200}{120-0} = 15$$　答　$y=15x+2200$

(3)　交点を求めます。$30x+1000=15x+2200$

$x=80$，$y=3400$　と求まり，80 分のとき同料金(3400 円)です。

答　**80 分より長いとき**

1次関数まとめ　定期テスト対策A

▶解答：p.213

1.　次のxとyの関係について，yをxの式で表し，yがxの1次関数であるかどうかも答えなさい。

(1)　1個80円のみかんをx個買い，1000円出したときのおつりがy円である。

(2)　1辺がx cmの正方形の周の長さがy cmである。

(3)　たて6 cm，横x cm，高さy cmの直方体の体積が120 cm^3である。

2.　1次関数$y=\frac{3}{4}x+2$について，次の問に答えなさい。

(1)　変化の割合を求めなさい。

(2)　xの増加量が8であるとき，yの増加量を求めなさい。

3.　右の図で(1)～(3)のグラフの式をそれぞれ求めなさい。

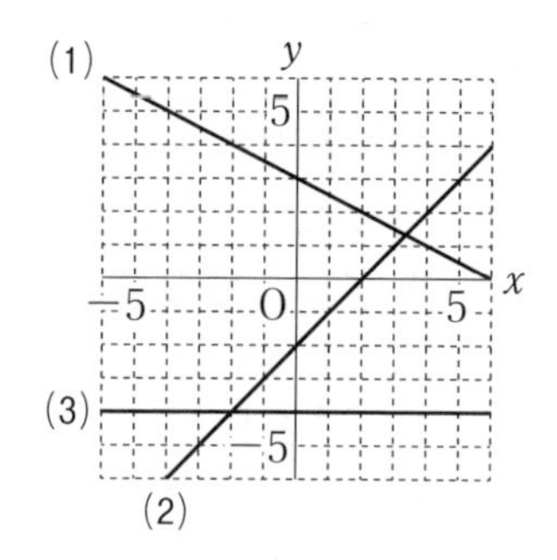

4.　次のような1次関数の式をそれぞれ求めなさい。

(1)　変化の割合が2で，$x=-5$のとき$y=-6$

(2)　xの増加量が3のときyの増加量が-2で，$x=-9$のとき$y=1$

(3)　$x=-1$のとき$y=6$で，$x=1$のとき$y=2$

5.　グラフが次の条件をみたす１次関数の式をそれぞれ求めなさい。

(1)　傾きが$-\dfrac{1}{2}$で，点(8，-2)を通る

(2)　切片が-6で，点(2，-2)を通る

(3)　２点(1，-6)，(5，-2)を通る

6.　右の図で，直線lは$y=-2x+7$，直線mは$y=x+1$のグラフである。l，mとy軸との交点をそれぞれA，Bとし，２直線lとmの交点をPとするとき，次の問に答えなさい。

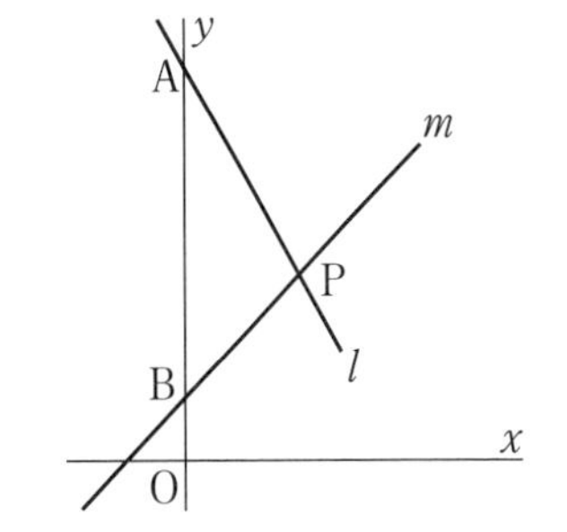

(1)　点Pの座標を求めなさい。

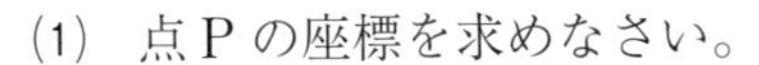

(2)　△PABの面積を求めなさい。

7.　20 Lの水が入った水そうから，一定の割合で水をぬいたとき，水をぬき始めてからx分後の水の量をyLとすると，xとyの関係は右のグラフのようになった。yをxの式で表しなさい。また，xの変域も求めなさい。

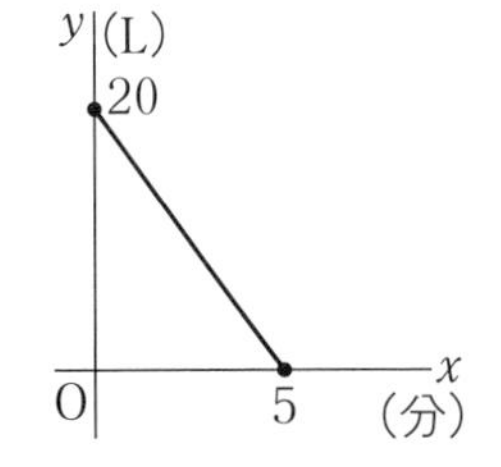

8.　右の図の長方形ABCDにおいて，点PがBを出発し，辺BC上を毎秒１cmの速さでCまで動く。点Pが動き始めてからx秒後の△DPCの面積を$y\,\mathrm{cm}^2$とする。
このとき，yをxの式で表しなさい。また，xの変域も求めなさい。

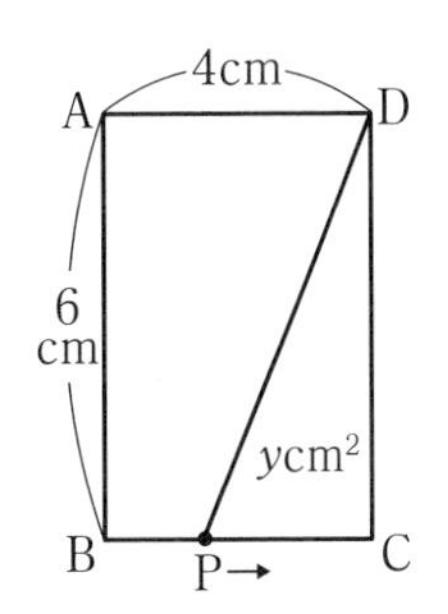

1次関数まとめ　定期テスト対策B

▶解答：p.214

1.　1次関数 $y=\dfrac{1}{2}x+4$ について，x が -1 から 3 まで増加するとき，y の増加量を求めなさい。

2.　点 $(a,\ -1)$ が $y=-\dfrac{1}{3}x+2$ 上にあるとき，a の値を求めなさい。

3.　次の直線の式を求めなさい。

(1)　傾きが $\dfrac{2}{3}$ で，点 $(-12,\ -5)$ を通る

(2)　切片が -1 で，点 $(-4,\ -2)$ を通る

(3)　2点 $(4,\ -1)$，$(-8,\ -7)$ を通る

(4)　直線 $y=-\dfrac{1}{3}x+2$ と平行で，点 $\left(1,\ \dfrac{1}{3}\right)$ を通る

4.　次の問に答えなさい。

(1)　2直線 $y=5x-3$，$y=-x+\dfrac{3}{2}a$ が y 軸上で交わるとき，a の値を求めなさい。

(2)　2直線 $y=ax-b$，$y=2bx+2a$ の交点が $(-1,\ -4)$ であるとき，a，b の値を求めなさい。

(3)　2直線 $y=x-4$，$y=-2x+2$ の交点を通り，直線 $y=\dfrac{1}{2}x+7$ と平行な直線の式を求めなさい。

5.　右の図で，直線 l は $y=\frac{1}{2}x+1$，直線 m は $y=-x+4$ のグラフで，その交点がAである。直線 l，m と x 軸との交点をB，Cとする。
次の問に答えなさい。

(1)　△ABCの面積を求めなさい。

(2)　点Aを通り，△ABCの面積を2等分する直線の式を求めなさい。

6.　容積が30Lの水そうに水が10L入っている。これに毎分5Lの割合で水を入れ，満水になったら水を入れるのをやめて，同時に毎分6Lの割合で排水を始める。水を入れ始めてから x 分後の水の量を yLとして，次の問に答えなさい。

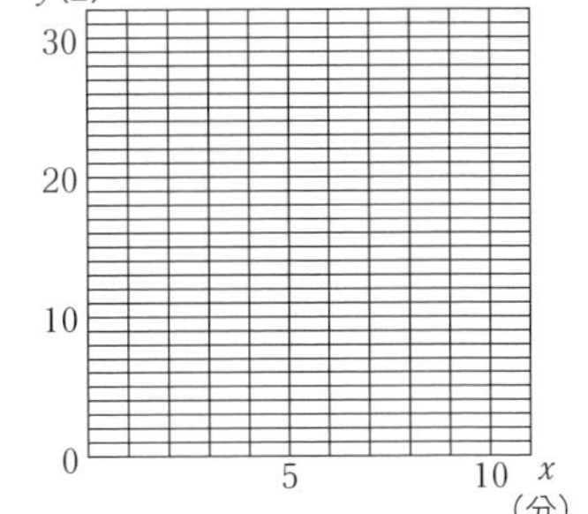

(1)　水を入れ始めてから満水になるまでの x と y の関係を式で表し，x の変域も求めなさい。

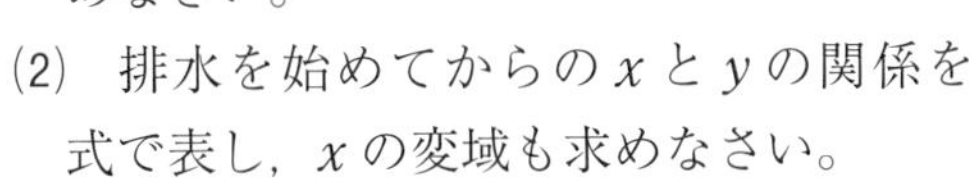

(2)　排水を始めてからの x と y の関係を式で表し，x の変域も求めなさい。

(3)　x と y の関係をグラフに表しなさい。

7.　右の図の直角三角形ABCにおいて，点PはBを出発して辺上を，Cを通ってAまで，毎秒1cmで動く。点Pが動き始めてから x 秒後の△ABPの面積を y cm^2 とする。次の問に答えなさい。

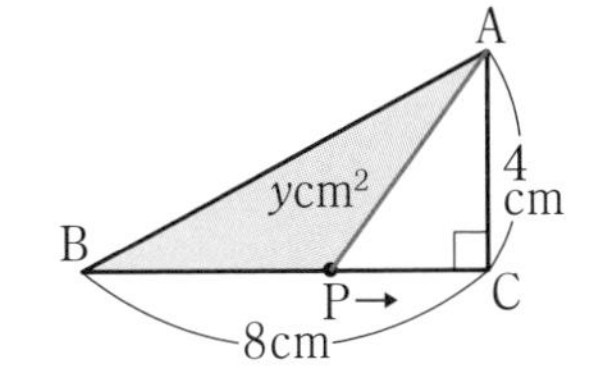

(1)　Pが次の辺上を動くとき，x の変域を求め，y を x の式で表しなさい。
①辺BC上　　　②辺CA上

(2)　x と y の関係をグラフに表しなさい。

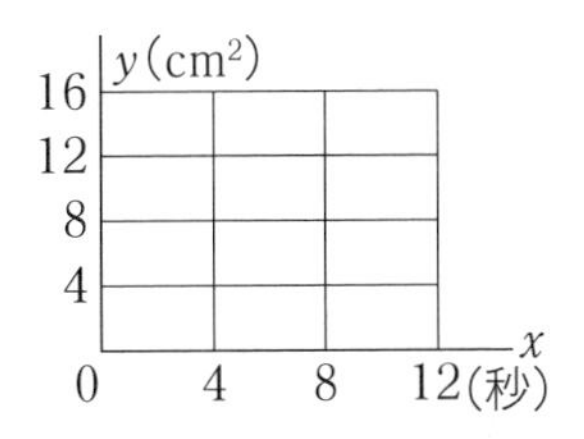

テーマ1 平行線と角

イントロダクション

- ◆ 直線が交わってできる角 ➡ 対頂角，同位角，錯角の関係を知る
- ◆ 角の性質 ➡ 等しい角，平行なときに等しくなる角を利用する
- ◆ 三角形の内角と外角 ➡ 効率的に角の大きさを求める

直線が交わってできる角

右の図のように，2つの直線が交わると，角が4つできます。そのうち$\angle a$と$\angle b$のように，向かい合った2つの角を**対頂角**(たいちょうかく)といいます。

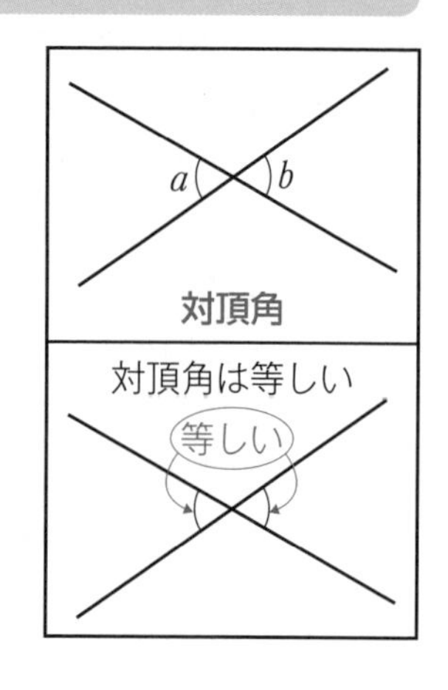

そして，右の図のように，

$\angle a+\angle c=180°$ですね。

したがって，$\angle a=180°-\angle c$　…①

また，$\angle b+\angle c=180°$なので，

$\angle b=180°-\angle c$　…②

①，②から，$\angle a=\angle b$が成り立ちます。

つまり，**対頂角は等しい**のです。

例題 74

右の図で，$\angle a$，$\angle b$，$\angle c$の大きさを求めなさい。

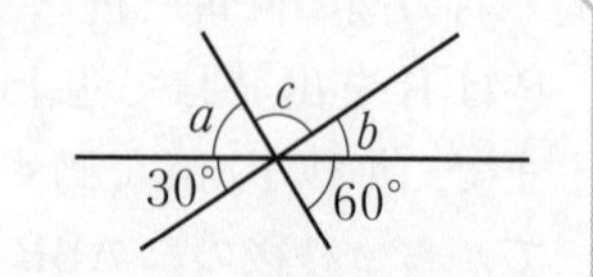

右の図のように，$\angle a$と60°の大きさの角が対頂角なので，$\angle a=60°$です。

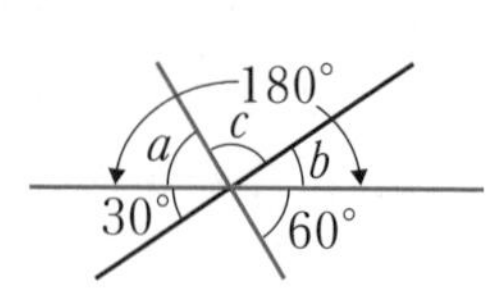

同じように考えて，$\angle b$と30°の大きさの角が対頂角なので，$\angle b=30°$

一直線は180°なので，$\angle c=180°-(60°+30°)=90°$と求まります。

答 $\angle a=60°$，$\angle b=30°$，$\angle c=90°$

確認問題 52

右の図で，$\angle x$ の大きさを求めなさい。

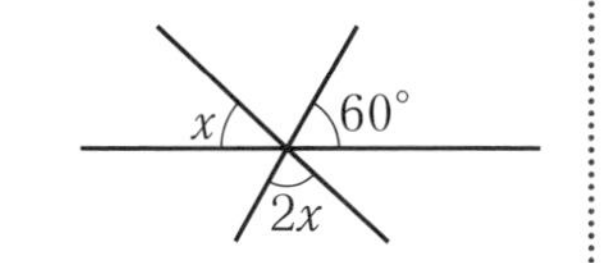

右の図を見てください。

このような，右上の角どうし，左下の角どうしのように，同じ位置にある角の関係を**同位角**（どういかく）といいます。もちろん，右下の角どうしや，左上の角どうしの関係も同位角といいます。

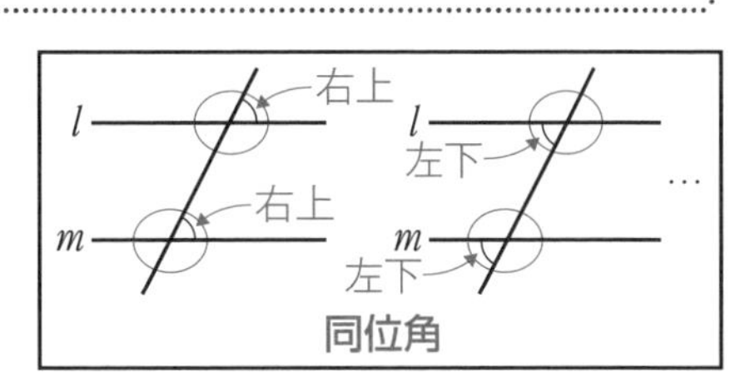

l と m が平行なときだけ，同位角というんですか？

いいえ，l と m が平行でなくても同位角といいます。

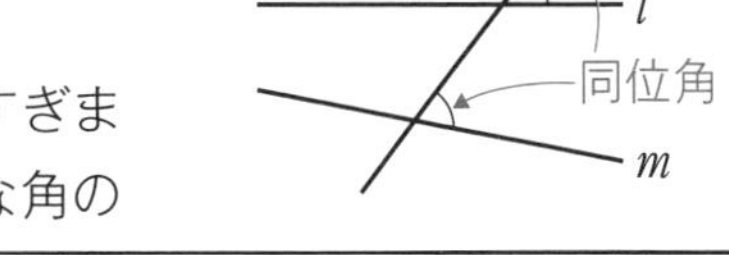

つまり，角どうしの関係の名称にしかすぎません。注意してください。下の図のような角の関係を**錯角**（さっかく）といいます。

駅伝の選手のタスキのイメージですね。

錯角も，l と m が平行である必要はありません。

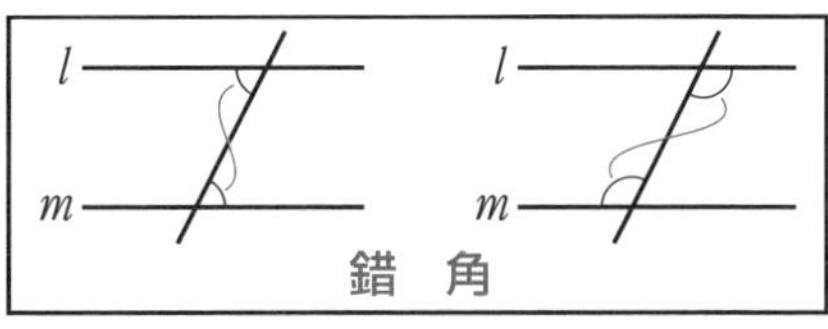

例題 75

右の図について次の問に答えなさい。

(1)　$\angle b$ の対頂角はどの角か求めなさい。

(2)　$\angle c$ の同位角はどの角か求めなさい。

(3)　$\angle d$ の錯角はどの角か求めなさい。

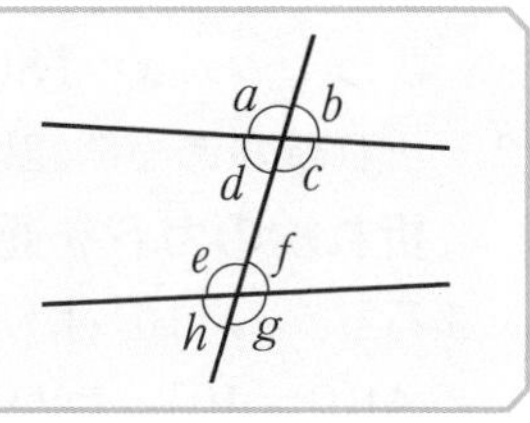

(1)　向かい合う角なので，$\angle d$　答

(2)　右下の角なので，$\angle g$　答

(3)　タスキになっている角なので，$\angle f$　答

角どうしの位置関係はわかったでしょうか。

では次に，l と m が平行なときの同位角や錯角の性質を学びます。

右の図で，直線 l を平行移動で直線 m に重ねると，$\angle a$ は $\angle b$ と重なります。

つまり，**$l \parallel m$ のとき，同位角は等しい**ことがわかります。

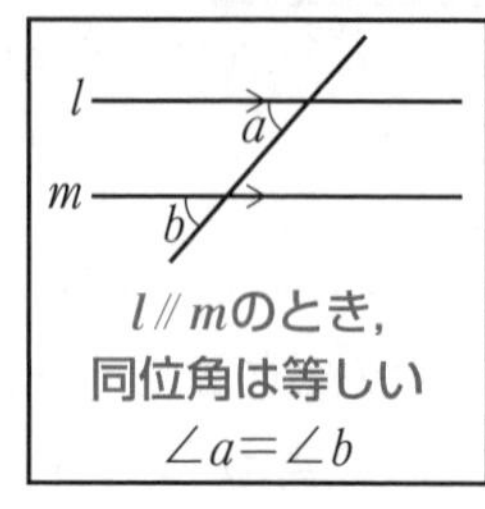

次に，錯角について考えましょう。

右の図で，対頂角は等しいので，$\angle a=\angle c$ ですよね。

そして，$l \parallel m$ のとき，同位角は等しいので，$\angle c=\angle b$ が成り立ちます。

したがって，$\angle a=\angle b$ となるのです。これらは錯角です。つまり，**$l \parallel m$ のとき，錯角は等しい**といえますね。

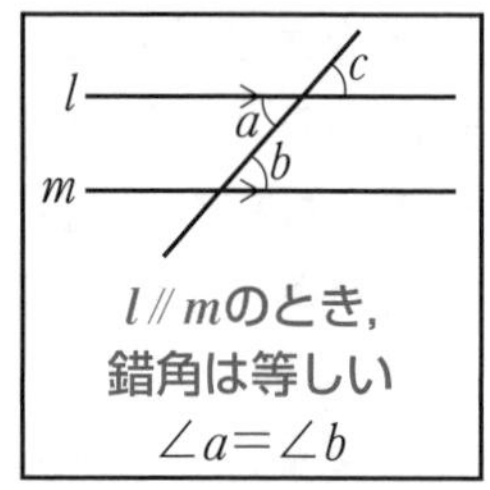

例題 76

$l \parallel m$ のとき，$\angle x$ の大きさを求めなさい。

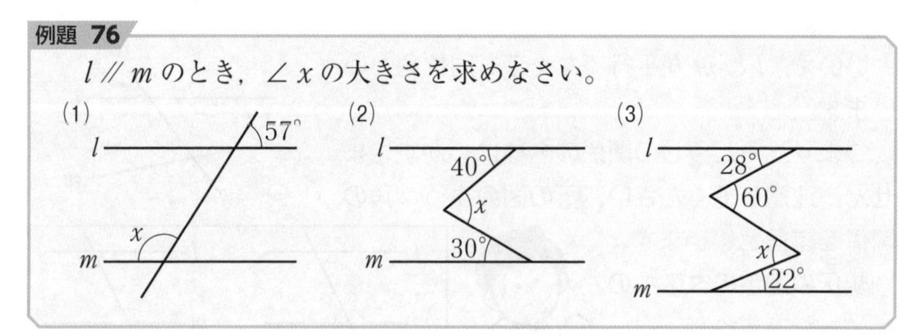

頂点に名まえをつけて説明していきましょう。

(1) $l \parallel m$ より，同位角が等しいので，右のように，$\angle \mathrm{ABC}=57°$ といえます。

よって，$\angle x=180°-57°=123°$ 答

(2) 折れ線がある問題は，解くコツがあります。

折れ線のカドを通る平行線をひくんです。

すると，$l \parallel \mathrm{BP}$ より，錯角は等しいので，$\angle \mathrm{ABP}=40°$ とわかります。

また，$\mathrm{BP} \parallel m$ より，錯角は等しいので，$\angle \mathrm{CBP}=30°$　よって，$\angle x=70°$ 答 と求まります。

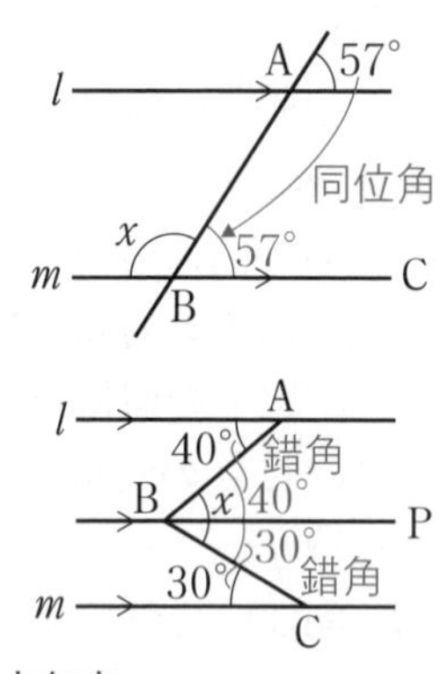

折れ線がある問題 ⇒ **カドを通る平行線をひく**

これが鉄則です。

(3) 2回折れていますから，折れ線のカドを通る平行線を2本ひきます。

$l \parallel$ BFより，錯角が等しいので，∠ABF＝28°
よって，∠FBC＝60°－28°＝32°
BF $\parallel$ ECより，錯角で∠BCE＝32°です。
今度は下から。EC $\parallel m$ より，錯角で∠ECD＝22°となります。
よって，∠x＝32°＋22°＝**54°** 答

確認問題 53

$l \parallel m$ のとき，∠x の大きさを求めなさい。

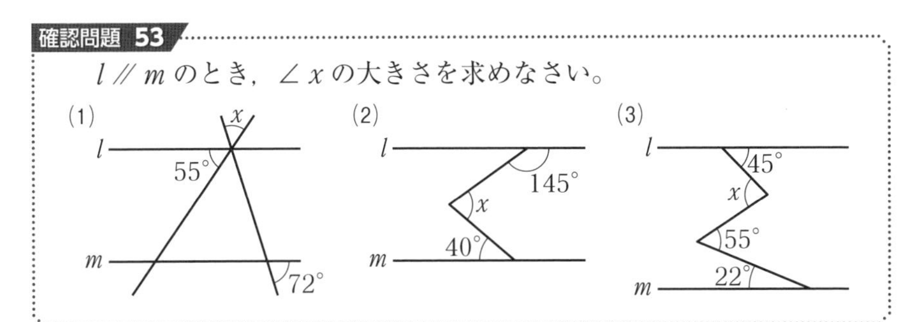

三角形の内角と外角

三角形の内角の和が180°であることは知っていますね。三角形の1つの辺を延長し，内角のとなりの角を外角といいます。では，右の△ABCの外角∠xの大きさは，どのようにして求めますか？

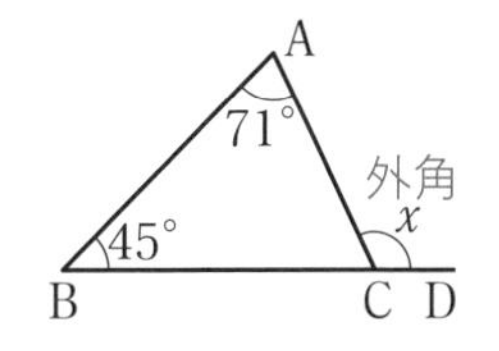

まず，∠ACBの大きさを求めて，180°からひきます。

それでも求められますが，実はそれは遠回りなんです。

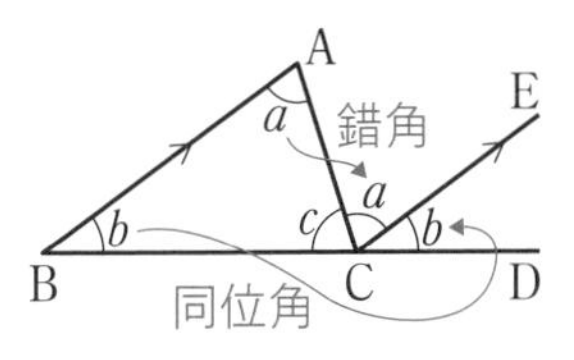

左の図で，CEをCE $\parallel$ BAとなるようにひけば，錯角で∠ACE＝∠a，同位角で∠ECD＝∠bとなります。

∠a＋∠b＋∠c＝180°が確認できました。

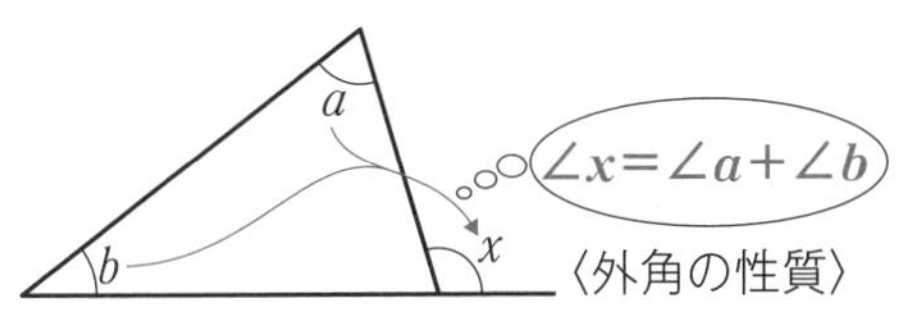

また，∠ACD＝∠a＋∠bが成り立つのです。上の例でこれを用いれば，∠x＝71°＋45°＝116°と簡単に求められます。

例題 77

次の図で，$\angle x$ の大きさを求めなさい。ただし，(1)は $l \parallel m$ である。

(1)

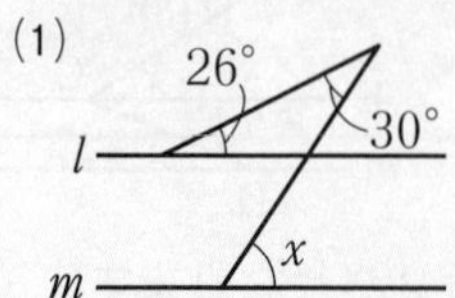

(2)

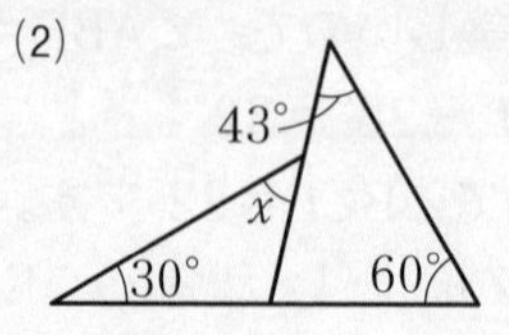

(3)

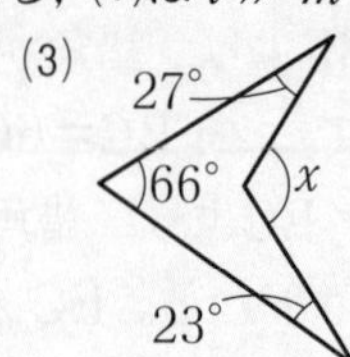

点に名まえをつけて説明します。

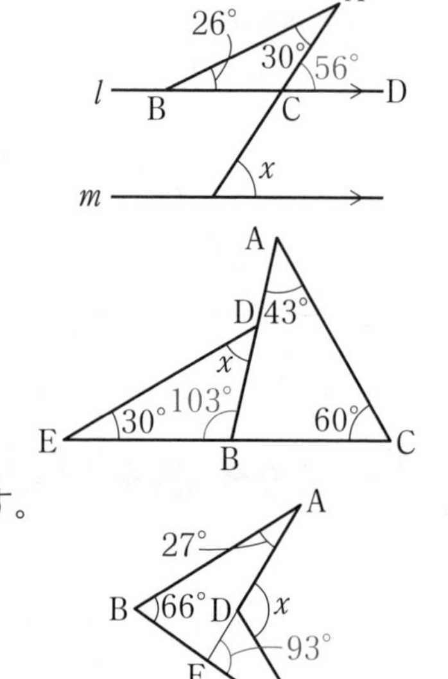

(1) △ ABC の外角で，
$\angle \mathrm{ACD}=30°+26°=56°$ です。
$l \parallel m$ より，同位角は等しいから，
$\angle x=56°$ 答

(2) △ ABC の外角で，
$\angle \mathrm{ABE}=43°+60°=103°$ です。
△ DBE の内角について，
$\angle x=180°-(30°+103°)=47°$ 答

(3) AD を延長し，BC との交点を E とします。
△ ABE の外角で，
$\angle \mathrm{AEC}=27°+66°=93°$ です。
次に，△ CDE の外角で，
$\angle x=93°+23°=116°$ 答

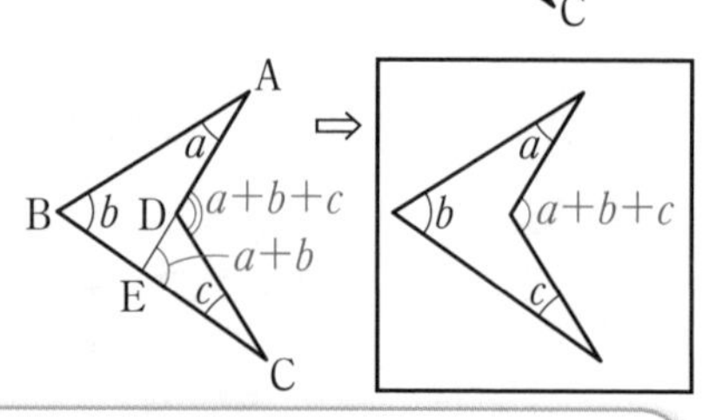

この形の図形では，△ ABE の外角で，$\angle \mathrm{AEC}=a+b$
さらに，△ CDE の外角で，$\angle \mathrm{ADC}=a+b+c$ が成り立ちます。

ブーメランの形みたいですね。

はい，そう覚えるといいですね。

次に，三角形の分類について学びます。90° のことを直角といいますが，0° より大きく 90° より小さい角を**鋭角**（えいかく），90° より大きく 180° より小さい角を**鈍角**（どんかく）といいます。三角形は，次の 3 つに分けられます。

鋭角三角形…3つの内角がすべて鋭角の三角形
直角三角形…1つの内角が直角の三角形
鈍角三角形…1つの内角が鈍角の三角形

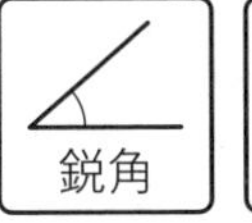

例題 78

2つの内角の大きさが次のような三角形は，鋭角三角形，直角三角形，鈍角三角形のうちどれかを答えなさい。
(1) 40°，50° (2) 20°，35° (3) 55°，80°

(1) もう1つの内角は90°となるから，**直角三角形** 答
(2) もう1つの内角は125°で鈍角だから，**鈍角三角形** 答
(3) 残りの角は45°で，3つの内角が鋭角だから，**鋭角三角形** 答

トレーニング 13

次の図で，∠xの大きさを求めなさい。 ▶解答：p.217

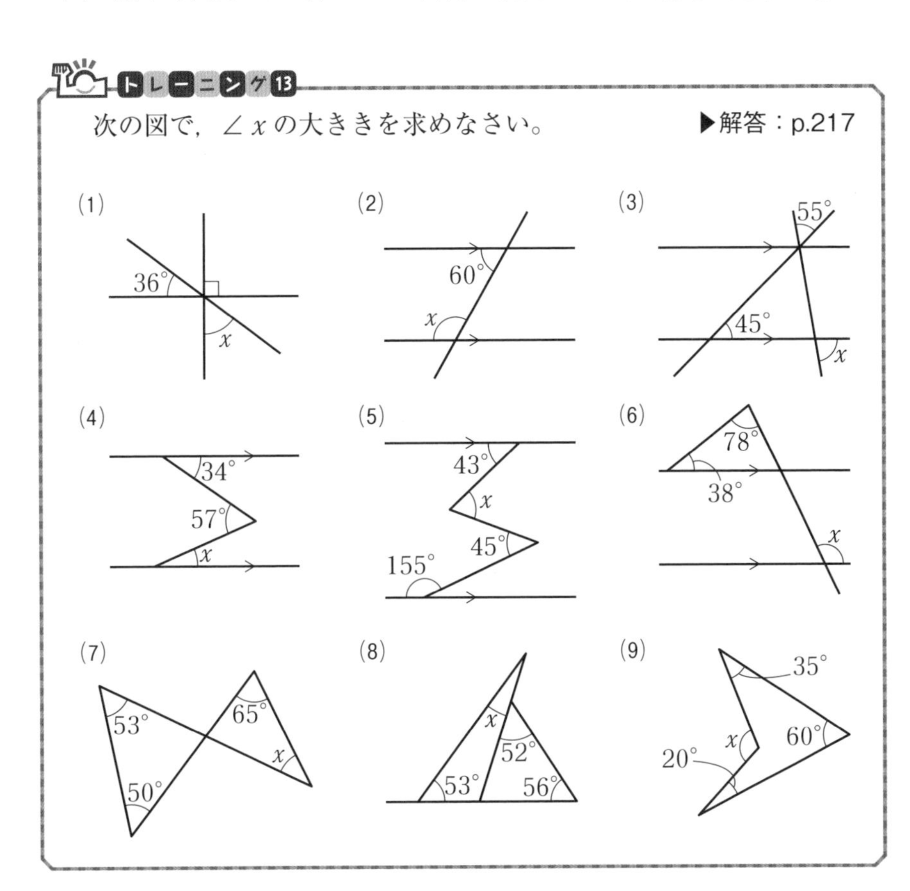

テーマ
2 多角形と角

イントロダクション

- ◆ 多角形の内角 ➡ 三角形に分割して考える
- ◆ 多角形の外角 ➡ 外角の和の性質を知る
- ◆ 正多角形の内角と外角 ➡ 1 つの内角，外角の大きさを求める

多角形の内角と外角

多角形の内角の和を求めてみます。
三角形の内角の和は 180°ですね。
四角形は，下の図のように三角形 2 個の内角の和で，180°×2=360°，
五角形は，三角形 3 個で 180°×3=540°
⋮　　　⋮

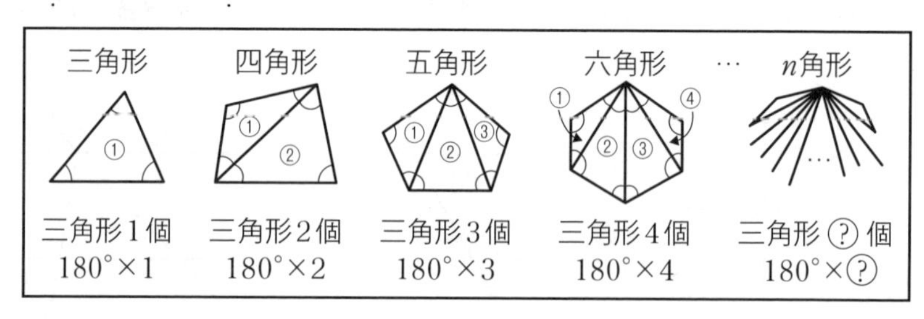

十角形なら 8 個です。では，n 角形なら三角形何個に分けられますか？

わかりました！　2 をひいて，$(n-2)$個です。

よくわかりました。その通りです。

したがって，**n 角形の内角の和は，$180° \times (n-2)$** となります。

これで，何角形であっても，多角形の内角の和は求められますね。

例題 79

次の問に答えなさい。

(1) 八角形の内角の和を求めなさい。

(2) 右の図で，$\angle x$ の大きさを求めなさい。

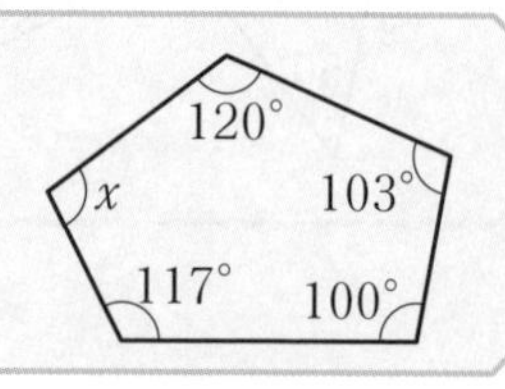

(1)　$180°\times(n-2)$に$n=8$を代入して，$1080°$ 答 と求まります。

(2)　五角形です。内角の和は$180°\times(5-2)=180°\times3=540°$なので，

$\angle x=540°-(120°+103°+100°+117°)=100°$ 答

確認問題 54

次の問に答えなさい。

(1)　十二角形の内角の和を求めなさい。

(2)　右の図で，$\angle x$の大きさを求めなさい。

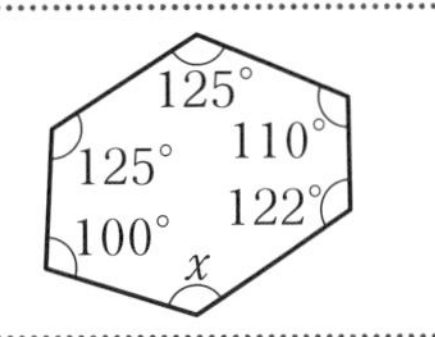

次に多角形の外角の和を求めます。

右の図を，n角形の一部だと思ってください。

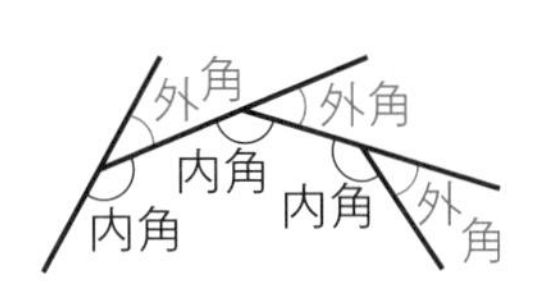

それぞれの頂点で，内角＋外角＝180°ですね。

ということは，n角形の内角と外角の和は，

180°の頂点がn個あるので，$180n$度といえます。

そこから，内角の和をひけば，外角の和が求まります。

そして，n角形の内角の和は$180°\times(n-2)$ですから，

（n角形の外角の和）$=\{\underbrace{180n}_{\text{内角と外角の和}}-\underbrace{180(n-2)}_{\text{内角の和}}\}°$

$=(180n-180n+360)°$

$=360°$

したがって，**n角形の外角の和は360°** ということがわかります。

えっ，何角形であっても外角の和は360°なんですか？

そうなんです。**外角の和は一定**なんです。

たとえば，正十角形なら，1つの外角は$360°\div10=36°$なのです。

例題 80

次の問に答えなさい。

(1)　正八角形の1つの外角の大きさを求めなさい。

(2)　右の図で，$\angle x$の大きさを求めなさい。

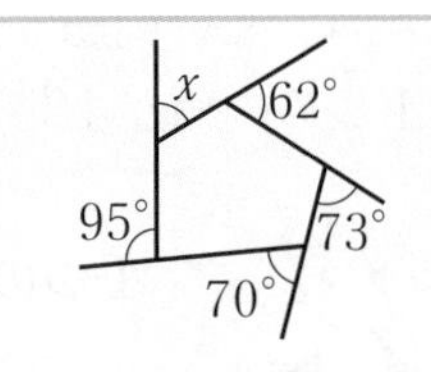

(1)　$360°\div8=45°$ 答

(2)　すべて外角です。$\angle x=360°-(62°+73°+70°+95°)=60°$ 答

確認問題 55

次の問に答えなさい。

(1) 1つの外角が30°である正多角形は，正何角形か求めなさい。

(2) 右の図で，$\angle x$ の大きさを求めなさい。

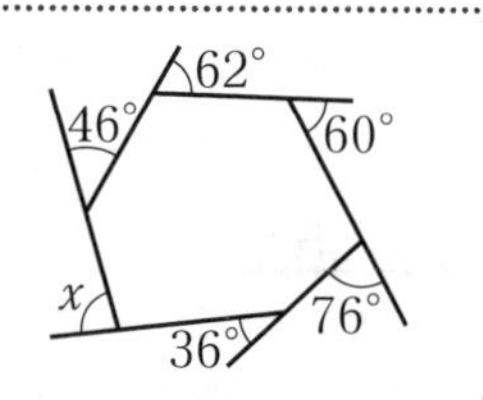

多角形の内角，外角の応用

例題 81

次の問に答えなさい。

(1) 内角の和が1260°である多角形は何角形か求めなさい。

(2) 1つの内角が135°である正多角形は正何角形か求めなさい。

すぐには求めづらいですね。こういうときは，方程式を立てます。

(1) n 角形とする。
内角の和について，$180° \times (n-2) = 1260°$ となりますね。
カッコをはずしても解けますが，**両辺を180°でわります。**
すると，$n-2=7$ より，$n=9$　この方が簡単ですね。　答 **九角形**

(2) これも，正 n 角形とします。
内角の和を考えましょう。
1つの内角が135°の正 n 角形の内角の和は $135° \times n$ と表せます。
また，n 角形の内角の和は $180° \times (n-2)$ ともいえますね。
よって，$135° \times n = 180° \times (n-2)$ という方程式ができます。

$$135n = 180n - 360$$
$$-45n = -360$$
$$n = 8$$

よって，**正八角形** 答

実は，この問題は，もっと楽な解き方があるんです。
1つの内角が135°ですよね。では，1つの外角は何度ですか？

1つの内角と外角の和は180°なので，45°となります。

そうなんです。そして外角の和は360°ですから，$360° \div 45° = 8$ で，正八角形と求まります。**1つの外角を求める**と楽なんです。

確認問題 56

次の問に答えなさい。

(1) 内角の和が900°である多角形は何角形か求めなさい。

(2) 1つの内角が140°である正多角形は正何角形か求めなさい。

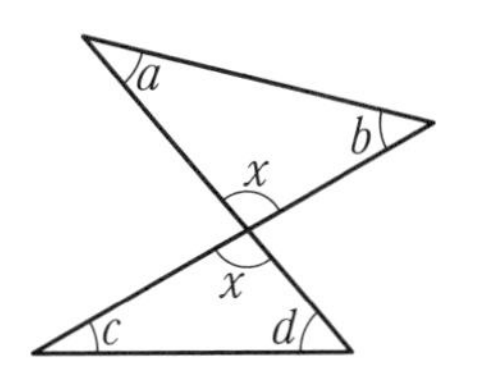

右の図を見てください。

対頂角は等しいので，どちらも$\angle x$とします。

上の三角形で，$\angle a+\angle b=180°-\angle x$…①

下の三角形で，$\angle c+\angle d=180°-\angle x$…②

①，②から，$\angle a+\angle b=\angle c+\angle d$が成り立ちます。

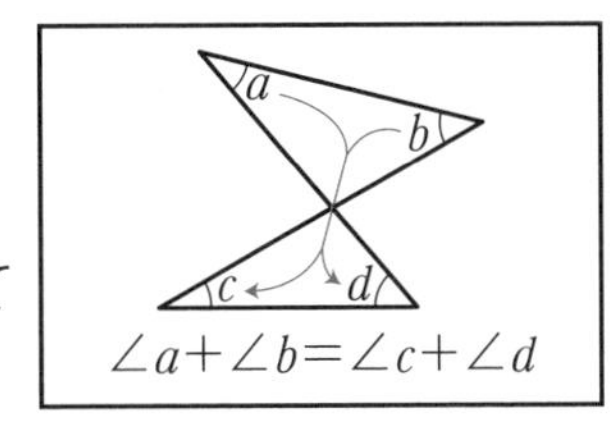

このように向かい合う三角形があると，$\angle a+\angle b=\angle c+\angle d$が成り立つのです。

この性質を用いて次の問題にチャレンジしてみましょう。

例題 82

右の図で$\angle a$～$\angle e$の和を求めなさい。

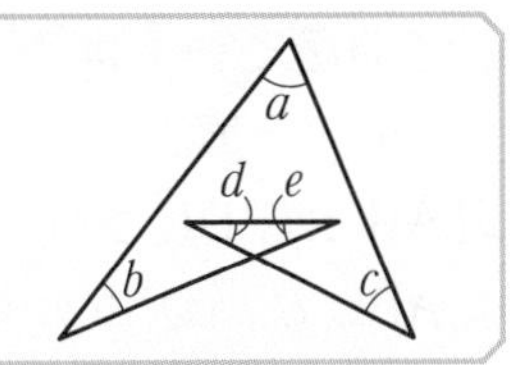

中にループしてしまっています。

向かい合う三角形を作って角を移動すると解けます。

$\angle d+\angle e=\angle f+\angle g$ですね。

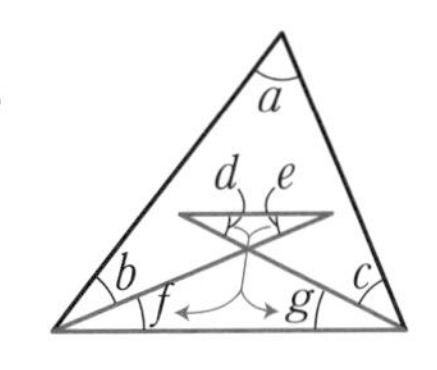

したがって，$\angle a+\angle b+\angle c+(\angle d+\angle e)$

$=\angle a+\angle b+\angle c+(\angle f+\angle g)$

$=180°$ と求められるのです。 答 180°

確認問題 57

右の図で$\angle a$～$\angle e$の和を求めなさい。

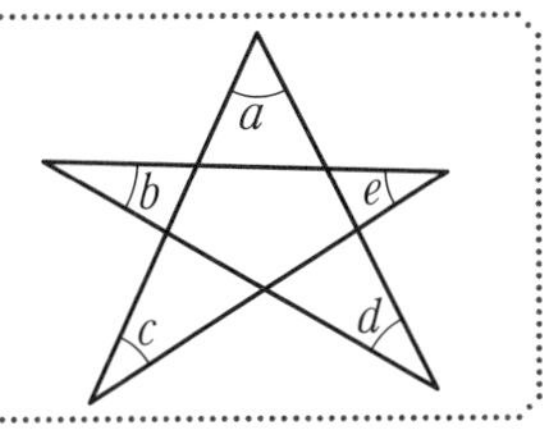

テーマ

3 三角形の合同

イントロダクション

◆ 合同な図形とは ➡ 図形を移動して考える
◆ 合同な図形の性質 ➡ 等しい長さ，等しい角を知る
◆ 三角形の合同条件 ➡ どんなことが成り立つとき，合同といえるか

合同な図形

2つの図形があって，一方の図形を移動(平行移動，対称移動·回転移動)して，もう一方の図形と重ね合わせることができるとき，この2つの図形は**合同**であるといいます。

要するに，形と大きさが同じ図形のことです。合同な図形を重ね合わせたときに，重なり合う頂点，辺，角のことを，**対応する頂点**，**対応する辺**，**対応する角**といいます。

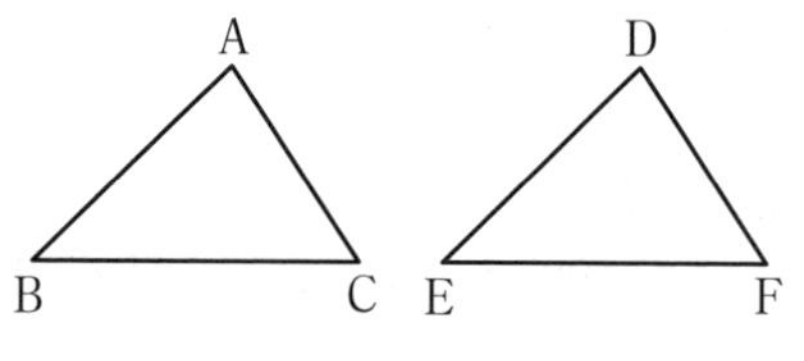

この図でいえば，頂点Aと頂点Dが対応する頂点，
辺ABと辺DEが対応する辺，
∠ABCと∠DEFが対応する角などです。

そして，△ABCと△DEFが合同であるとき，記号「≡」を用いて，

△ABC≡△DEF　と表し，

「△ABC合同△DEF」と読みます。

対応する辺や角を表したり，記号「≡」を用いたりするときは，対応する頂点は同じ順に書かなければなりません。

たとえば，△BAC≡△EDFはOKですが，△ACB≡△FEDなどはダメです。わかりますね。

このことを，**対応の順をそろえる**といいます。

例題 83

右の2つの図形は合同である。次の問に答えなさい。

(1) 頂点Aと対応する頂点はどれか。

(2) △ABC≡△☐である。対応の順に注意して，☐をうめなさい。

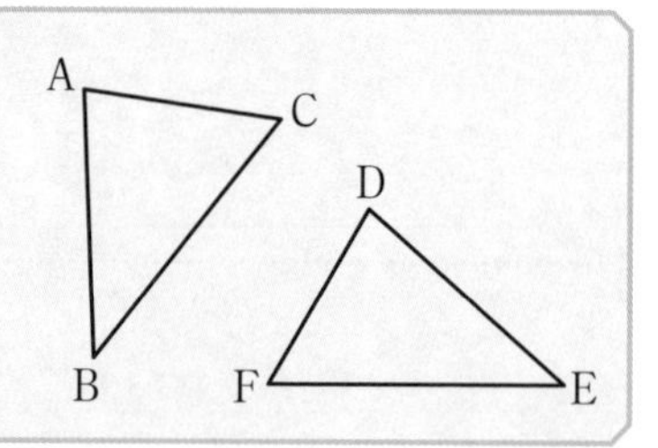

(1)　角の大きさから判断して，頂点 A と対応するのは**頂点 D**　答

(2)　頂点 B と対応する頂点は E，頂点 C と対応する頂点は F なので，

　△ ABC ≡△ **DEF**　答

　右の図で，△ ABC ≡△ DEF
であるとします。

　合同なわけですから，
AB＝DE，BC＝EF とか，

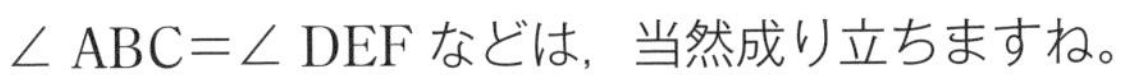

∠ ABC＝∠ DEF などは，当然成り立ちますね。

　つまり，

合同な図形では，**対応する線分の長さは等しい** **対応する角の大きさは等しい**

といえます。

確認問題 58

　右の図で，四角形 ABCD ≡ 四角形 EFGH である。次の辺の長さ，角の大きさをそれぞれ求めなさい。

①辺FG　　②辺GH　　③辺AD

④∠A　　⑤∠G

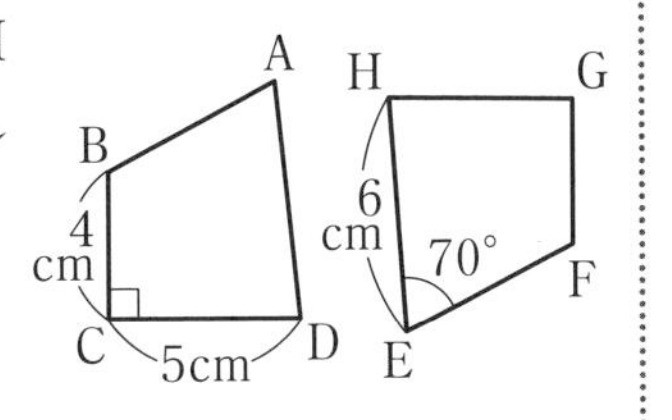

三角形の合同条件

　2 つの三角形は，次のいずれかが成り立てば，合同であるといえます。

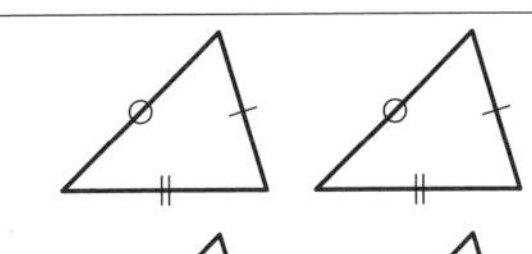

① 3 組の辺がそれぞれ等しい

② 2 組の辺とその間の角がそれぞれ等しい

③ 1 組の辺とその両端の角がそれぞれ等しい

これを**三角形の合同条件**といいます。

これは，正確に覚えないとダメですか？

はい，たいへんかも知れませんが，一字一句きちんと覚えてください。

合同条件が正確に書けるようになるまで，何かで隠して書いてみてください。特に，「それぞれ」を書き忘れないよう注意してくださいね。

例題 84

下の図で，合同な三角形の組を選び，□に記入しなさい。また，そのときに使った三角形の合同条件を書きなさい。

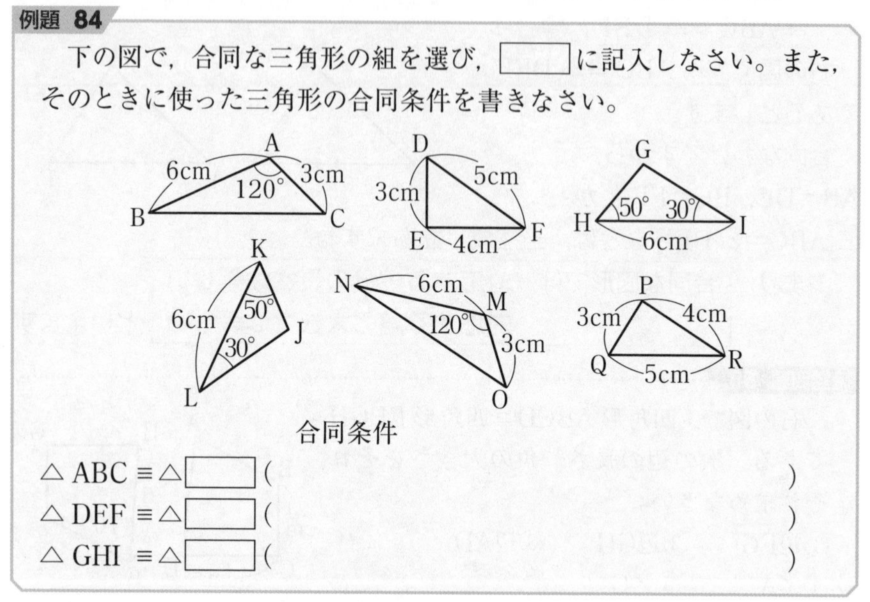

合同条件

△ ABC ≡ △□ (　　　　　　　　　　)

△ DEF ≡ △□ (　　　　　　　　　　)

△ GHI ≡ △□ (　　　　　　　　　　)

対応の順に注意しながら，書いていきましょう。

△ ABC ≡ △ **MNO** (**2 組の辺とその間の角がそれぞれ等しい**)

△ DEF ≡ △ **QPR** (**3 組の辺がそれぞれ等しい**)

△ GHI ≡ △ **JKL** (**1 組の辺とその両端の角がそれぞれ等しい**)

もう 1 問練習しておきましょう。

確認問題 59

右の図で合同な三角形の組を選び，合同条件も書きなさい。

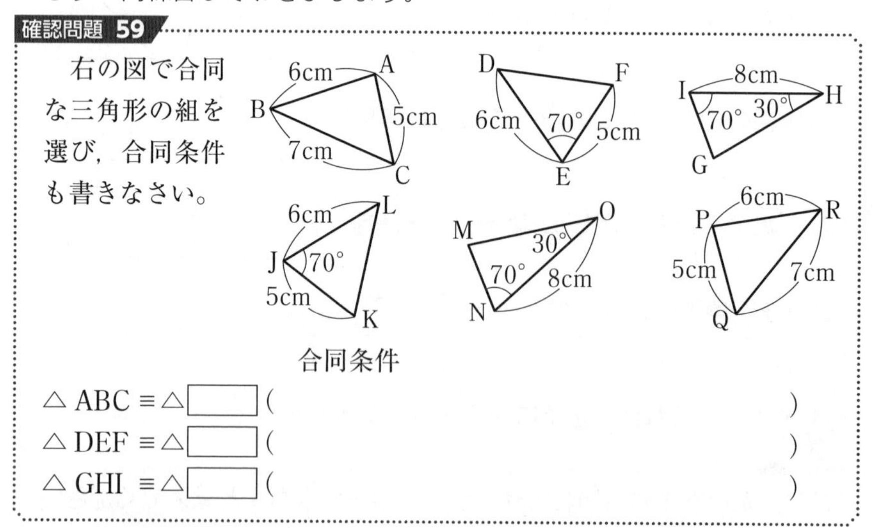

合同条件

△ ABC ≡ △□ (　　　　　　　　　　)

△ DEF ≡ △□ (　　　　　　　　　　)

△ GHI ≡ △□ (　　　　　　　　　　)

右の△ ABC と△ ADC は，合同といえるでしょうか？

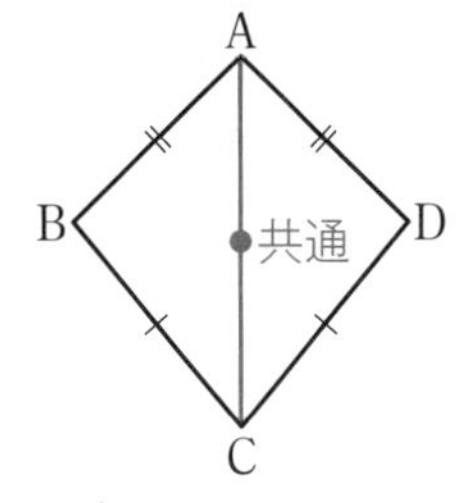

AB＝AD，BC＝DC だけでは，２組の辺しか等しくなっていませんね。

ところが，辺 AC は，△ ABC でも△ ADC でも使っていますね。これを**共通**といいます。

ということは，いうまでもなく AC＝AC となるわけです。

したがって，△ ABC ≡△ ADC（3 組の辺がそれぞれ等しい）が成り立ちます。

このように，与えられた条件以外に，図形の性質を用いて等しい長さや角の大きさを見つけていく訓練をしましょう。

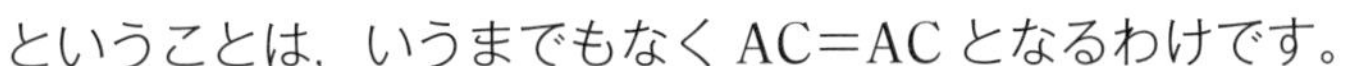

例題 85

次のそれぞれの図形で，同じ印の線分の長さは等しい。

空らんをうめなさい。

(1) △ AOB ≡△ [　　　]

合同条件

（　　　　　　　）

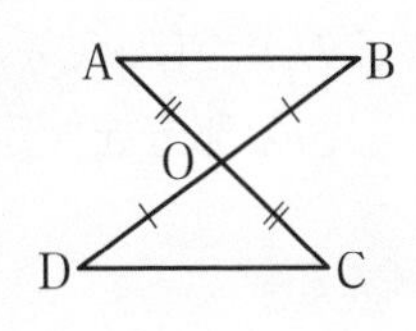

(2) △ AOB ≡△ [　　　]

合同条件

（　　　　　　　）

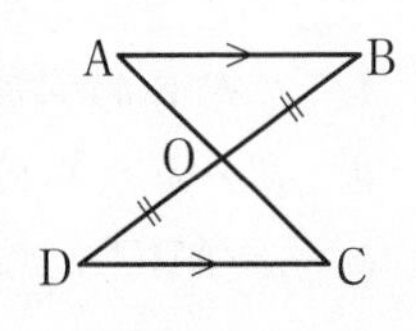

(1) AO＝CO，BO＝DO 以外に，必ず等しいのは何ですか？

わかりました！　対頂角が等しいと思います。

その通りです。これで合同条件を満たしましたね。

△ AOB ≡△ **COD**

（2 組の辺とその間の角がそれぞれ等しい）

(2) BO＝DO 以外に，対頂角が等しいですね。

さらに AB∥DC なので，錯角も等しくなるのです。

△ AOB ≡△ **COD**

（1 組の辺とその両端の角がそれぞれ等しい）

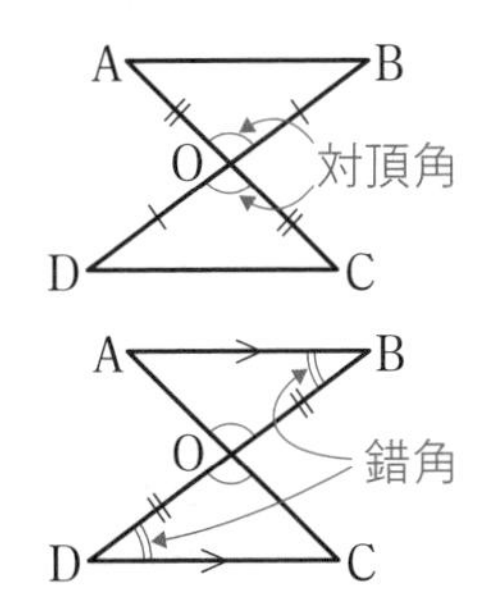

テーマ

4 証明

イントロダクション

- 仮定と結論 ➡ それぞれの意味，逆について理解する
- 証明のしかた ➡ 三角形の合同条件をみたす根拠を整理する
- 三角形の合同を証明する ➡ 書き方を身につける

仮定と結論

たとえば，ある整数 x が 4 の倍数だとします。$x=4$，8，12 などです。この整数 x は 2 の倍数でもありますね。

このとき「x が 4 の倍数（仮定）ならば x は 2 の倍数（結論）である」と書けます。

このように，○○○ならば□□□と表したとき，○○○の部分を**仮定**（かてい），□□□の部分を**結論**（けつろん）といいます。

○○○（仮定）ならば□□□（結論）

例題 86

次のことがらの，仮定と結論を書きなさい。

(1) x が 6 の倍数ならば x は 3 の倍数である。

(2) $l /\!/ m$ ならば $\angle a=\angle b$ である。

(3) $\triangle ABC \equiv \triangle DEF$ ならば AB＝DE である。

「ならば」の前が仮定，後が結論です。

(1) 仮定…**x が 6 の倍数**　結論…**x は 3 の倍数**

(2) 仮定…$\boldsymbol{l /\!/ m}$　結論…$\boldsymbol{\angle a=\angle b}$

(3) 仮定…$\boldsymbol{\triangle ABC \equiv \triangle DEF}$　結論…**AB＝DE**

「ならば」や「である」は，書かないんですね。

はい，書かないようにしてください。

確認問題 60

右の図で，AB＝DE，BC＝EF，$\angle B=\angle E$ ならば $\triangle ABC \equiv \triangle DEF$ である。

(1) 仮定と結論を書きなさい。

(2) 成り立つ合同条件は何か。

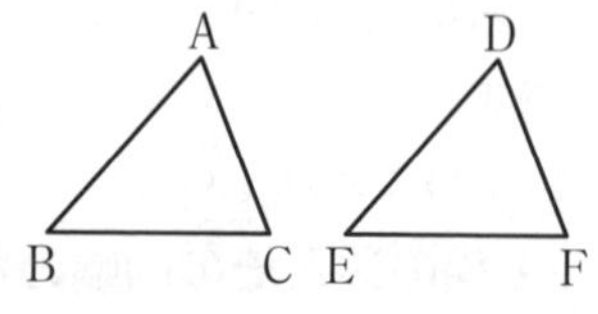

「A ならば B である」の，仮定と結論を入れかえた，「B ならば A である」を，逆(ぎゃく)といいます。

AならばB
逆
BならばA

右の図で $l /\!/ m$ ならば $\angle a=\angle b$ でしたね。

この逆は，$\angle a=\angle b$ ならば $l /\!/ m$ となり，このことは成り立ちます。

これは同位角についてでしたが，錯角についても，「$l /\!/ m$ ならば $\angle c=\angle d$ である」の逆は「$\angle c=\angle d$ ならば $l /\!/ m$ である」で，これも成り立ちます。まとめれば，

> 2 つの直線に 1 つの直線が交わるとき，
> ①同位角が等しいならば，2 つの直線は平行である
> ②錯角が等しいならば，2 つの直線は平行である

といえます。

例題 87

右の図で，平行な直線の組を答えなさい。

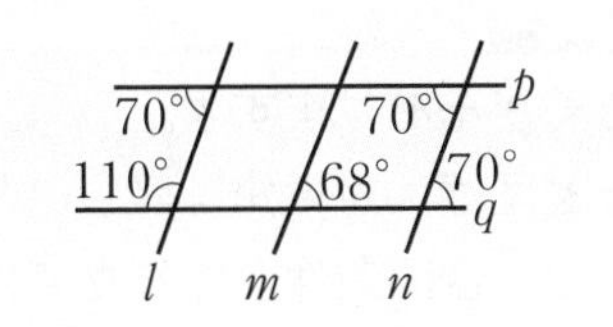

錯角が 70° で等しいので，$p /\!/ q$ 答 といえます。

また，同位角が等しいので，$l /\!/ n$ 答 です。

m と n は同位角が等しくないので，平行とはいえません。

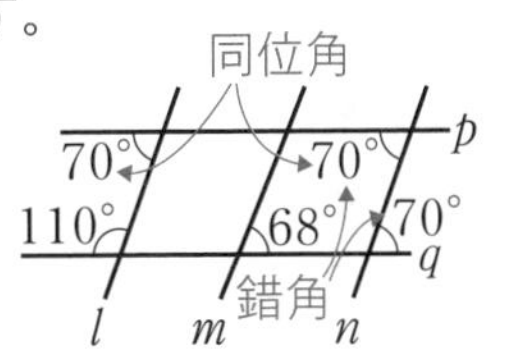

ここまで，逆が成り立つ例を見てきましたが，あることがらが正しくても，その逆は正しいとは限りません。

たとえば，「$a=2$，$b=3$ ならば $a+b=5$ である」これは正しいですが，その逆「$a+b=5$ ならば $a=2$，$b=3$ である」は正しいといえますか？

$a=4$，$b=1$ かもしれないので，正しくないです。

そうですね。このように正しくない例のことを**反例**(はんれい)といいます。反例は，仮定は成り立つのに結論が成り立たない例を 1 つあげればいいんです。

$a=5$，$b=0$ も反例といえるわけです。

証明のしかた

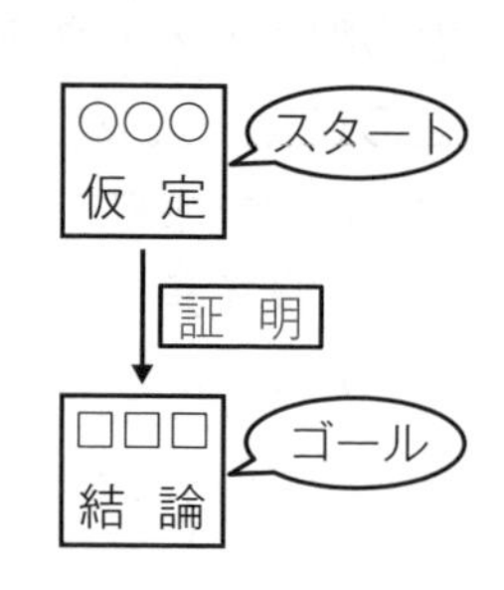

「○○○ならば□□□である」と表したとき，○○○を仮定といいました。つまり，与えられた条件のことです。

そして，□□□を結論といいました。つまり，明らかにしたいことがらです。

簡単にいえば，仮定はスタートで，結論はゴールなのです。仮定を出発点として正しいと認められたことがらを根拠にして説明し，結論を導くことを**証明**（しょうめい）といいます。

正しいと認められたことがらって何ですか？

たくさんありますよ。

たとえば，対頂角は等しいとか，2 直線が平行なら同位角や錯角が等しいとか，合同条件が成り立てば三角形は合同であるとかです。

こういうことがらを示して，結論を導いていきます。

難しく感じていますね，わかります。具体例で説明した方がいいですね。

例題 88

次のことがらについて，以下の問に答えなさい。

「線分 AC と線分 BD が点 O で交わっている。

AO＝CO，BO＝DO ならば△AOB ≡△COD

である」

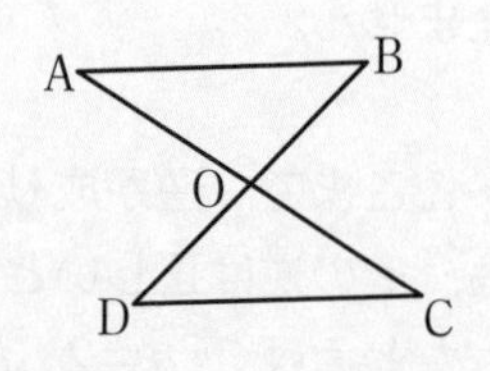

⑴ 仮定を書きなさい。

⑵ 結論を書きなさい。

⑶ 証明しなさい。

⑴ 「ならば」の前の部分なので，**AO＝CO，BO＝DO** 答

⑵ 「ならば」の後の部分なので，**△AOB ≡△COD** 答

ここまでは簡単ですね。

⑶ まず，初めにやる作業を説明します。ノートを用意してください。

ノートに，上の図を写してください。

次に，仮定で示された，等しいところに同じマークで印をつけます。右のようになります。

これが第 1 段階です。

ここで考えてみてください。

結論は，△ AOB ≡△ COD ですよね。このゴールにたどり着くためには，三角形の合同条件のうちのどれかが成り立たなければなりません。この図では，まだ条件には足りません。そこで「正しいと認められたことがら」の登場です。

この図で，絶対に等しいといえる角や辺はありませんか？

対頂角が等しいので，∠ AOB＝∠ COD といえます。

その通りです。

それを図の中に同じマークで印をつけましょう。右のようになります。これで，合同条件「2 組の辺とその間の角がそれぞれ等しい」が成り立ちました。

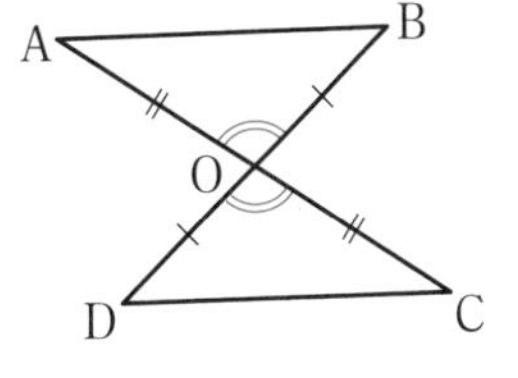

これが第 2 段階です。

これで結論が導けたことになります。では証明を書いてみましょう。

できれば，ノートに一緒に書きながら，書き方をマスターしてください。皆さんは，赤文字となっている部分だけを書いていってくださいね。

〔証明〕 まず，合同を言おうとする三角形を示します。

△ AOB と△ COD において，

根拠をつけて，等しいところを示します。

「仮定」にある条件も，根拠となります。「仮定より」と書きます。

仮定より，AO＝CO　…①　番号をふります。

仮定より，BO＝DO　…②　対応の順に注意してください

「正しいと認められたことがら」を用います。

対頂角は等しいから，∠ AOB＝∠ COD　…③

合同条件を書きます。

①，②，③より，2 組の辺とその間の角がそれぞれ等しいから，

△ AOB ≡△ COD　これで，第 3 段階の「証明」は終わりです。

皆さんのノートは，右のようになったかと思います。このようにして，図をノートに写し，証明を完全に丸ごと書いていくことが，実は，証明が得意になるコツです。証明の穴うめだけでなく，完全証明を書く習慣をつけていってくださいね。

証明ノート

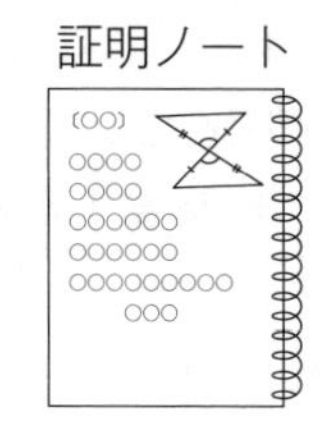

三角形の合同を証明するときの，流れをまとめておきましょう。

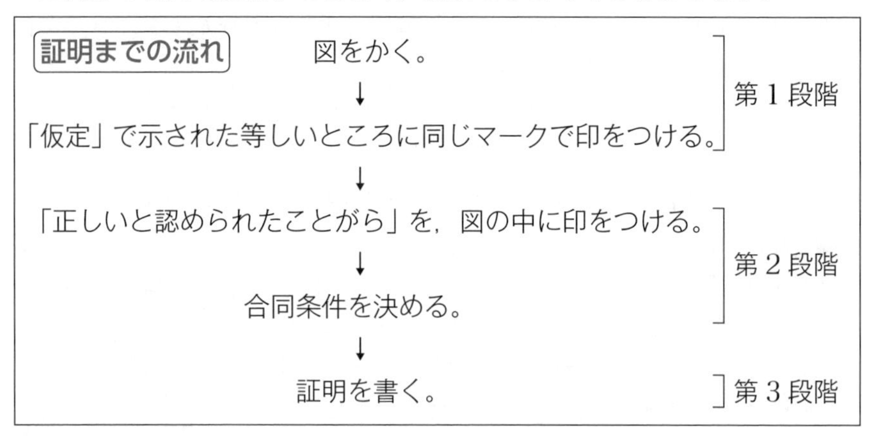

証明の書き方についても，まとめておきましょう。

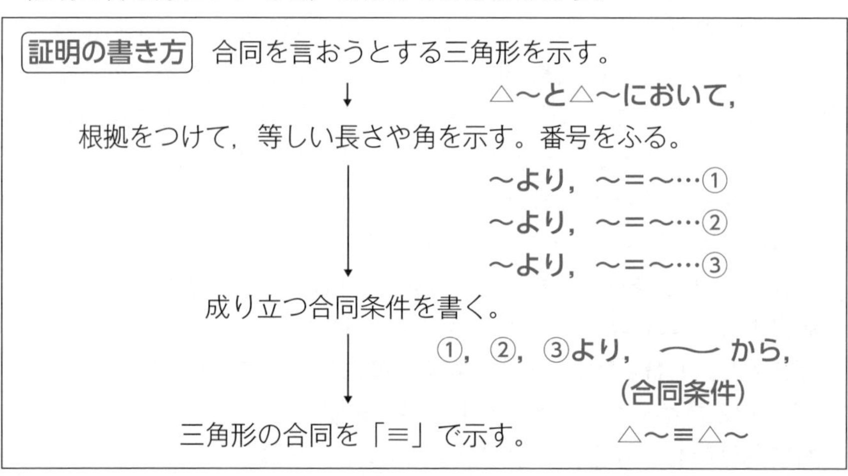

何となくわかりましたが，練習が必要です。

そうですよね。誰でも最初は難しく感じますが，たくさん書きましょう。もう1問一緒にやってみましょう。

例題 89

次のことがらについて，以下の問に答えなさい。
「四角形 ABCD において，AB＝CD，BC＝DA ならば△ ABC ≡△ CDA である」
(1) 仮定と結論を答えなさい。
(2) 証明しなさい。

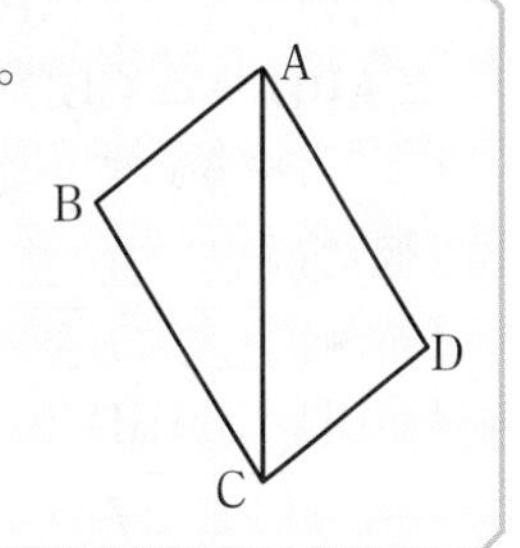

(1) 〔仮定〕**AB＝CD，BC＝DA**
〔結論〕**△ ABC ≡△ CDA**

(2) ノートに図を写してください。

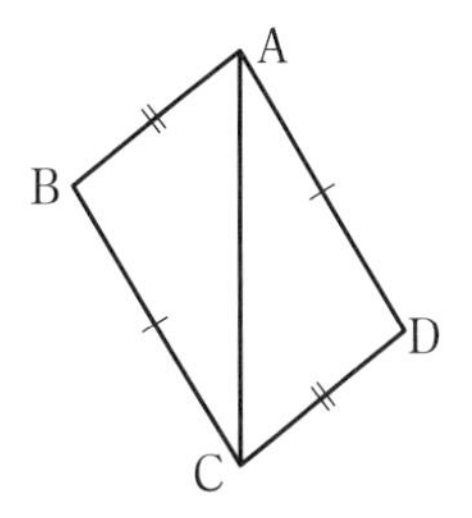

仮定で与えられた条件を，図に印をつけます。
第 1 段階です。右の図のようになります。
△ ABC ≡△ CDA をいうために，等しいところをさがします。
すると，辺 AC は等しいですね。これを共通といいました。ここに印をつけます。

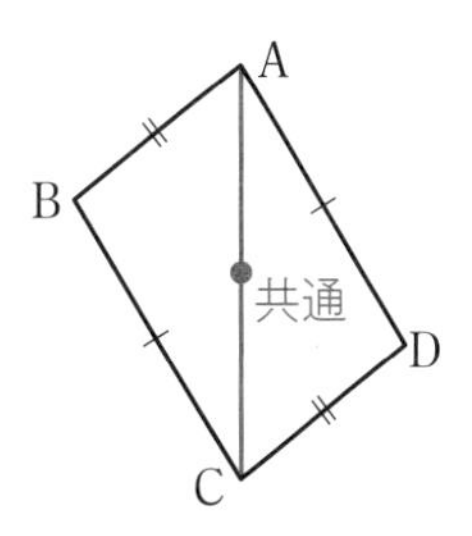

これで，合同条件「3 組の辺がそれぞれ等しい」が成り立つとわかります。第 2 段階です。
では，証明を書きましょう。赤文字部分をノートに書いていってください。

〔証明〕 **△ ABC と△ CDA において，** ← 三角形を示す
仮定より，AB＝CD …① 根拠をつけて示す
仮定より，BC＝DA …② 番号をふる
共通な辺だから，AC＝CA …③ 対応の順に注意する

共通な辺は AC＝AC じゃないんですか？

はい，対応の順をよく考えてください。
△ ABC の AC は，△ CDA では CA が対応しているからです。
①，②，③より，3 組の辺がそれぞれ等しいから，
△ ABC ≡△ CDA

確認問題 61

右の図で，∠ABD＝∠CBD，∠ADB＝∠CDB ならば，

△ABD ≡△CBD であることを，次のように証明した。

□ をうめて，完成させなさい。

〔仮定〕□，□

〔結論〕□

〔証明〕△ABD と△□ において，

□ より，∠ABD＝∠□ …①

□ より，∠ADB＝∠□ …②

□ な辺だから，BD＝□ …③

①，②，③より，□ から，

△□ ≡△□

例題 90

右の図で，AB // CD，AO＝DO ならば，

BO＝CO であることを証明しなさい。

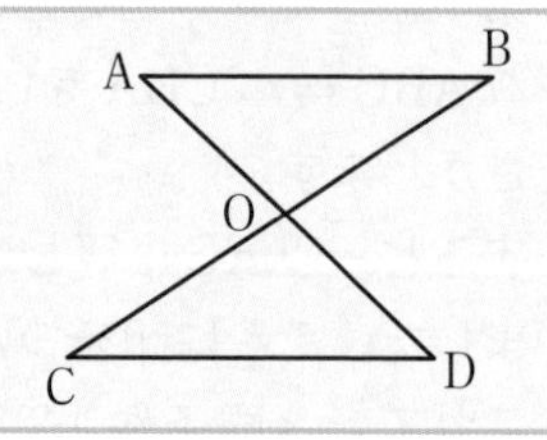

今回は，合同であることを証明するのではなく，BO＝CO がゴールです。

でも，難しく考えることはありません。

もし，△AOB ≡△DOC がいえたなら，合同な三角形の対応する辺が等しいので，BO＝CO といえるのです。ノートに図を写してください。

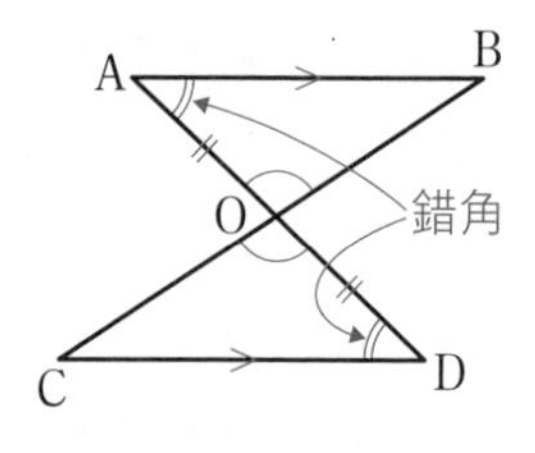

仮定の AO＝DO，対頂角の∠AOB＝∠DOC はわかります。

AB // CD から，錯角は等しいですね。∠OAB＝∠ODC です。

〔証明〕**△AOB と△DOC において，**

仮定より，AO＝DO …①

対頂角は等しいから，∠AOB＝∠DOC …②

AB // CD より，錯角は等しいから，∠OAB＝∠ODC…③

①，②，③より，1 組の辺とその両端の角がそれぞれ等しいから，

△AOB ≡△DOC

したがって，BO＝CO

ここまで書いて，終了です。

∠OBA＝∠OCD もいえますが，今回は使いません

トレーニング14

▶解答：p.219

1.　右の図で，AO＝CO，BO＝DO ならば，△ AOB ≡△ COD であることを証明しなさい。

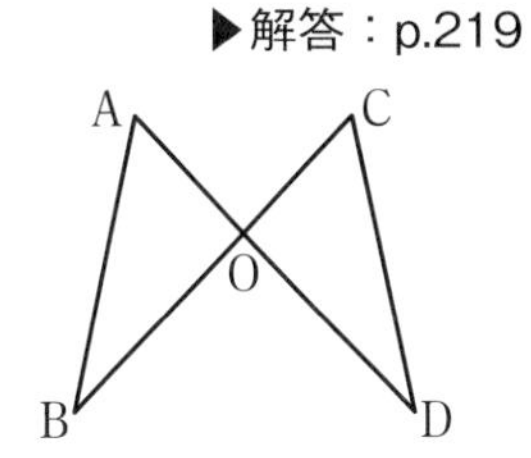

2.　右の図で，AB＝DC，AC＝DB ならば△ ABC ≡△ DCB であることを証明しなさい。

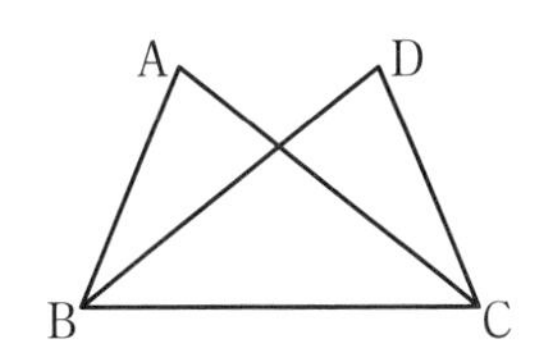

3.　右の図で，AB // CD，AB＝DC ならば，△ AOB ≡△ DOC であることを証明しなさい。

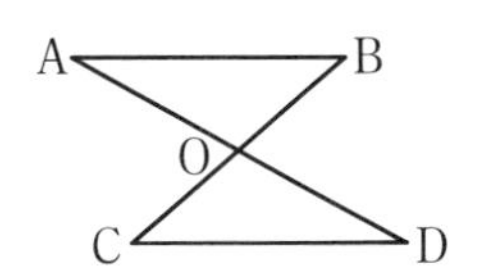

4.　右の図は，AD // BC の台形で，辺 BC の延長上に点 E をとり，AE と DC の交点を O としたものである。

AO＝EO ならば，DO＝CO であることを証明しなさい。

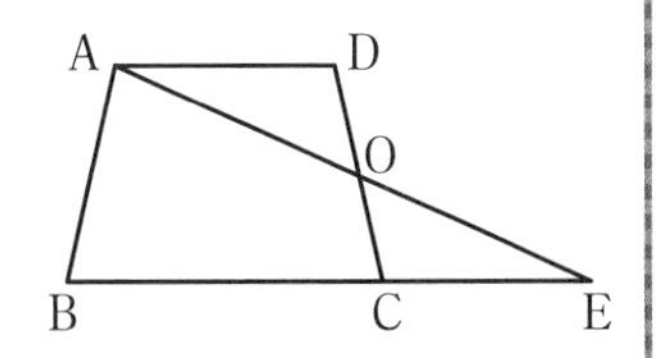

5.　右の図の△ ABC で，辺 AC の中点を M とする。

DM // BC，DM＝EC ならば，AD＝ME であることを証明しなさい。

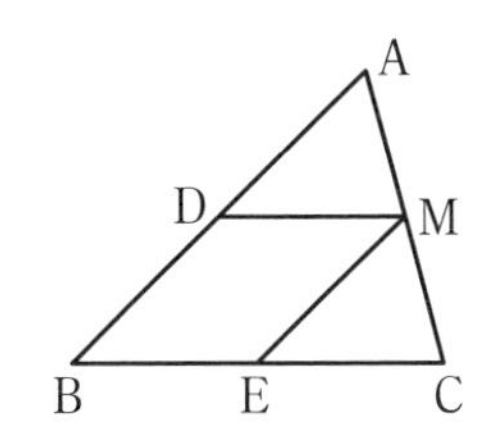

平行と合同まとめ

定期テスト対策 A

▶解答：p.220

1.　次の図において，$\angle x$，$\angle y$ の大きさを求めなさい。

(1)

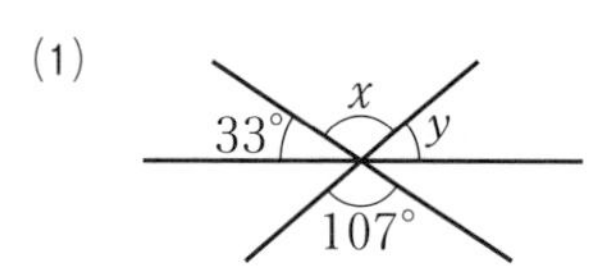

(2)

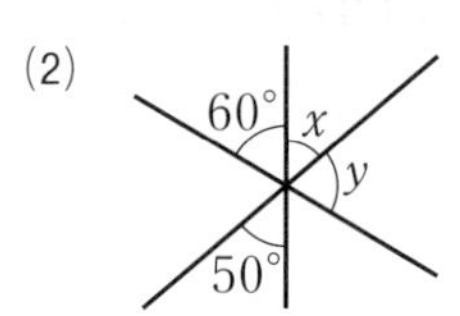

2.　次の図において，$l \parallel m$ であるとき，$\angle x$ の大きさを求めなさい。

(1)

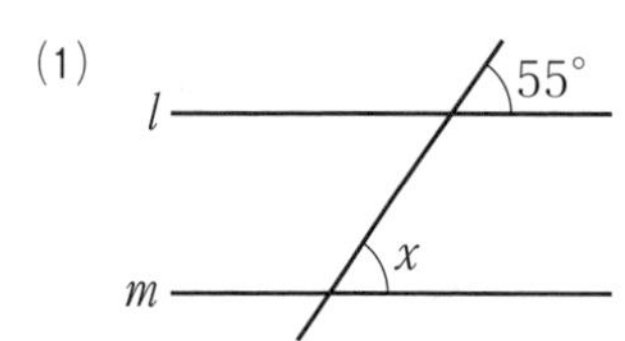

(2)

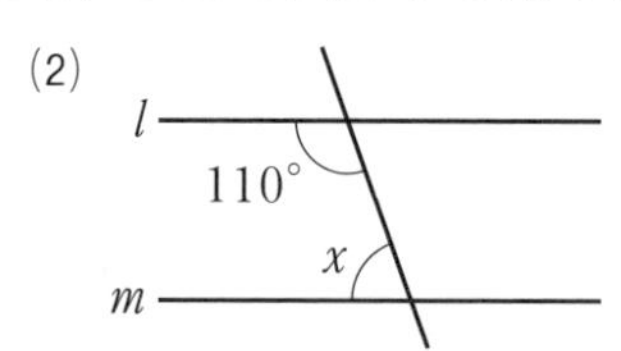

3.　次の図において，$l \parallel m$ であるとき，$\angle x$ の大きさを求めなさい。

(1)

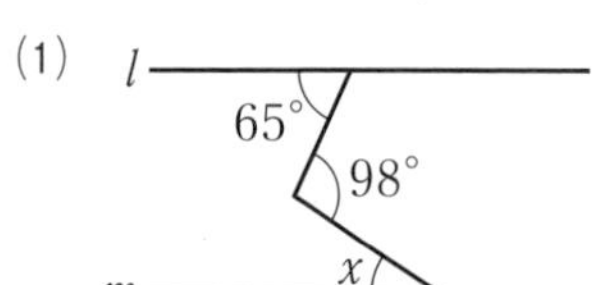

(2)

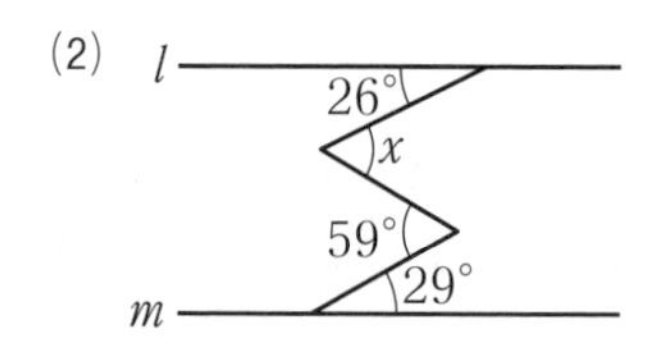

4.　次の図で，$\angle x$ の大きさを大めなさい。

(1)

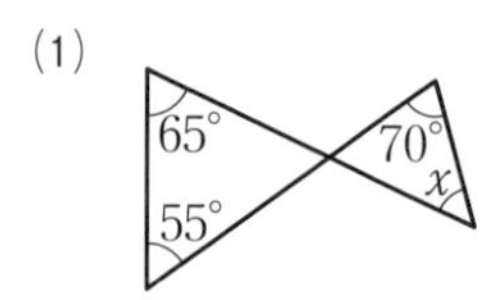

(2)

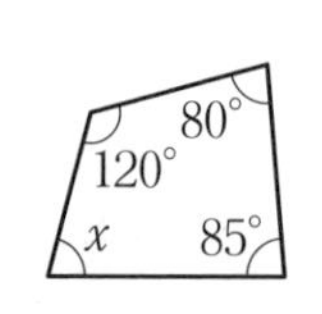

(3)

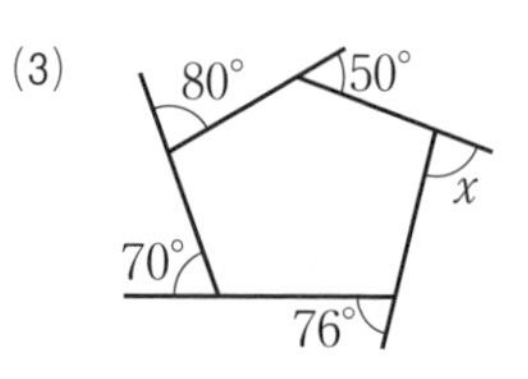

5.　次の問に答えなさい。

(1)　五角形の内角の和を求めなさい。

(2)　正五角形の 1 つの内角の大きさを求めなさい。

6. 次のそれぞれの図で□をうめなさい。

(1)

(2)

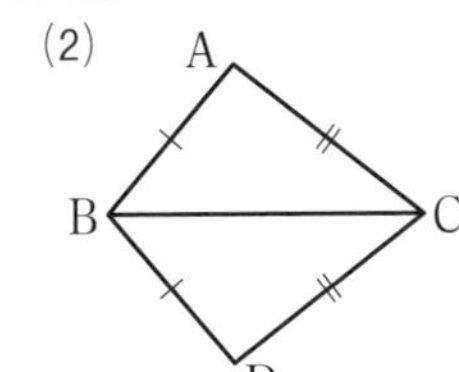

(3)

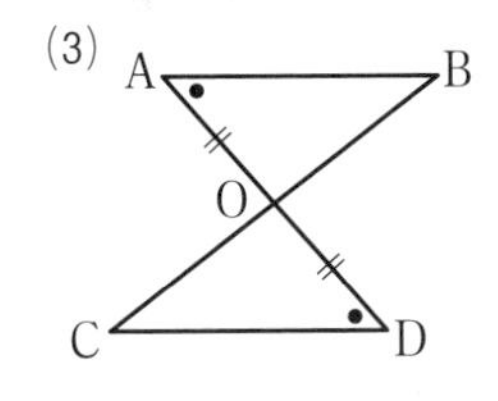

合同条件

(1) △AOB ≡ △□ (□)

(2) △ABC ≡ △□ (□)

(3) △AOB ≡ △□ (□)

7. 右の図で，AO＝CO，∠OAB＝∠OCD ならば，△AOB ≡ △COD であることを次のように証明した。□をうめなさい。

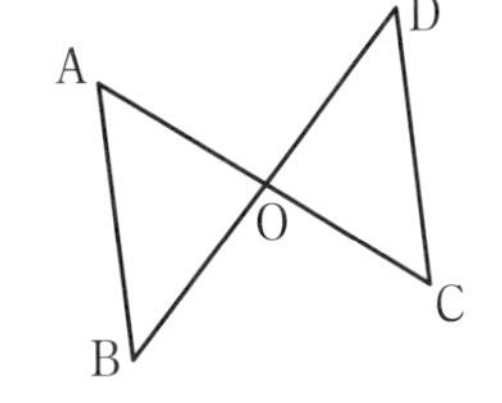

〔仮定〕 □，□

〔結論〕 □

〔証明〕 △AOB と△□において，

□より，AO＝□ …①

□より，∠OAB＝∠□ …②

□は等しいから，∠AOB＝∠□ …③

①，②，③より，□から，

△AOB ≡ △□

8. 右の図で，AC＝DC，∠ACB＝∠DCB である。△ABC ≡ △DBC であることを証明しなさい。

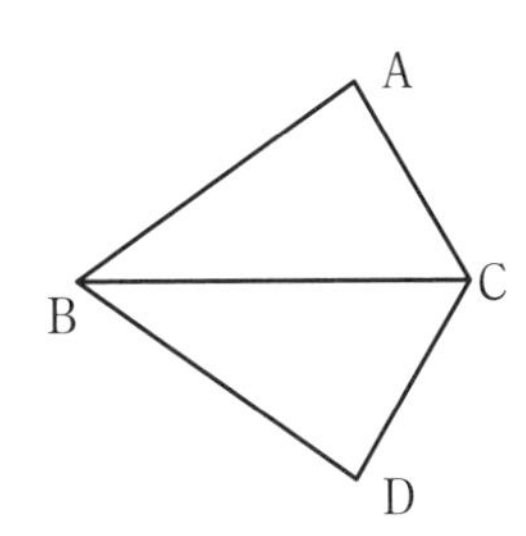

平行と合同まとめ

定期テスト対策 B

▶解答：p.221

1.　次の図で，$l \parallel m$ のとき，$\angle x$ の大きさを求めなさい。

(1)

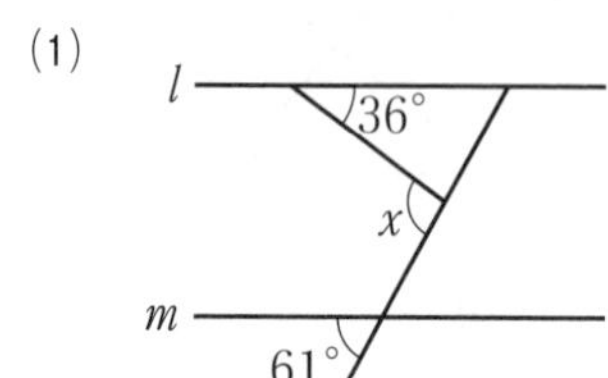

(2)

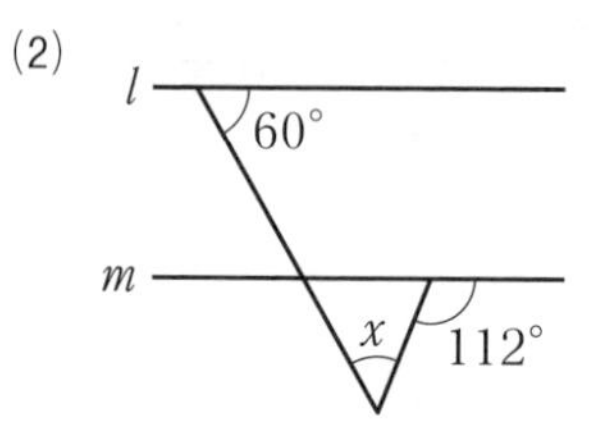

2.　右の図で，$\angle x$ の大きさを求めなさい。

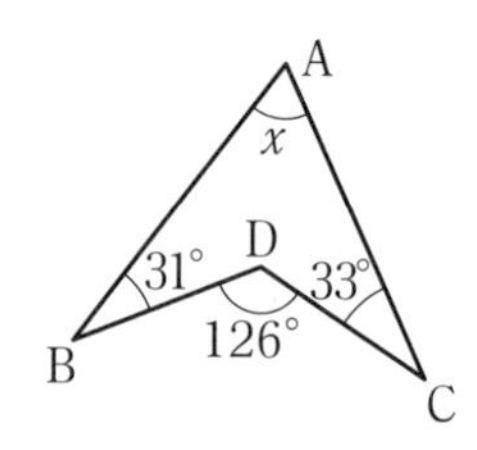

3.　右の図で，同じ印のついた角の大きさが等しいとき，$\angle x$ の大きさを求めなさい。

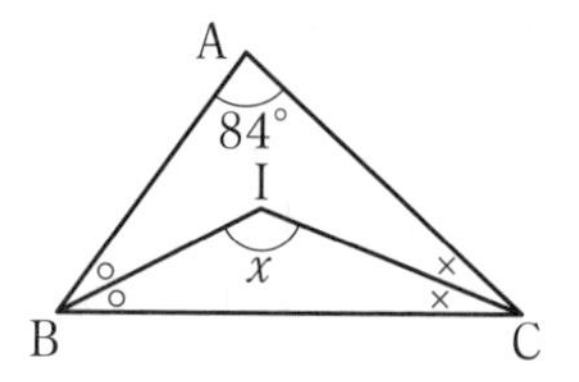

4.　右の図で，
$\angle a + \angle b + \angle c + \angle d + \angle e + \angle f$
の大きさを求めなさい。

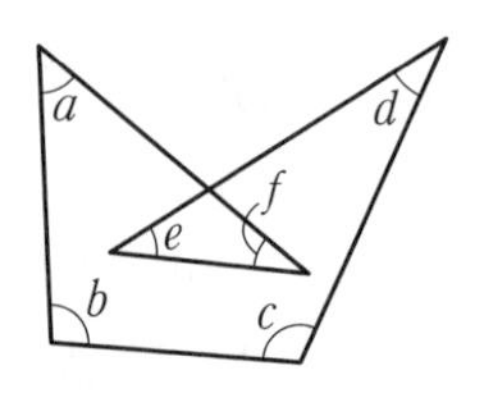

5.　次の問に答えなさい。

(1)　内角の和が 1980° の多角形は何角形か求めなさい。

(2)　1 つの内角が 144° の正多角形は正何角形か求めなさい。

6.　右の図は，角の二等分線の作図である。

この作図が正しいことを，次のように証明した。

□をうめて，証明を完成させなさい。

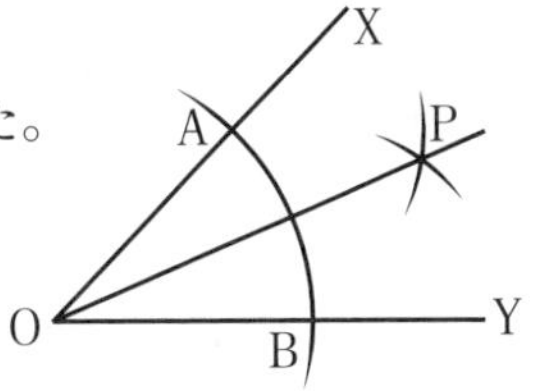

〔証明〕点AとP，BとPを結ぶ。

△AOPと△□において，

仮定より，OA＝□　…①

仮定より，AP＝□　…②

共通な辺だから，OP＝□　…③

①，②，③より，□から，

△AOP ≡△□

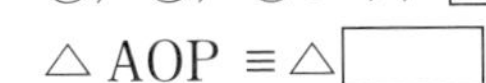

したがって，∠AOP＝∠□

よって，半直線OPは，∠XOYの二等分線である。

7.　右の図の△ABCにおいて，点Mは辺BCの中点である。MD＝MEとなるように，点D，Eをとるとき，BD＝CEであることを証明しなさい。

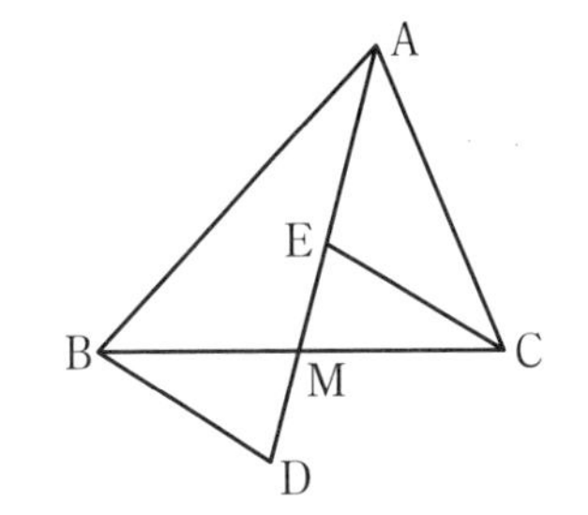

8.　右の図において，AB＝DC，∠ABC＝∠DCBならば，∠BAC＝∠CDBであることを証明しなさい。

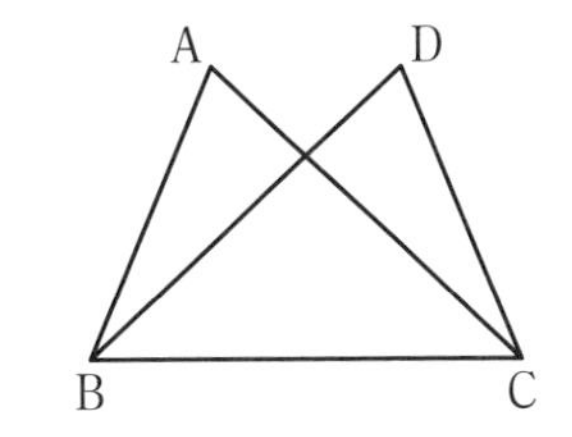

9.　右の図において，AB＝CD，AD＝CBならば，AB // DCであることを証明しなさい。

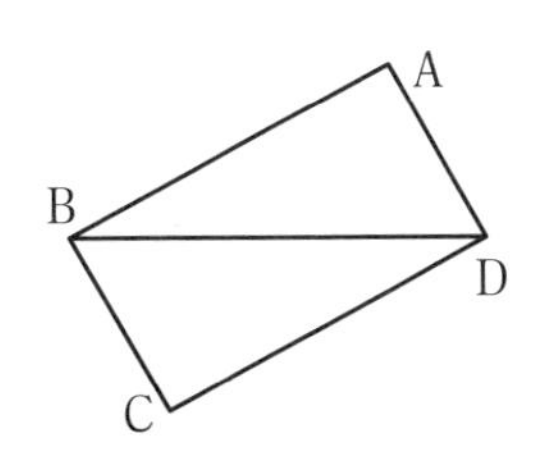

第5章 三角形と四角形

テーマ1 二等辺三角形と正三角形

イントロダクション

- 二等辺三角形の定義と定理 ➡ 意味を正確に理解する
- 二等辺三角形，正三角形と角 ➡ 等しい角を利用する
- 二等辺三角形，正三角形の性質の利用 ➡ 定理を用いて証明する

二等辺三角形の定義と定理

ことばの意味をはっきり述べたものを**定義**(ていぎ)といいます。

簡単にいえば，そのことばについての決まりのことです。

二等辺三角形の定義は，「2 辺が等しい三角形」です。

つまり，2 辺が等しい三角形のことを二等辺三角形と呼ぶことに決めた，ということです。

したがって，

「何で二等辺三角形は 2 辺が等しいの？」という問いはありえません。

なぜなら，「そう決めたから」が答えだからです。

定義の意味はわかったでしょうか。

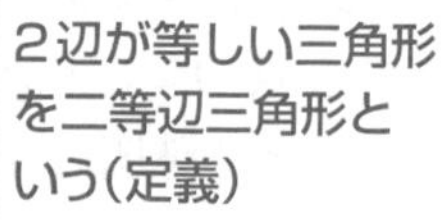

2辺が等しい三角形を二等辺三角形という(定義)

ここで二等辺三角形の辺や角について，紹介しておきます。

右の図のように，等しい辺の間の角を**頂角**(ちょうかく)，頂角と向かい合う辺を**底辺**(ていへん)，底辺の両端の角を**底角**(ていかく)といいます。

2 辺が等しい以外に，どんなことが成り立ちますか？

確か，二等辺三角形の底角は等しいと思います。

はい，そうです。それは二等辺三角形の重要な性質といえます。

これは，証明することができますが，それは後でやりましょう。

このように，証明されたことがらのうち，大切なものを**定理**(ていり)といいます。

定義と定理のちがいがわかりますね。

二等辺三角形の性質として，知っておいてほしい２つの定理をまとめておきます。

二等辺三角形の性質（定理）

覚えよう

①二等辺三角形の底角は等しい

②二等辺三角形の頂角の二等分線は，底辺を垂直に２等分する

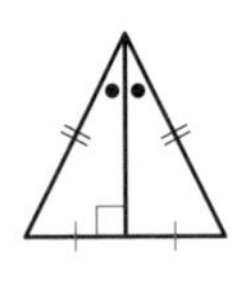

①二等辺三角形の底角は等しい。このことを証明してみましょう。

例題 91

右の図の△ABCは，AB＝ACの二等辺三角形である。∠B＝∠Cとなることを証明しなさい。

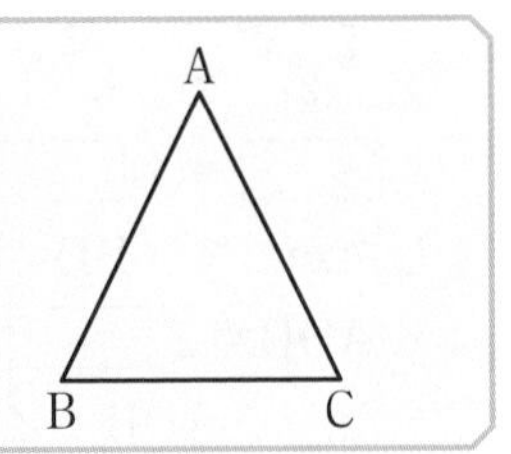

ノートに図を写してください。

この三角形を２つに分けることから始めます。

∠Aの二等分線をひいて分けてみます。

右の図で，△ABD≡△ACDが証明できれば，∠B＝∠Cになりますね。

辺ADの共通がいえるので，合同が示せます。

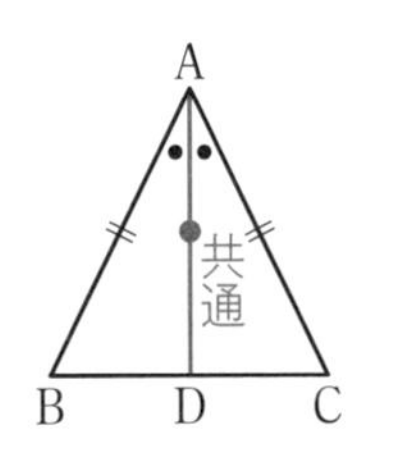

証明を書きましょう。赤文字部分を書いてください。

〔証明〕自分でひいた線や点は，必ず説明しなければなりません。

∠Aの二等分線をひき，辺BCとの交点をDとする。

△ABDと△ACDにおいて，

仮定より，AB＝AC　…①

∠BAD＝∠CAD　…②

共通な辺だから，AD＝AD　…③

①，②，③より，２組の辺とその間の角がそれぞれ等しいから，

△ABD≡△ACD　　したがって，∠B＝∠C

②二等辺三角形の頂角の二等分線は，底辺を垂直に２等分する。このことを次に証明してみます。

確認問題 62

右の図の△ ABC は，AB＝AC の二等辺三角形である。∠ A の二等分線と辺 BC の交点を D とするとき，AD は BC を垂直に２等分することの証明を，□をうめて完成させなさい。

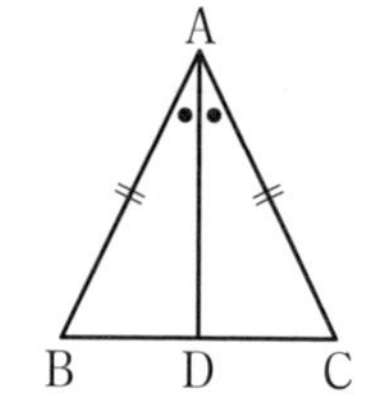

〔証明〕△ ABD と△□において，
仮定より，AB＝□　…①
仮定より，∠ BAD＝∠□　…②
共通な辺だから，AD＝□　…③
①，②，③より，□から，
△□≡△□
したがって，BD＝□　…④
∠ ADB＝∠□
また，∠ ADB＋∠ ADC＝180°だから，
∠ ADB＝∠ ADC＝□°　…⑤
④，⑤より，AD は BC を垂直に２等分する。

後半の証明が少し難しかったかと思います。

∠ ADB＝∠ ADC で，その和は 180°だから，90°ずつになるといっているわけです。次に，正三角形について考えてみましょう。

正三角形の定義は何だと思いますか？

「3 つの辺が等しい三角形」だと思います。

はい，正解です。

そして正三角形は３つの角が等しいという性質を持っています。

正三角形は，二等辺三角形の特別な場合とみることができます。

３辺が等しい三角形を正三角形という（定義）	正三角形の３つの角は等しい（定理）
	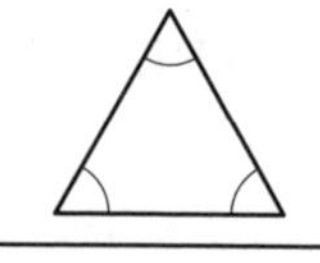

二等辺三角形，正三角形と角

二等辺三角形ならば底角は等しく，正三角形であれば 3 つの角は等しくて 60° ですね。このことを用いて，いろいろな角の大きさを求めます。

例題 92

次の図で，同じ印をつけた辺の長さが等しいとき，$\angle x$ の大きさを求めなさい。

(1)

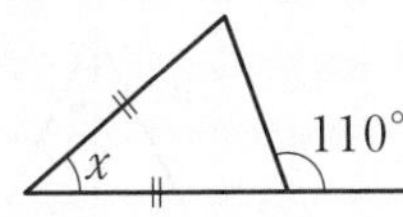

(2)

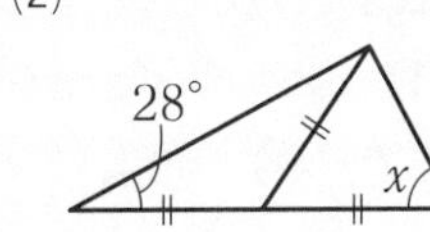

(3)

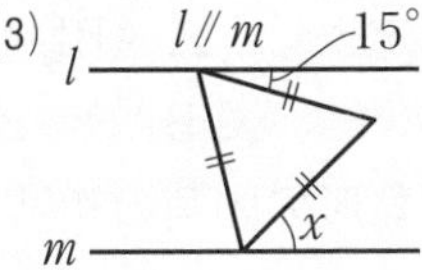

下の図のように，点に名まえをつけて説明します。

(1) $\angle$ ABC＝$\angle$ ACB＝70° なので，$\angle x$＝180° − 70° ×2＝**40°** 答

(2) $\angle$ CAB＝$\angle$ CBA＝28° で，△ ABC の外角で $\angle$ ACD＝56°

$\angle$ CAD＝$\angle$ CDA より，$\angle x=\dfrac{180^\circ-56^\circ}{2}=$**62°** 答

(3) 点 B を通る平行線をひけば $\angle$ ABC＝60° より，$\angle x$＝**45°** 答

(1)

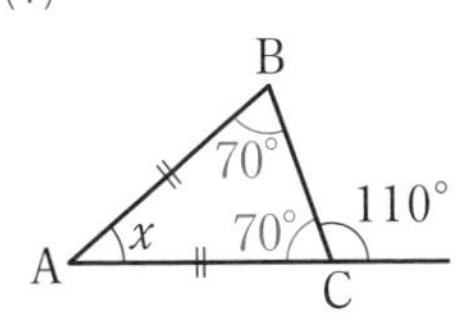

(2)

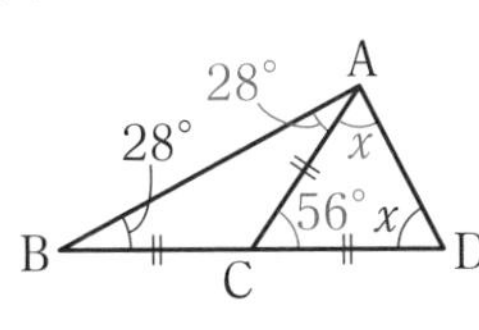

(3)

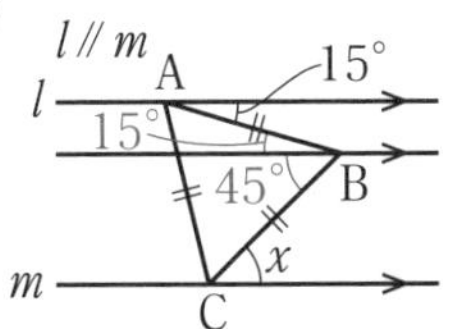

あまり難しくはないですね。練習しておきましょう。

確認問題 63

次の図で，同じ印をつけた辺の長さが等しいとき，$\angle x$ の大きさを求めなさい。

(1)

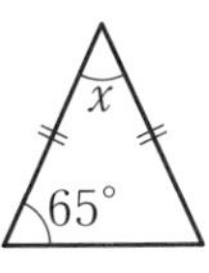

(2)

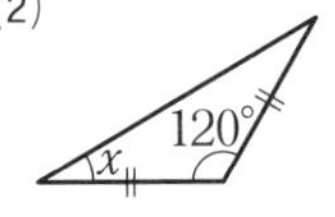

(3)

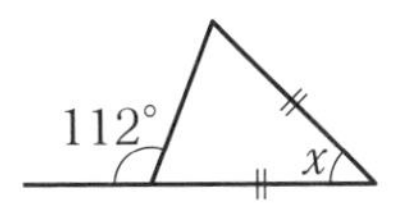

(4)

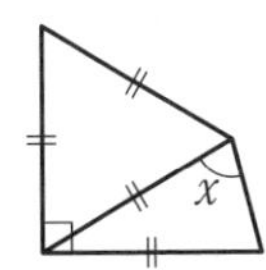

(5)

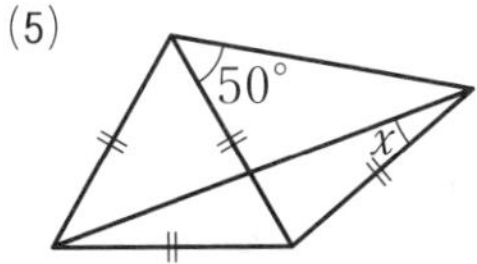

二等辺三角形と証明

右の△ABCは，∠B＝∠Cであるとします。
この△ABCでAB＝ACであることを証明します。
ついてきてくださいね。

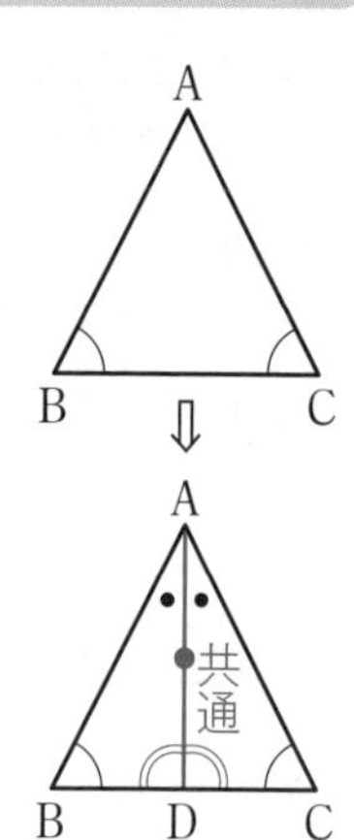

〔証明〕∠Aの二等分線と辺BCの交点をDとする。
　△ABDと△ACDにおいて，
　仮定より，∠ABD＝∠ACD…①
　　　　　　∠BAD＝∠CAD…②
　三角形の内角の和は180°で，①，②より，
　　　　　　∠ADB＝∠ADC…③
　共通な辺だから，AD＝AD…④
　②，③，④より，
　1組の辺とその両端の角がそれぞれ等しいから，
　△ABD≡△ACD　したがって，AB＝AC

このことから，次のことがいえます。

つまり，ある三角形が二等辺三角形であることを証明するには，**2つの辺が等しいか，2つの角が等しいかの，どちらかを示せばよい**のです。

2つの辺が等しい
→ 二等辺三角形
2つの角が等しい

例題 93

右の図で，l // m，∠BAC＝∠DACである。このとき，△ABCは二等辺三角形であることを証明しなさい。

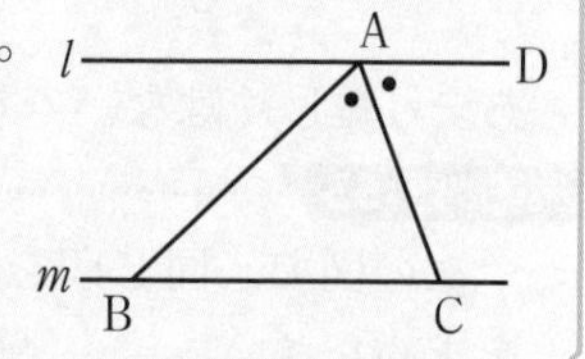

2つの角が等しいことを示します。

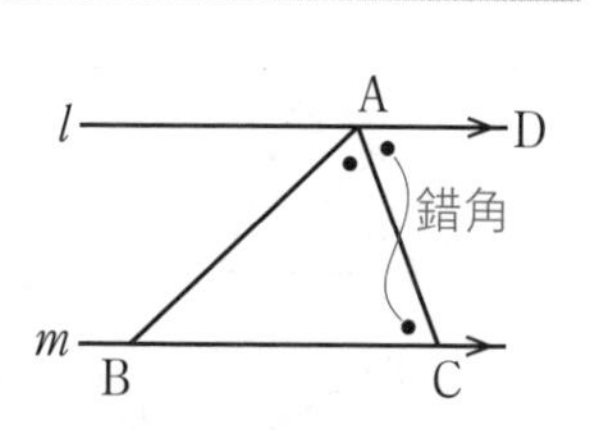

〔証明〕**l // mより，錯角は等しいから，**
∠DAC＝∠BCA…①
仮定より，∠BAC＝∠DAC…②
①，②より，∠BAC＝∠BCA
よって，2つの角が等しいから，△ABCは二等辺三角形である。
三角形の合同を使わない証明でした。

確認問題 64

　右の図の△ABCは，AB＝ACの二等辺三角形である。D，Eは辺BC上の点で，BD＝CEである。このとき，△ADEは二等辺三角形であることを証明しなさい。

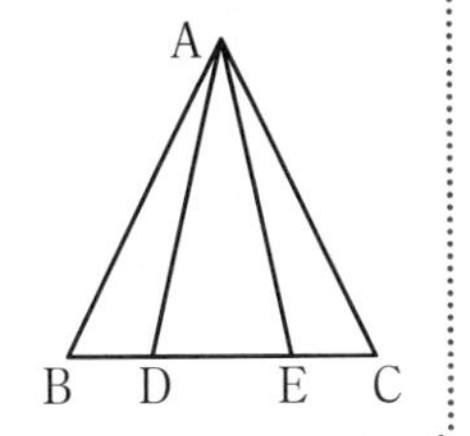

最後に，二等辺三角形や正三角形の性質を用いた証明をやってみよう。

例題 94

　右の図の△ABCは，AB＝ACの二等辺三角形である。辺AB，AC上にそれぞれ点D，Eをとる。BD＝CEであるときCD＝BEであることを証明しなさい。

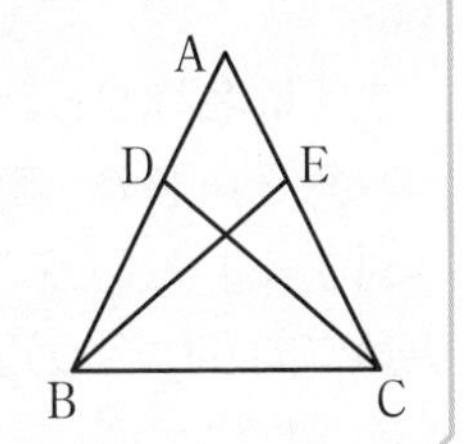

△BCDと△CBEの合同をいえばよさそうですね。
BD＝CE，辺BCが共通で，あとどこが等しいでしょうか？

AB＝ACなので，底角の∠DBC＝∠ECBがいえます。

その通りです。これで合同条件を満たしましたね。

〔証明〕**△BCDと△CBEにおいて，**
仮定より，BD＝CE…①
共通な辺だから，BC＝CB…②
AB＝ACより，∠DBC＝∠ECB…③

①，②，③より，2組の辺とその間の角がそれぞれ等しいから，

△BCD≡△CBE　　したがって，CD＝BE

A
D
E
共通
B
C

確認問題 65

　右の図の△ABCは正三角形である。辺BC，CA上にそれぞれ点D，Eをとる。
　CD＝AEであるとき，AD＝BEであることを証明しなさい。

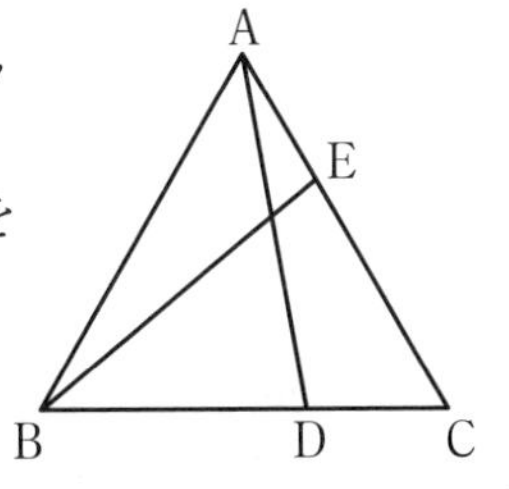

2 直角三角形の合同

イントロダクション

- **直角三角形の合同条件** ➡ 正確に覚えよう
- **直角三角形の合同の証明** ➡ 書き方を身につける
- **合同の利用** ➡ 線分の長さや角の大きさが等しいことを導く

直角三角形の合同条件

まずは名称から。

直角三角形の，直角に対する辺を**斜辺**（しゃへん）といいます。「対する」というのは，「向かい合う」という意味です。直角に向かい合う辺のことを斜辺というんです。

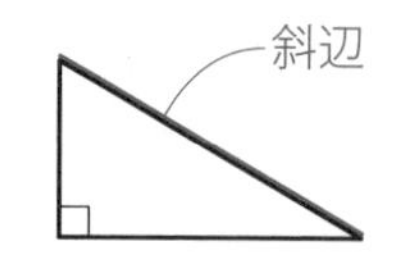

簡単にいえば，一番長い辺のことです。

では，本題に入ります。

今ここに，2つの直角三角形があるとします。右の図のように，同じ印のところは長さや角の大きさが等しいとします。

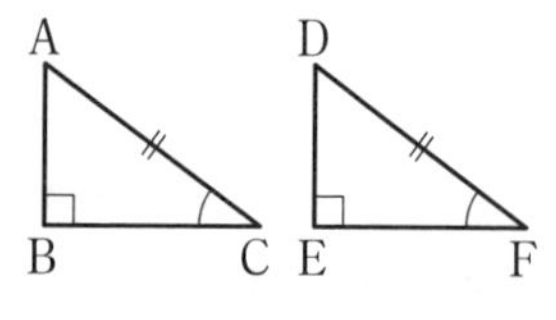

この2つの直角三角形は合同といえるでしょうか？　三角形の合同条件にはなっていないようですが。

残りの角も等しいので，∠A=∠D がいえて，合同です。

はい，正解です。1組の辺とその両端の角がそれぞれ等しくなりますね。そのため，この図のようなときを合同条件の仲間に入れることになったのです。

直角三角形の合同条件　①斜辺と1つの鋭角がそれぞれ等しい

次に，右の2つの直角三角形の場合は，合同になるでしょうか。

下のように背中合わせにつなげると，二等辺三角形になるので，∠C=∠F がいえますね。すると，斜辺と1つの鋭角がそれぞれ等しい直角三角形になって△ABC ≡△DEF です。

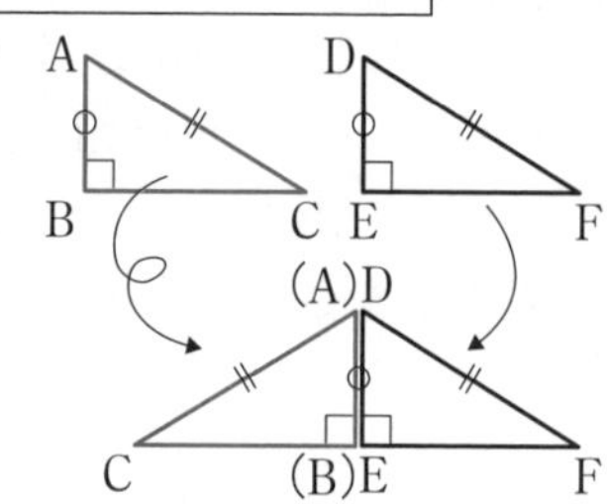

そこで，この図の場合も，合同条件に仲間入りです。

直角三角形の合同条件　②斜辺と他の１辺がそれぞれ等しい

直角三角形の合同条件

覚えよう

２つの直角三角形は，次のいずれかの場合に，合同である。	
斜辺と１つの鋭角がそれぞれ等しい	斜辺と他の１辺がそれぞれ等しい
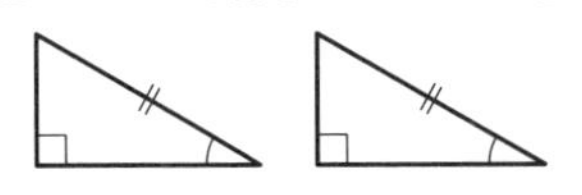	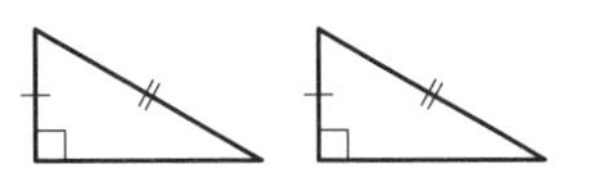

この２つも，一字一句同じように書ける必要があります。

何かで隠（かく）して，言ってみたり，書いてみたりして練習してください。このように，直角三角形は，今まで習ってきた三角形の合同条件以外に，この２つも使うことができます。

直角三角形では，この２つだけを使うと思っていました。

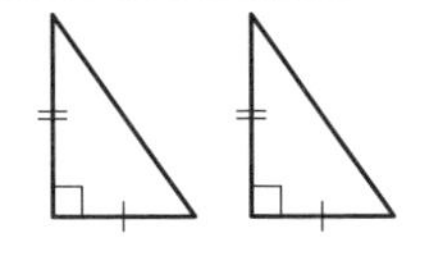

いいえ，今までの合同条件を使うこともあります。たとえば，右の２つの直角三角形の合同条件は，「2 組の辺とその間の角がそれぞれ等しい」となりますね。

例題 95

右の図で，∠BAD＝∠BCD＝90°，AB＝CB である。

このとき，△ABD ≡△CBD であることを証明しなさい。

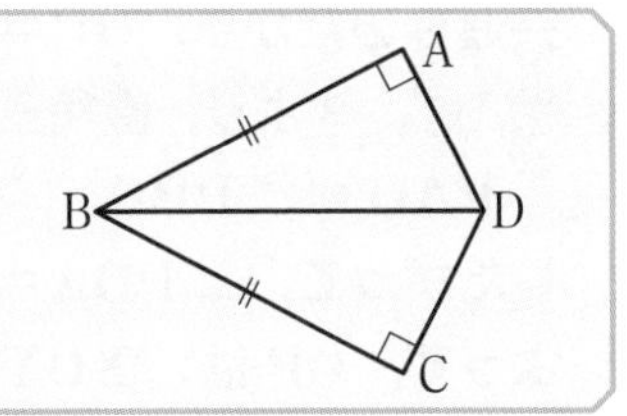

斜辺が共通なので,「斜辺と他の１辺がそれぞれ等しい」を使います。ノートに図を写し，書いていきましょう。

〈注意 1〉 90°があることを示します

〔証明〕**△ABD と△CBD において，**

仮定より，∠BAD＝∠BCD＝90°…①

仮定より，AB＝CB…②

〈注意 2〉 「直角三角形の…」と書きます

共通な辺だから，BD＝BD…③

①，②，③より，直角三角形の斜辺と他の１辺がそれぞれ等しいから，

△ABD ≡△CBD

直角三角形の合同条件を使うときは，次のことに注意してください。

ポイント

〈注意1〉90° があることを示す。
〈注意2〉合同条件の前に，「直角三角形の」をつける

確認問題 66

右の図で，線分 AB の中点 O を通る直線 l に，2 点 A，B から垂線をひき，その交点をそれぞれ C，D とするとき，△ AOC ≡ △ BOD であることを証明しなさい。

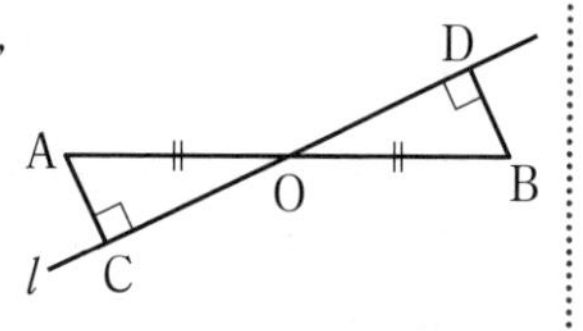

例題 96

∠ XOY 内の点 P から OX，OY にひいた垂線 PA，PB が等しいとき，OP は∠ XOY の二等分線であることを証明しなさい。

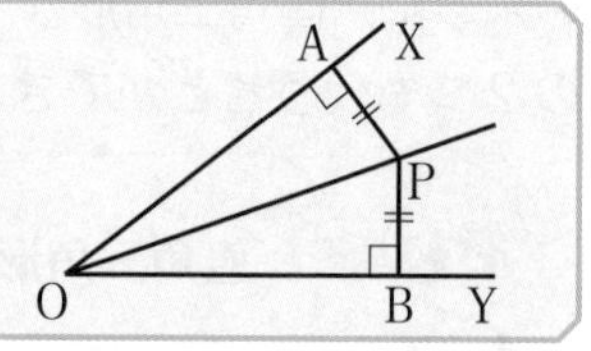

△ PAO ≡△ PBO を示して，∠ POA＝∠ POB をいえばよさそうです。斜辺 OP が共通なので，「斜辺と他の 1 辺がそれぞれ等しい」です。

〔証明〕**△ PAO と△ PBO において，**

仮定より，∠ PAO＝∠ PBO＝90°　…①

仮定より，PA＝PB…②

共通な辺だから，OP＝OP…③

①，②，③より，直角三角形の斜辺と他の 1 辺がそれぞれ等しいから，

△ PAO ≡△ PBO

したがって，∠ POA＝∠ POB

よって，OP は∠ XOY の二等分線である

「証明しなさい」と指示された表現にそろえてください。

次の問題は，似ていますが，与えられた条件（仮定）と証明したいことがら（結論）が上の問題とちがいます。注意して書いてみてください。

確認問題 67

∠ XOY の二等分線上の点 P から 2 辺 OX，OY に垂線 PA，PB をそれぞれ下ろす。このとき，PA＝PB であることを証明しなさい。

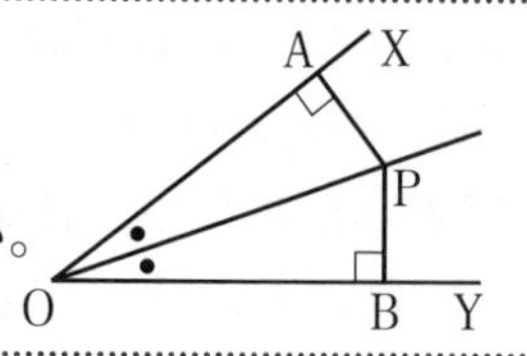

直角三角形の合同の利用

例題 97

右の図のように，△ABC の頂点 B，C から辺 AC，AB に下ろした垂線をそれぞれ，BD，CE とする。BE＝CD ならば，AB＝AC であることを証明しなさい。

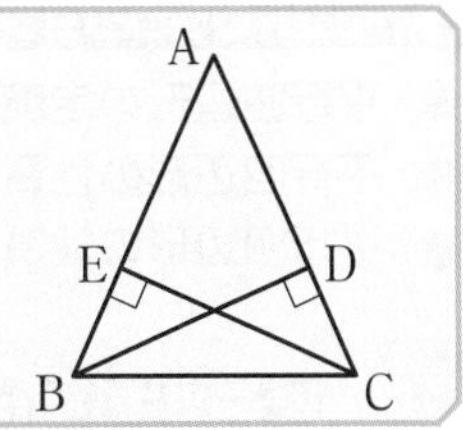

方針を考えてみましょう。

BE＝CD が仮定なので，それを含む三角形の合同がいえそうです。

△BCE と△CBD の合同に狙いを定めましょう。右の図のように，斜辺と他の 1 辺がそれぞれ等しくなります。それからどうすれば，AB＝AC が導けますか？

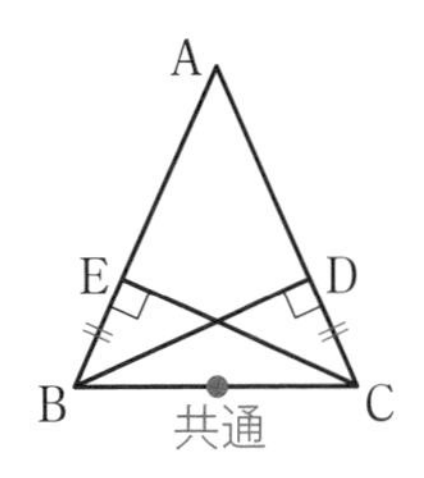

2 つの角が等しければいいので，∠EBC＝∠DCB です。

その通りです。これで方針は決まりましたね。書いてみます。

〔証明〕**△BCE と△CBD において，**

仮定より，BE＝CD…①

仮定より，∠BEC＝∠CDB＝90°…②

共通な辺だから，BC＝CB…③

①，②，③より，

直角三角形の斜辺と他の 1 辺がそれぞれ等しいから，

△BCE ≡△CBD

したがって，∠EBC＝∠DCB

△ABC の 2 つの角が等しいので，AB＝AC

確認問題 68

右の図のように，△ABC の辺 BC の中点 M から辺 AB，AC に下ろした垂線を MD，ME とする。

MD＝ME ならば，AB＝AC であることを証明しなさい。

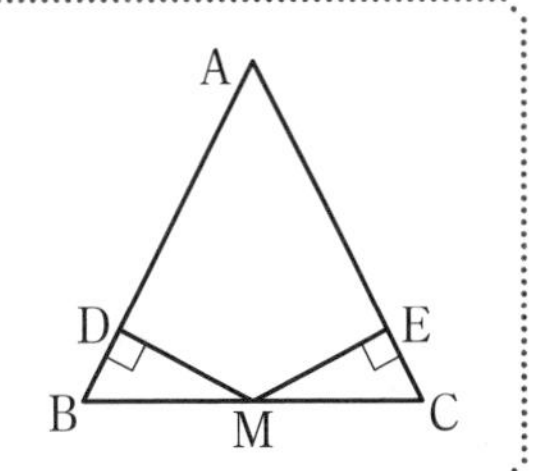

テーマ3 平行四辺形の性質

イントロダクション

- ◆ 平行四辺形の定義と性質 ➡ 定義を用いて性質を証明する
- ◆ 平行四辺形の性質 ➡ 長さや角の大きさを求める
- ◆ 平行四辺形の性質を用いた証明 ➡ 根拠として利用し，証明する

平行四辺形の定義と性質

平行四辺形の定義は，「2組の向かい合う辺がそれぞれ平行な四角形」です。いいかえれば，2組の向かい合う辺がそれぞれ平行な四角形を平行四辺形というんです。そう決めたんですね。

平行四辺形の定義

だから，名称が平行四辺形というわけです。では，平行四辺形にはどんな性質があるかを考えてみましょう。

例題 98

右の平行四辺形ABCDで，対角線ACをひいたとき，△ABC≡△CDAであることを証明しなさい。

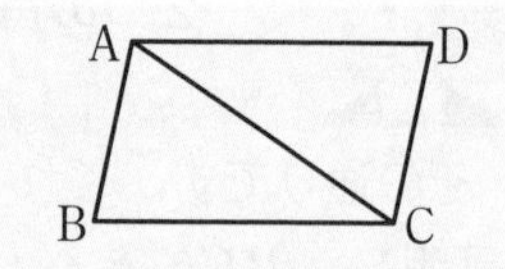

AD // BCなので，錯角が等しく∠ACB＝∠CADがいえます。

AB // DCから，∠BAC＝∠DCAもいえて，ACが共通なので，合同が見えましたね。

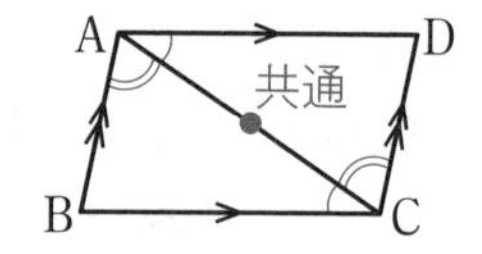

〔証明〕**△ABCと△CDAにおいて，**

AD // BCより，錯角は等しいから，∠ACB＝∠CAD…①

AB // DCより，錯角は等しいから，∠BAC＝∠DCA…②

共通な辺だから，AC＝CA…③

①，②，③より，

1組の辺とその両端の角がそれぞれ等しいから，

△ABC≡△CDA

この合同から，平行四辺形のどの辺やどの角が等しいといえますか？

AD＝CBやAB＝CDや，∠B＝∠Dなどがいえます。

そうなんです。向かい合う辺や向かい合う角が等しいとわかりますね。

そして，向かい合う辺が等しいとわかったので，右のように対角線をひくと，AD＝CB，AD ∥ BC より，錯角は等しいので

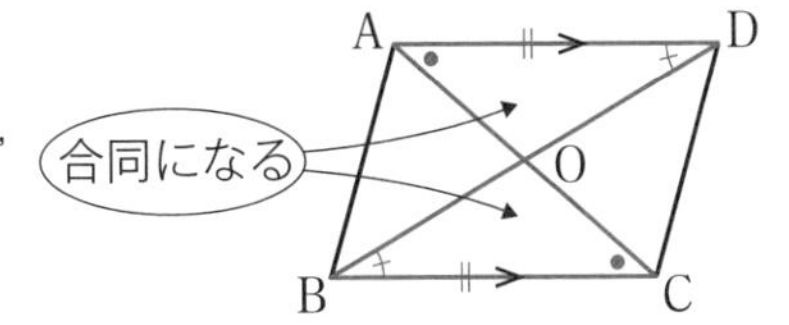

∠ ADO＝∠ CBO，∠ DAO＝∠ BCO が成り立ち，1 組の辺とその両端の角がそれぞれ等しいので，△ AOD ≡△ COB　となります。

ここまでいいですか？

ということは，AO＝CO，BO＝DO です。

つまり，対角線がそれぞれの中点で交わるといえます。

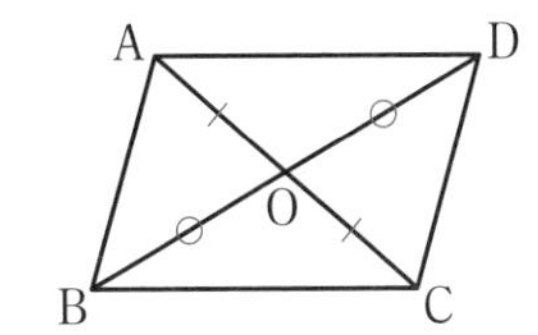

これで，平行四辺形の性質が出そろいました。まとめておきます。

覚えよう

平行四辺形の性質（定理）

①2 組の向かい合う辺はそれぞれ等しい	②2 組の向かい合う角はそれぞれ等しい	③対角線はそれぞれの中点で交わる
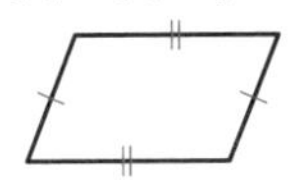	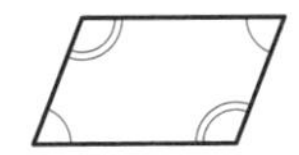	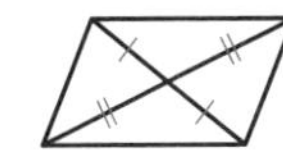

しっかり覚えてください。

さて，平行四辺形におけるいろいろな長さや角の大きさを求めてみよう。

このとき，平行四辺形の定義（2 組の向かい合う辺がそれぞれ平行）や，上の 3 つの性質はすべて使えます。

例題 99

右の図で，四角形 ABCD は平行四辺形である。次のそれぞれを求めなさい。

(1)　辺 AD の長さ

(2)　辺 DC の長さ

(3)　OC の長さ

(4)　∠ ADC の大きさ

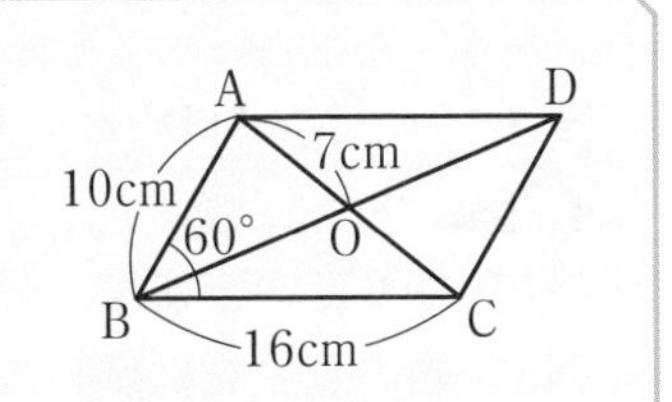

向かい合う辺はそれぞれ等しいので，(1)　**16cm**　　(2)　**10cm**

(3)　対角線はそれぞれの中点で交わるので，OC＝**7cm**　答

(4)　向かい合う角はそれぞれ等しいので，

∠ ADC＝∠ ABC＝**60°**　答　　　簡単ですね。

確認問題 69

次のそれぞれの図において，四角形 ABCD は平行四辺形である。x，y の値を求めなさい。

(1)

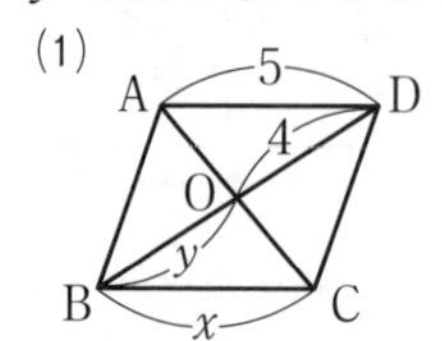

(2)

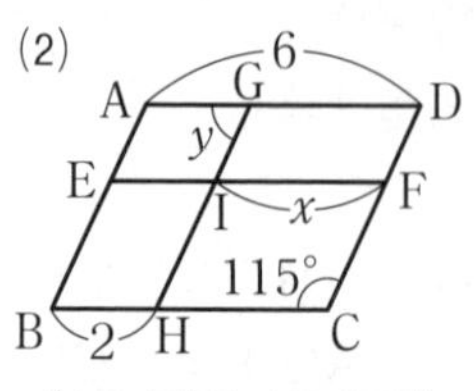

(AB∥GH，AD∥EF)

(3)

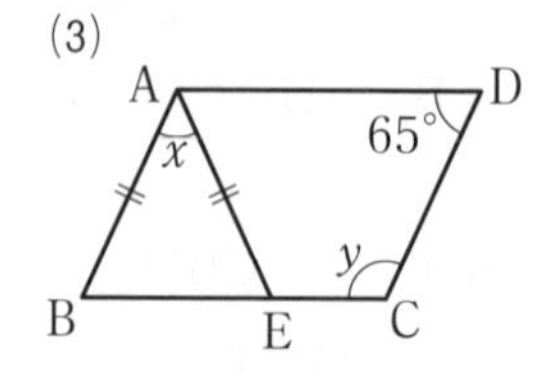

平行四辺形の性質を用いた証明

平行四辺形が登場し，その図形の中にある三角形の合同を証明します。このとき，平行四辺形の定義＋3 つの性質はすべて成り立つことを使います。

例題 100

右の図の四角形 ABCD は平行四辺形である。対角線 AC と BD の交点 O を通る直線が辺 AD，BC と交わる点をそれぞれ P，Q とするとき，OP＝OQ であることを証明しなさい。

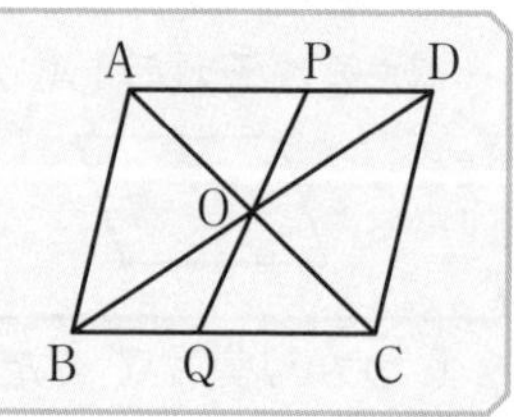

まず，初めに考えてほしいのは「OP＝OQ をいうためには，どの三角形の合同がいえればよいか」です。

△ DOP と△ BOQ の合同が証明できれば，OP＝OQ が示せます。

△ AOP と△ COQ の合同ではダメですか？

よくわかっていますね。それでも OK です。

では，君の意見を採用しましょう。△ AOP と△ COQ にします。

まず，方針を決めましょう。

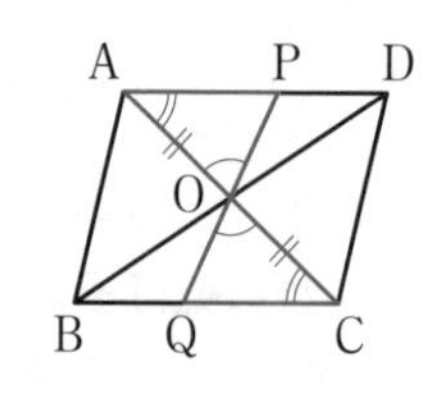

四角形 ABCD は平行四辺形なので，

- 定義より AD ∥ BC ですから，錯角は等しいです。
- 対角線はそれぞれの中点で交わるので，AO＝CO
- そして，対頂角は等しい。

→合同条件「1 組の辺とその両端の角…」が成り立ち，合同がいえます。

このタイプの証明に慣れるため，ノートに図を写し，証明を書いてみてください。

〔証明〕**△AOPと△COQにおいて，**

AD∥BCと錯角は必ずセットで書きます。

(AD∥BC)より，(錯角)は等しいので，

∠OAP＝∠OCQ　…①

平行四辺形の対角線はそれぞれの中点で交わるので，

AO＝CO　…②

このように書きます。

対頂角は等しいので，∠AOP＝∠COQ　…③

①，②，③より，

1組の辺とその両端の角がそれぞれ等しいから，

△AOP≡△COQ

したがって，OP＝OQ

平行四辺形の性質を用いた証明のしかたは，わかったでしょうか。

根拠の書き方は，「仮定より」とせず，上のように具体的に書きます。

確認問題 70

右の図において，平行四辺形ABCDの対角線の交点をOとし，点B，Dから対角線ACに垂線BE，DFを下ろす。このとき，OE＝OFであることを証明した。□をうめることによって，完成させなさい。

〔証明〕△BOEと△□において，

平行四辺形の□はそれぞれの□で交わるから，

BO＝□　…①

仮定より，∠BEO＝∠□＝□°　…②

□は等しいから，∠BOE＝∠□　…③

①，②，③より，

直角三角形の□から，

△□≡△□

したがって，□＝□

平行四辺形の定義や性質を，根拠として使うんですね。

例題 101

右の図のように，平行四辺形 ABCD の対角線 AC 上に，AE＝CF となるように点 E，F をとる。このとき，BE＝DF であることを証明しなさい。

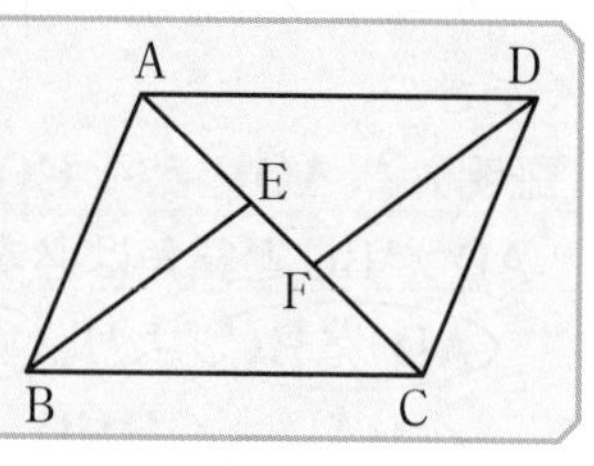

ターゲットとなる三角形は，△ ABE と△ CDF ですね。

仮定より，AE＝CF です。

それ以外に，どこの辺や角が等しくなるか考えましょう。

そこで，平行四辺形の定義や性質のうち，どれが成り立つか考えます。平行四辺形の向かい合う辺は等しいですね。

では，AB＝CD がいえます。

定義より，向かい合う辺は平行なので，

AB ∥ DC です。錯角で∠ BAE＝∠ DCF

めでたく合同条件の成立です。書きましょう。

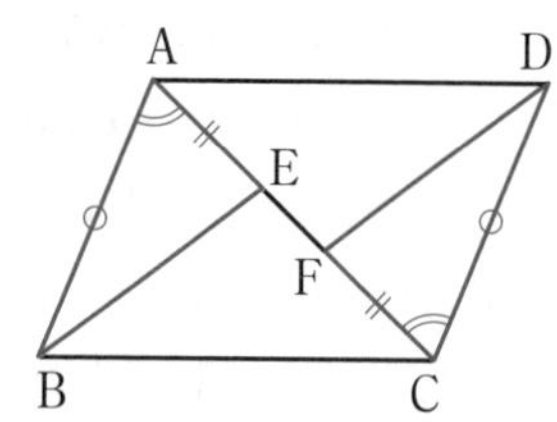

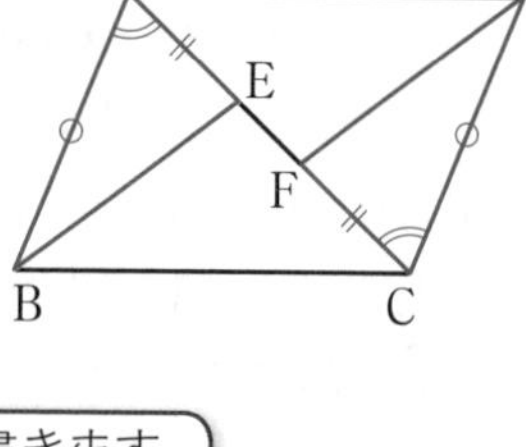

〔証明〕△ ABE と△ CDF において，

仮定より，AE＝CF …①

このように書きます。

平行四辺形の向かい合う辺は等しいから，

AB＝CD …②

AB ∥ DC より，錯角は等しいから，

平行を示すときは，辺を同じ向きに書きます

∠ BAE＝∠ DCF …③

①，②，③より，

2 組の辺とその間の角がそれぞれ等しいから，

△ ABE ≡△ CDF

したがって，BE＝DF

注意

AB∥DCと書く
（辺を同じ向きに）

もう 1 問やっておきます。

例題 102

右の図の四辺形 ABCD は平行四辺形で，辺 AD，BC 上にそれぞれ点 E，F を AE＝CF となるようにとる。

このとき，BE＝DF であることを証明しなさい。

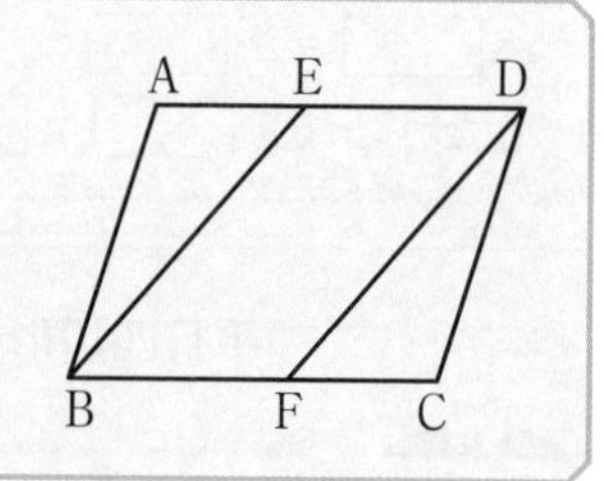

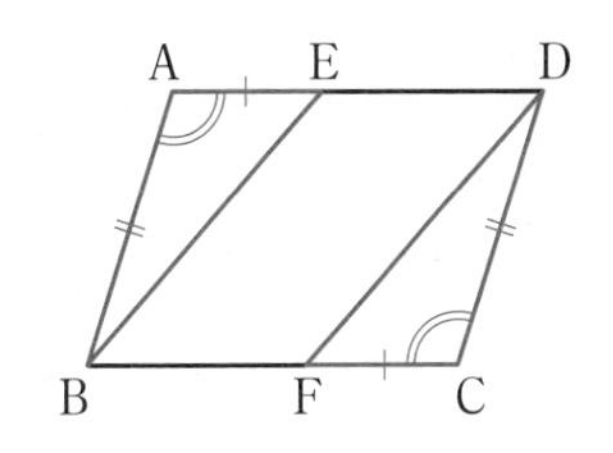

△ ABE ≡△ CDF を証明します。

〔証明〕**△ ABE と△ CDF において，**

仮定より，AE＝CF…①

平行四辺形の向かい合う辺は等しいから，

AB＝CD…②

平行四辺形の向かい合う角は等しいから，∠ BAE＝∠ DCF…③

①，②，③より，2 組の辺とその間の角がそれぞれ等しいから，

△ ABE ≡△ CDF　　したがって，BE＝DF

トレーニング 15

▶解答：p.226

1. 右の図の平行四辺形 ABCD の対角線の交点 O を通る直線をひき，辺 AD，BC との交点をそれぞれ E，F とする。
　AE＝CF であることを証明しなさい。

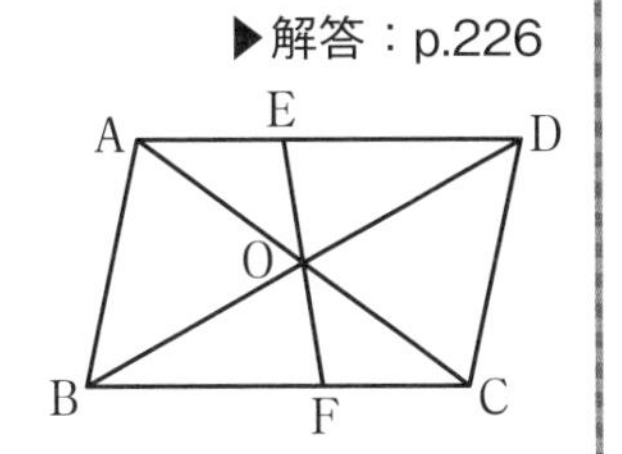

2. 右の図の平行四辺形 ABCD の対角線 BD 上に，DE＝BF となるように 2 点 E，F をとる。AE＝CF であることを証明しなさい。

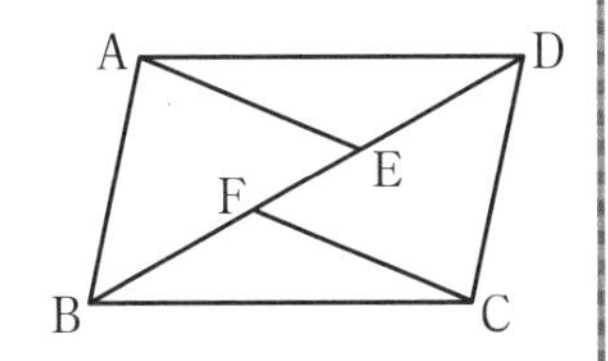

3. 右の図の平行四辺形 ABCD の対角線 BD に，点 A，C から垂線 AE，CF を下ろす。AE＝CF であることを証明しなさい。

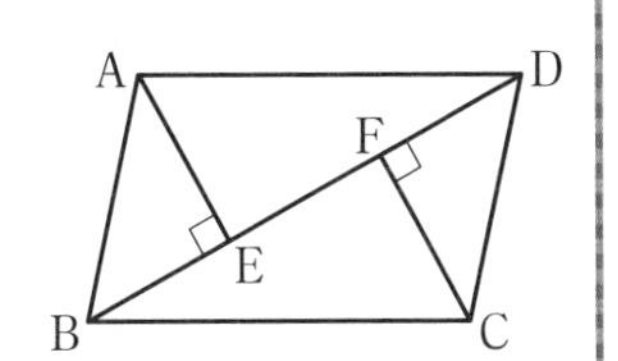

4. 右の図の平行四辺形 ABCD の頂点 A，C から，辺 BC，AD に垂線 AE，CF を下ろす。BE＝DF であることを証明しなさい。

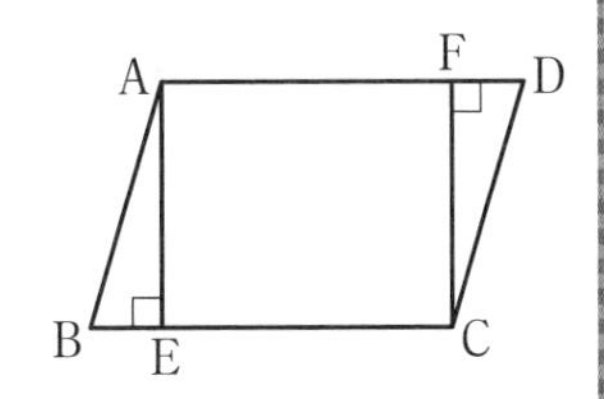

テーマ4 平行四辺形になるための条件

イントロダクション

- 平行四辺形になるには ➡ 四角形がどんな条件をみたせばよいか
- 平行四辺形になるための条件 ➡ 5つの条件を知る
- 平行四辺形であることの証明 ➡ どの条件をみたしているか

平行四辺形になるための条件とは

右の図のように，2組の向かいあう辺がそれぞれ等しい四角形があったとしましょう。

この四角形は，見た目は平行四辺形ですが，本当にそうでしょうか？

平行四辺形であることを証明しなければ，そうとはいえないのです。

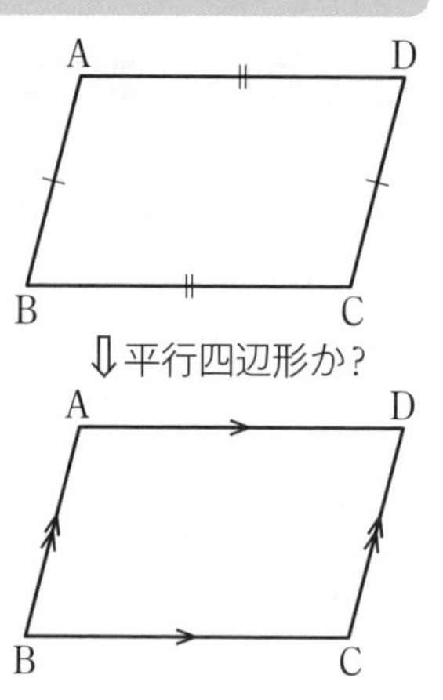

そのためには，平行四辺形の定義「2組の向かい合う辺がそれぞれ平行」であることを示さなければなりません。これが成り立てば，文句なく平行四辺形といえるのです。

ちょっとややこしいですが，流れはわかったでしょうか。

右の図のように，対角線ACをひいて2つの三角形をつくってみます。

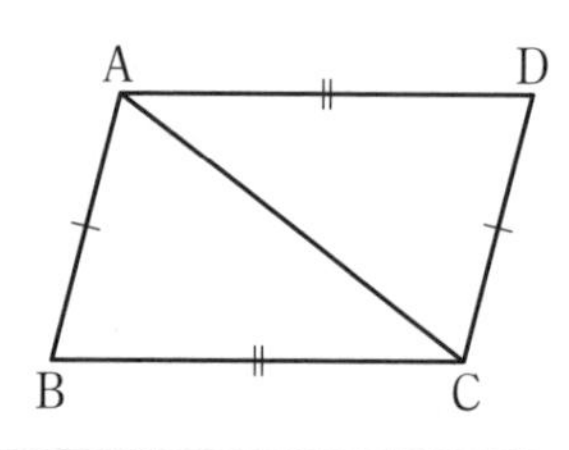

まだ，この四角形は平行四辺形と決まったわけではないので，∠B＝∠Dなどは使えません。この2つの三角形の合同はいえますか？

辺ACが共通なので，3組の辺がそれぞれ等しいです。

その通りです。△ABC≡△CDAとなりますね。

そうなれば，∠BAC＝∠DCAから，錯角が等しいのでAB // DC

∠ACB＝∠CADから，錯角が等しいのでAD // BC

これで，この四角形は平行四辺形であるとわかったわけです。

これが，「平行四辺形になるための条件」の意味なのです。

前ページでわかったことは，次のことです。
「2組の向かい合う辺がそれぞれ等しい四角形は平行四辺形である」
他の場合も考えてみましょう。

例題 103

右の四角形ABCDは，AD // BC，AD＝BCである。この四角形ABCDは平行四辺形であることを証明しなさい。

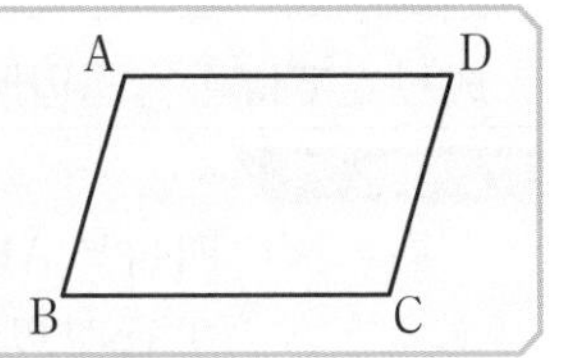

対角線ACをひいて，2つの三角形に分けます。
AD // BCはわかっているので，AB // DCさえいえれば，平行四辺形です。
まず，△ABC ≡△CDAを示し，
∠BAC＝∠DCAからAB // DCにつなげます。

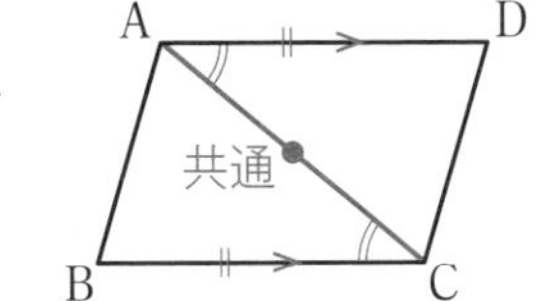

〔証明〕**対角線ACをひく。**
△ABCと△CDAにおいて，
仮定より，CB＝AD…①
AD // BC…②
②より，錯角は等しいから，∠ACB＝∠CAD…③
共通な辺だからAC＝CA…④
①，③，④より，2組の辺とその間の角がそれぞれ等しいから，
△ABC ≡△CDA　　したがって，∠BAC＝∠DCA
錯角が等しいから，AB // DC…⑤
②，⑤より，四角形ABCDは2組の向かい合う辺がそれぞれ平行だから，平行四辺形である。

四角形が平行四辺形になるための条件は他にもあり，全部で5つです。

平行四辺形になるための条件

四角形は，次のうちのどれかが成り立てば平行四辺形である。

①2組の向かい合う辺がそれぞれ平行（定義）
②2組の向かい合う辺がそれぞれ等しい
③2組の向かい合う角がそれぞれ等しい
④対角線がそれぞれの中点で交わる
⑤1組の向かい合う辺が平行で，その長さが等しい

覚えよう

平行四辺形であることの証明

平行四辺形になるための条件５つを，図示しておきます。

四角形は，右のどれかが成り立てば平行四辺形

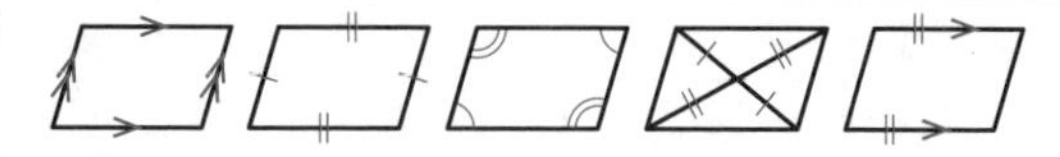

確認問題 71

右の図の四角形 ABCD において，次の条件があるとき，平行四辺形といえるものには○，いえないものには×を書きなさい。

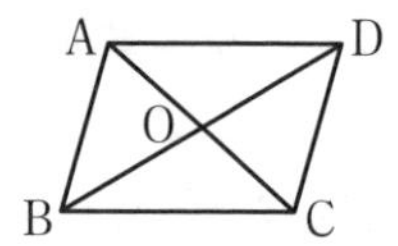

(1) AD // BC，AB // DC

(2) AO＝BO，CO＝DO

(3) AO＝CO，BO＝DO

(4) AD // BC，AD＝BC

(5) ∠A＝∠B，∠C＝∠D

(6) AB＝DC，AD＝BC

例題 104

右の図の四角形 ABCD は平行四辺形である。辺 AD，BC の中点をそれぞれ E，F とするとき，四角形 AFCE は平行四辺形であることを証明しなさい。

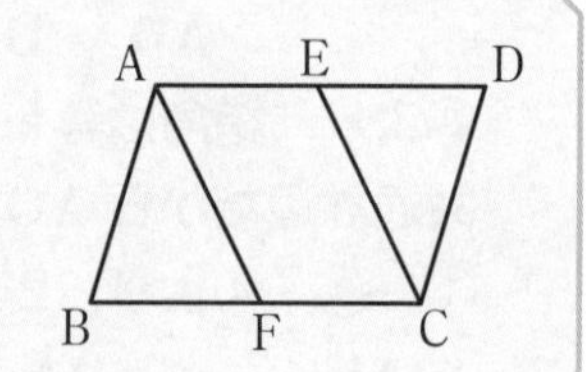

この証明は，最初戸惑う人が多くいます。何をやっているかがわかりづらいんです。

整理しますね。まず，外側の大きい四角形は平行四辺形なんです。ということは，定義や性質はすべて成り立っています。

しかし，四角形 AFCE は，まだ四角形でしかないんです。

この四角形について，「平行四辺形になるための条件」５つのうち，どれかが成り立つことをいわなければなりません。

〔証明〕**四角形 ABCD は平行四辺形だから，**

AD // BC　…①

AD＝BC　…②

仮定より，E，F は AD，BC の中点　…③

②，③より，AE＝FC…④

こっちは平行四辺形

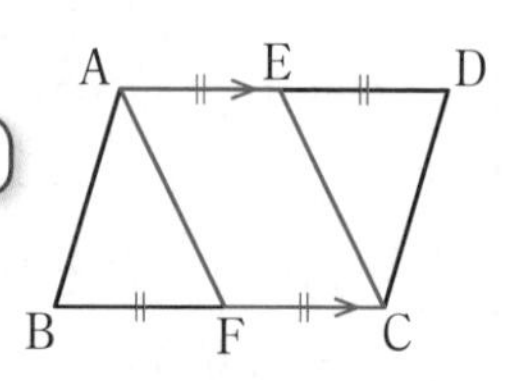

①，④より，四角形 AFCE は，　平行四辺形になるための条件

1 組の向かい合う辺が平行でその長さが等しいから，

平行四辺形である。

確認問題 72

右の図の四角形 ABCD，BEFC は，ともに平行四辺形である。

四角形 AEFD が平行四辺形であることを，次のように証明した。□をうめて完成させなさい。

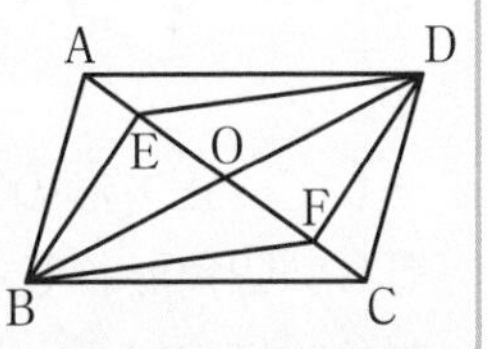

〔証明〕四角形 ABCD は平行四辺形だから，

AD ∥ □ …①　　AD＝□ …②

四角形 BEFC は平行四辺形だから，

BC ∥ □ …③　　BC＝□ …④

①，③より，AD ∥ □ …⑤

②，④より，AD＝□ …⑥

⑤，⑥より，四角形 AEFD は，

□から，平行四辺形である。

例題 105

右の図の四角形 ABCD は平行四辺形で，対角線の交点を O とする。対角線 AC 上に，OE＝OF となる点E，F を図のようにとるとき，四角形 BFDE は平行四辺形であることを証明しなさい。

これも，初めに条件を整理します。

外側の四角形 ABCD は平行四辺形といっています。この平行四辺形 ABCD の対角線を考えて，OB＝OD がいえますね。

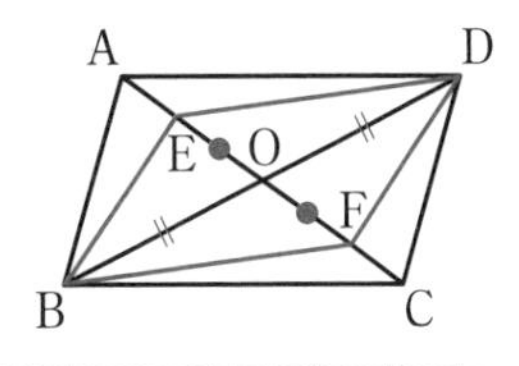

OE＝OF なので，対角線がそれぞれの中点で交わります。

〔証明〕**平行四辺形 ABCD の対角線はそれぞれの中点で交わるから，**

OB＝OD …①

仮定より，OE＝OF…②

①，②より，四角形 BFDE は，

対角線がそれぞれの中点で交わるので，平行四辺形である。

特別な平行四辺形

イントロダクション

- **特別な平行四辺形とは** ➡ 長方形・ひし形・正方形の定義を知る
- **対角線の性質** ➡ どんな性質があるか
- **平行四辺形が長方形・ひし形・正方形になる条件** ➡ 必要な条件は何か

特別な平行四辺形の定義と性質

皆さんは，長方形の定義は何だと思いますか？
つまり，どんな四角形のことを長方形というと思いますか？

角が全部 90°の四角形のことだと思います。

そうですね。正確には，「4つの角がすべて等しい四角形」というのが，長方形の定義です。360°÷4＝90°なので，全部直角になりますね。それに対して，「4つの辺がすべて等しい四角形」というのが，ひし形の定義です。

そして，正方形の定義は，「4つの角がすべて等しく，4つの辺がすべて等しい四角形」です。

対角線について，長方形では長さが等しく，ひし形では垂直に交わり，正方形では長さが等しくて垂直に交わります。

たくさん出てきましたから，ここでまとめます。

	長方形	ひし形	正方形
定義	4つの角がすべて等しい四角形	4つの辺がすべて等しい四角形	4つの角がすべて等しく，4つの辺がすべて等しい四角形
対角線	対角線の長さが等しい	対角線が垂直に交わる	対角線の長さが等しく，垂直に交わる

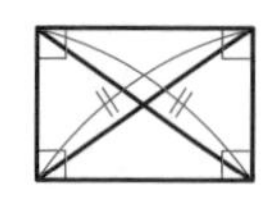
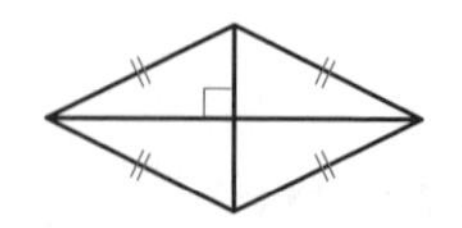
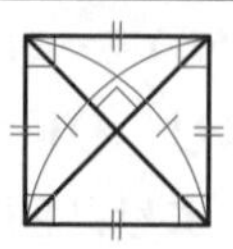

そして，これらは，平行四辺形の定義や性質がすべて成り立っています。

例題 106

右の四角形 ABCD は平行四辺形で，対角線の交点を O とする。次の条件が加わると，どんな四角形になるか。最も適する名称を答えなさい。

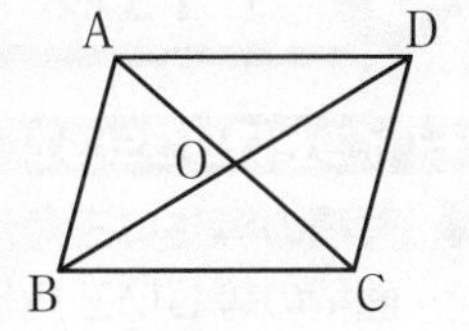

(1) AC＝BD

(2) ∠AOD＝90°

(3) ∠A＝∠B

(4) AB＝AD，∠A＝∠B

(1) 平行四辺形の対角線の長さが等しくなると，長方形になります。

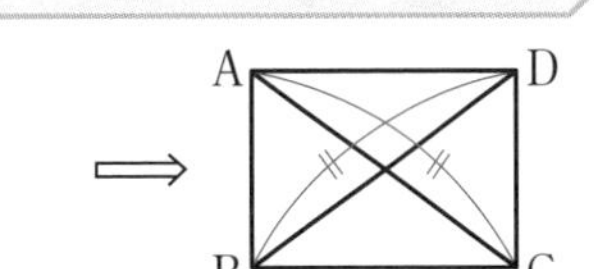

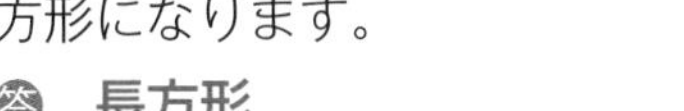

答 **長方形**

(2) 平行四辺形の対角線が垂直に交わると，ひし形になります。

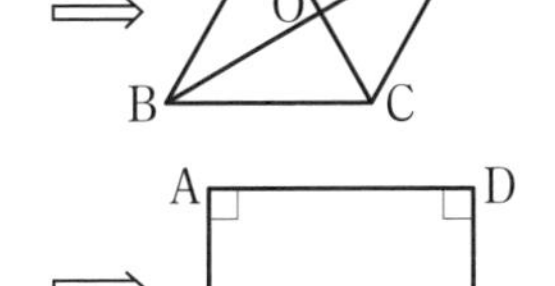

答 **ひし形**

(3) 平行四辺形の向かい合う角は等しいので，それに∠A＝∠B が加わると，∠A＝∠B＝∠C＝∠D となります。

よって，**長方形** 答

(4) 平行四辺形の向かい合う辺は等しいので，AB＝AD が加わると，4 辺がすべて等しくなります。

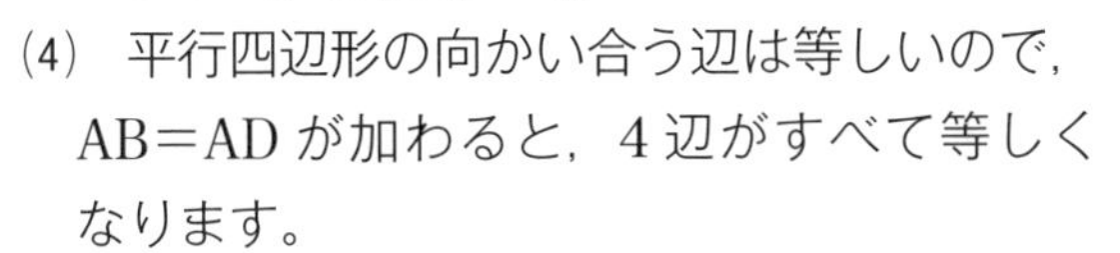
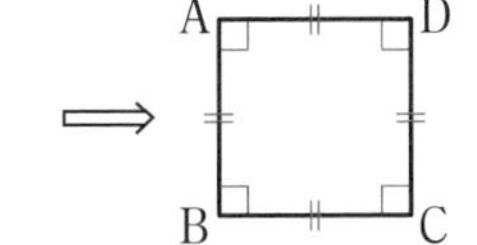
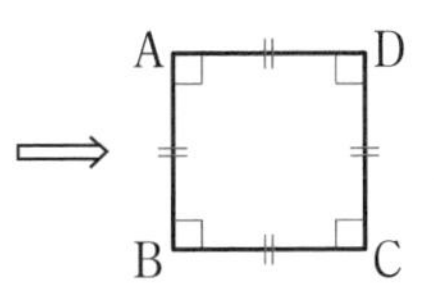

また，向かい合う角は等しいので，それに∠A＝∠B が加わると，4 つの角がすべて等しくなります。

よって，**正方形** 答

確認問題 73

次の条件にあてはまるものに○印をつけなさい。

	平行四辺形	長方形	ひし形	正方形
対角線がそれぞれの中点で交わる				
対角線の長さが等しい				
対角線が垂直に交わる				
4 つの辺がすべて等しい				
4 つの角がすべて等しい				

平行線と面積

イントロダクション

- 面積の等しい三角形とは ➡ 何が成り立つとき面積が等しいか
- 面積の等しい三角形の発見 ➡ 平行線の利用法を知る
- 等積変形 ➡ 平行線を利用し，三角形の面積をかえずに形をかえる

面積の等しい三角形

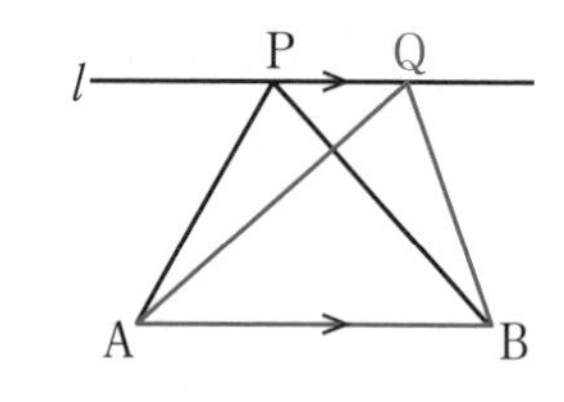

右の図の△PABと△QABの面積を比較してみます。

底辺はABで共通ですね。

l // ABであるならば，この2つの三角形の高さも等しいはずです。

このように，平行線を利用すると，面積が等しい三角形を簡単に作ることができます。

△PABと△QABは，合同とは限りませんが，面積が等しいです。

このとき，△PAB＝△QABと書きます。「≡」は使えないのです。

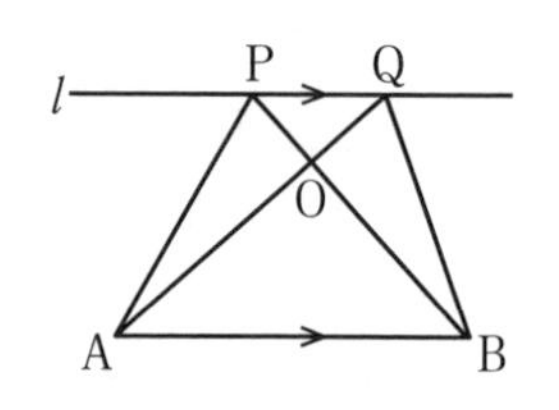

l // AB ならば，△PAB＝△QABであることがわかりましたね。

では，その2つの三角形それぞれから，

△OABをとり除いた三角形の面積も等しくなるはずです。

右の図でいえば，どの三角形とどの三角形の面積が等しくなりますか？

△OABをとり除くと，△PAO＝△QBOになります。

その通りです。これも見つけられるようにしましょう。まとめます。

l // ABであるとき

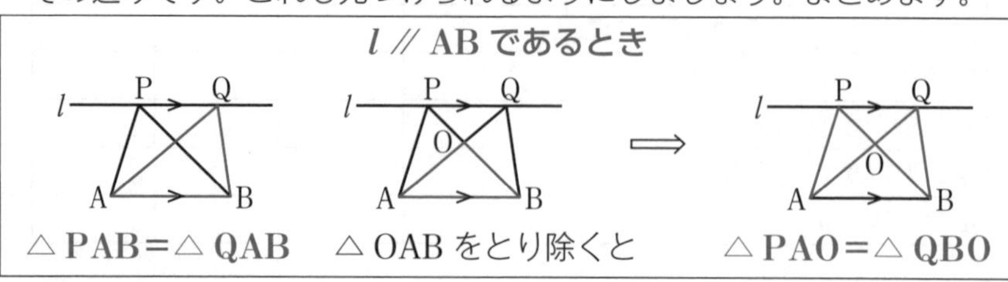

例題 107

右の図は，AD // BC の台形 ABCD で，AC と BD の交点を O とする。このとき，次の三角形と面積が等しい三角形を答えなさい。

(1) △ABC　(2) △ABD　(3) △AOB

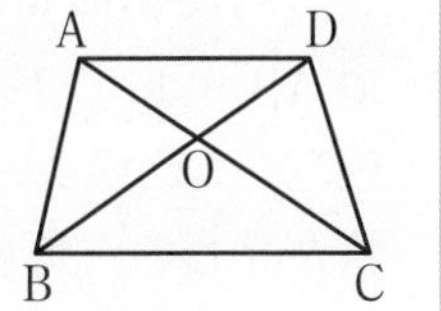

(1) AD // BC なので，△ABC＝△DBC　答 △**DBC**

(2) BC // AD なので，△ABD＝△ACD　答 △**ACD**

(3) △ABC＝△DBC で，そのそれぞれから△OBC をとり除けば，

△AOB＝△DOC　答 △**DOC**　基本はわかったでしょうか。

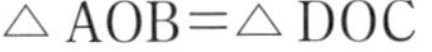

面積が等しい三角形を表すとき，対応の順はありますか？

いいえ，ありません。合同ではないので，頂点の順序は自由ですよ。

例題 108

右の図の△ABC において，辺 AB，BC 上にそれぞれ点 D，E を，DE // AC となるようにとる。AE と DC の交点を F とするとき，次の三角形と面積が等しい三角形を答えなさい。

(1) △ADE　(2) △ADF　(3) △ABE

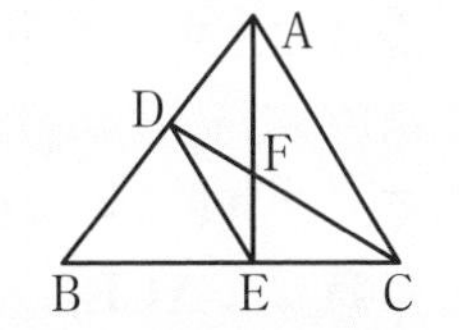

(1) AC // DE なので，△ADE＝△CDE　答 △**CDE**

(2) △ADE＝△CDE で，そのそれぞれから△FDE をとり除けば，

△ADF＝△CEF　答 △**CEF**

(3) △ADE＝△CDE で，それぞれに△BDE をつけ加えれば，△ABE＝△CDB です。

△**CDB**　答

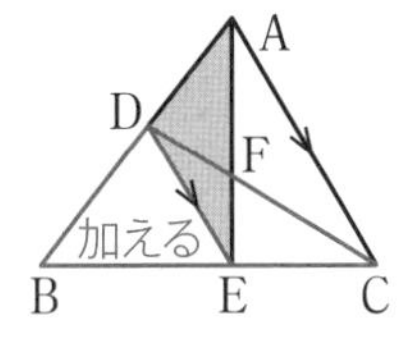

確認問題 74

右の図で，四角形 ABCD は AD // BC の台形である。点 E を辺 BC 上にとり，AC と BD の交点を O とするとき，次の三角形と面積が等しい三角形を答えなさい。

(1) △ABC　(2) △AEC　(3) △AOB　(4) △ABE

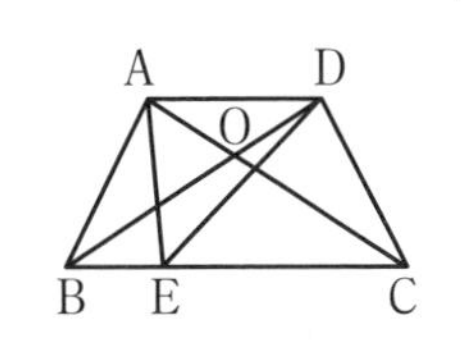

例題 109

右の図の四角形 ABCD は平行四辺形で，辺 AB 上に点 E，辺 BC 上に点 F があり，EF // AC である。このとき，△ ADE と面積が等しい三角形をすべて答えなさい。

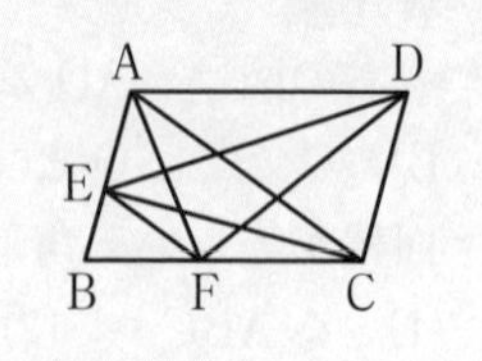

平行線を利用して，面積が等しい三角形を発見する問題です。

まず，平行線が何組あるかを考えます。

AB // DC，AD // BC，EF // AC の 3 組ありますね。

そのそれぞれに注目して，面積が等しい三角形をさがしていきます。

まず，**DC // AB** より，**△ ADE＝△ ACE** です。

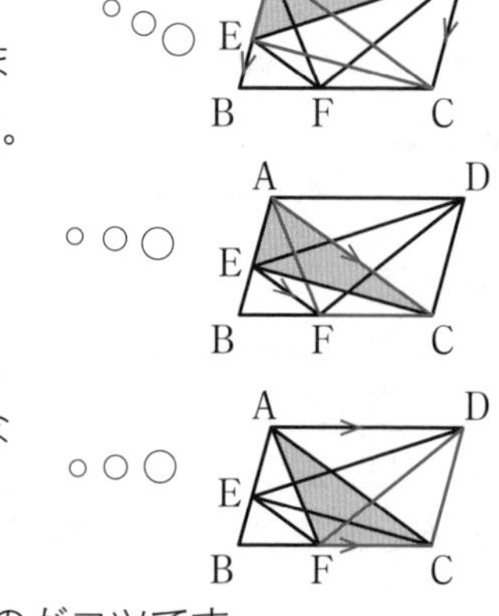

次に，主役の三角形を△ ACE にしてみます。△ ACE の辺と平行な直線をさがします。

すると，**EF // AC** が見つかりました。

したがって，**△ ACE＝△ AFC** です。

最後に，主役の三角形を△ AFC にして，△ AFC の辺と平行な直線は **AD // BC** なので，**△ AFC＝△ DFC** とわかります。

答 **△ ACE，△ AFC，△ DFC**

このように，**辺と平行な直線に注目する**のがコツです。

確認問題 75

右の図の四角形 ABCD は平行四辺形で，BD // l である。DA の延長と l との交点を E，BA の延長と l との交点を F とするとき，△ CDE と面積の等しい三角形をすべて求めなさい。

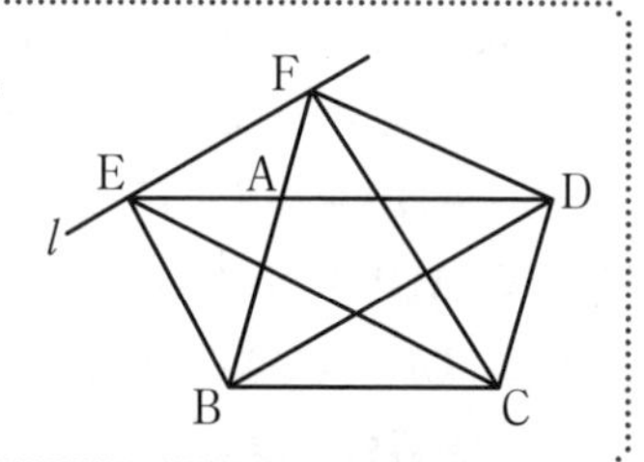

等積変形

ここまでは，平行線に注目して，面積が等しい三角形を見つけました。

今度は，自分で平行線をひいて，面積が等しい三角形を作ることをやります。

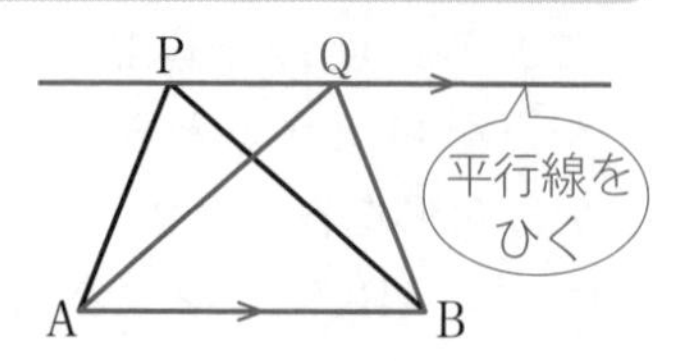

そのことを，**等積変形**（とうせきへんけい）といいます。

例題 110

右の図のような折れ線 ABC を境界線とする㋐，㋑2つの土地がある。㋐，㋑の面積を変えないで，境界線を点 A を通る直線に変えたい。そのような直線を図にかきなさい。

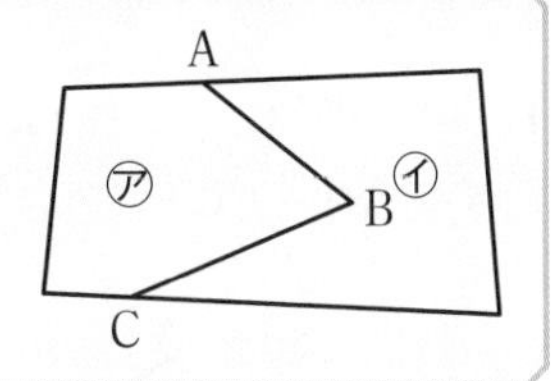

イメージわきますか？　境界線の場所が悪くて使いづらそうな土地ですね。いったん，A と C を結びます。

そして，左の土地に△ ABC の面積と同じだけ，つけてあげればよいですね。そこで，平行線をひいて，**△ ABC を等積変形**します。

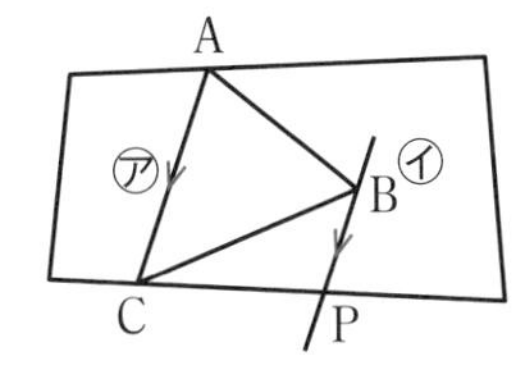

B を通って，AC と平行な直線をひき，図のように点 P をとります。このあとどうすれば良いでしょうか？

A と P を結べば，△ ABC＝△ APC となります。

その通りです。

したがって，右の図の直線 AP を境界線にすればよい，とわかります。必ず，平行の記号は書いてください。

答

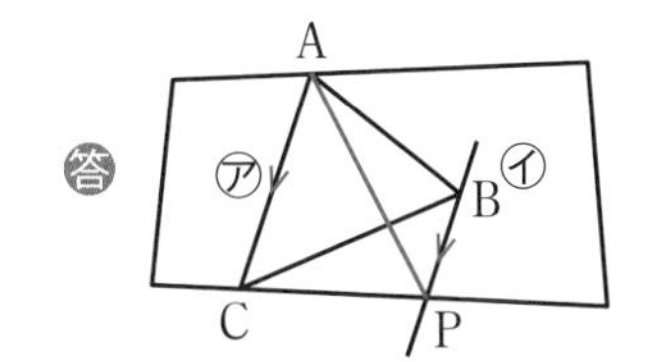

例題 111

右の四角形 ABCD と同じ面積で，頂点 E を BC の延長上にもつ△ ABE を書きなさい。

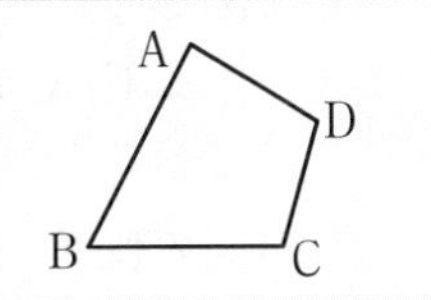

BC を延長しておきましょう。そして，いったん A と C を結びます。△ ABC と△ ADC に分割されました。

D を通って，AC と平行な直線をひき，BC の延長との交点を E とします。

A と E を結べば，△ AEC＝△ ADC なので，△ ABE は，もとの四角形と面積が等しくなります。

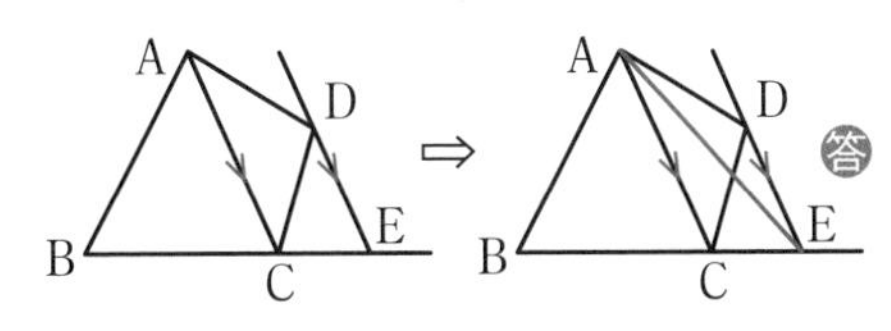

三角形と四角形まとめ

定期テスト対策 A

▶解答：p.227

1. 次の図で，$\angle x$，$\angle y$ の大きさを求めなさい。

(1) AB＝AC

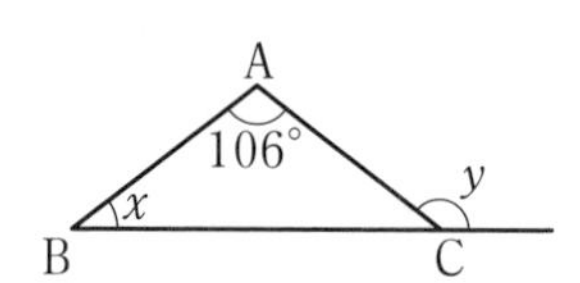

(2) AB＝AC，DA＝DC

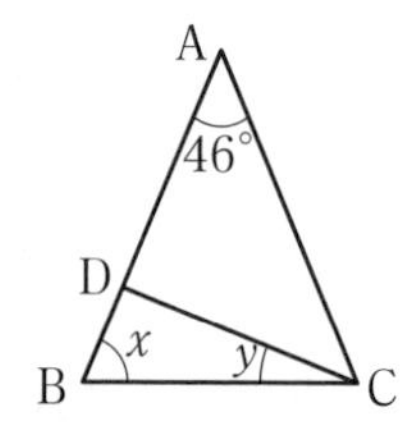

2. 右の図において，AB＝DC，AC＝DB である。AC と DB の交点を E とするとき，△EBC が二等辺三角形であることを，次のように証明した。□をうめて，証明を完成させなさい。

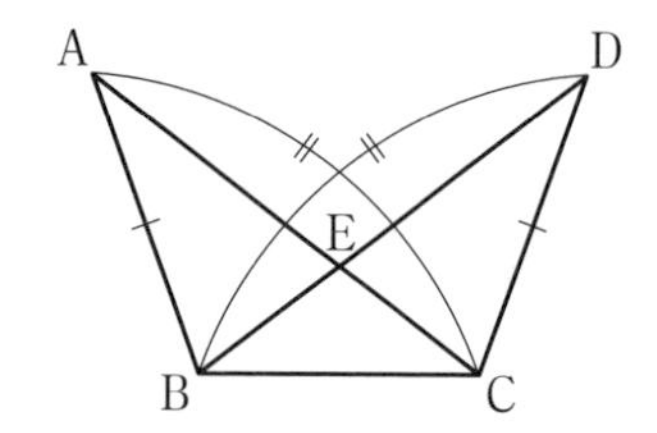

〔証明〕△ABC と△□において，

仮定より，AB＝□ …①

仮定より，AC＝□ …②

共通な辺だから，BC＝□ …③

①，②，③より，□（合同条件）から，

△□≡△□

合同な図形の対応する角は等しいから，∠ECB＝∠□

よって，△EBC は 2 つの角が等しいから，二等辺三角形である。

3. 右の図の直角三角形 ABC において，辺 AC 上に点 D をとり，D から辺 BC に垂線 DE を下ろした。

DA＝DE であるとき，

∠ABD＝∠EBD であることを証明しなさい。

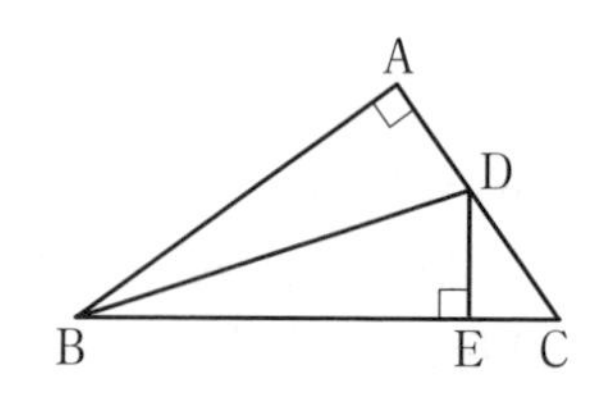

4. 次の平行四辺形 ABCD において，x，y の値を求めなさい。

(1)

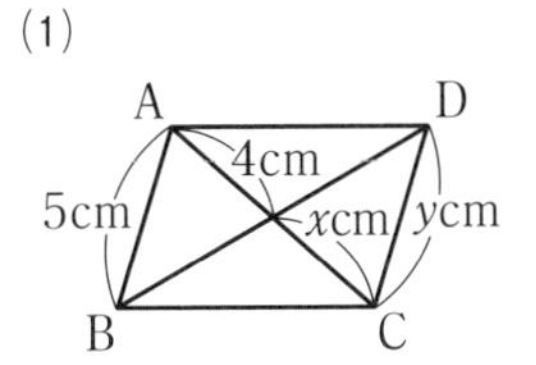

(2)

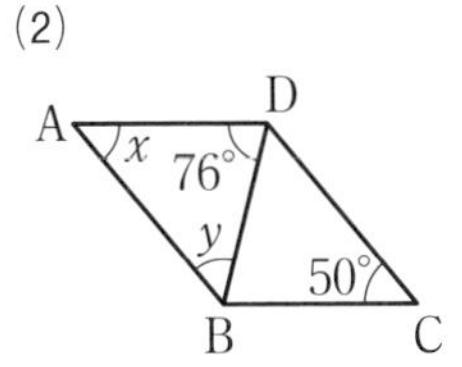

(3)

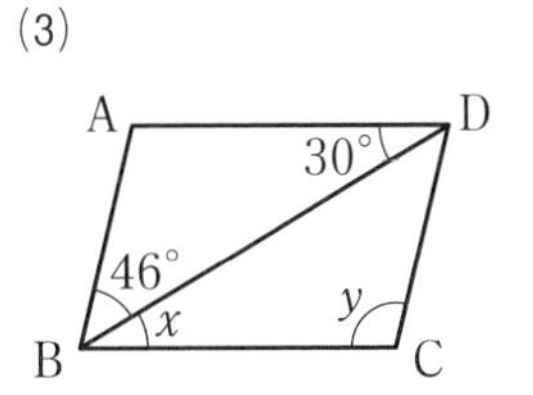

5. 次の四角形 ABCD において，必ず平行四辺形といえる場合は○，いえない場合は×を書きなさい。

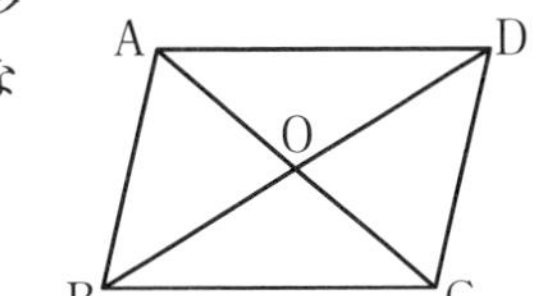

(1) AD＝BC，AD ∥ BC

(2) AD＝BC，AB ∥ DC

(3) AB＝AD，CB＝CD

(4) ∠A＝∠C，∠B＝∠D

(5) ∠A＝∠B，∠C＝∠D

(6) AO＝CO，BO＝DO

6. 次の文の□に最も適する四角形の名称を入れなさい。

(1) 4つの辺がすべて等しい四角形を□という。

(2) 2組の向かい合う辺がそれぞれ等しい四角形は□である。

(3) 対角線がそれぞれの中点で交わり，対角線の長さが等しい四角形は□である。

(4) 4つの辺がすべて等しく，4つの角がすべて等しい四角形は□である。

7. 右の図において，四角形 ABCD は面積が 20cm^2 の平行四辺形である。辺 BC 上に点 E，辺 AD 上に点 F，G をとるとき，△BEF と △ECG の面積の和を求めなさい。

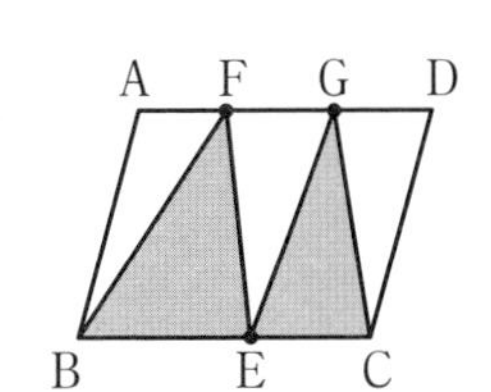

三角形と四角形まとめ

定期テスト対策B

▶解答：p.229

1.　次の図の△ABCにおいて，(1)はAB＝ACの二等辺三角形，(2)は正三角形である。$\angle x$の大きさを求めなさい。

(1)

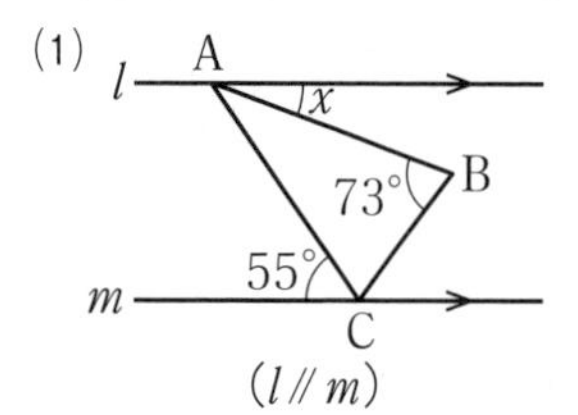

(2)

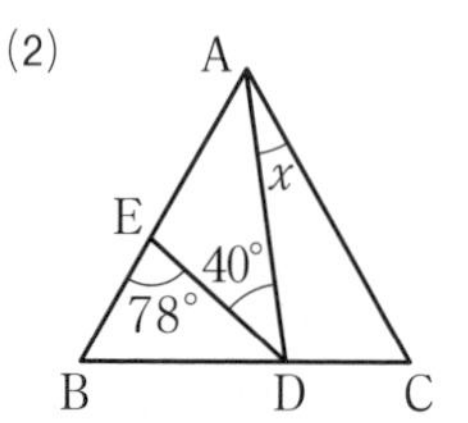

2.　右の図の四角形ABCDは正方形，△EBCは正三角形である。
$\angle x$，$\angle y$の大きさを求めなさい。

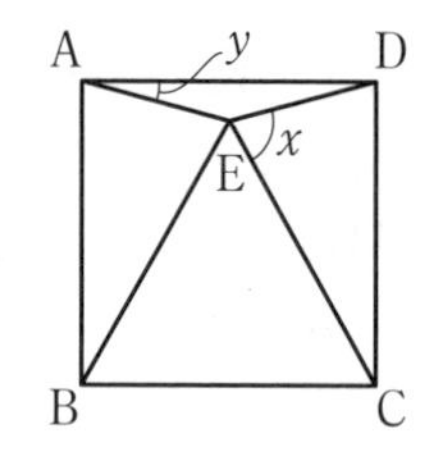

3.　右の図で，△ABCと△CDEはともに正三角形である。このとき，BE＝ADであることを，次のように証明した。□をうめて証明を完成させなさい。

〔証明〕△BCEと△□において，
正三角形ABCの辺は等しいから，
BC＝□　…①
正三角形CDEの辺は等しいから，
CE＝□　…②
∠BCE＝∠BCA＋∠ACE＝□°＋∠ACE
∠ACD＝∠ACE＋∠ECD＝∠□＋60°
よって，∠BCE＝∠□　…③
①，②，③より，□から，
△BCE ≡△□
合同な図形の対応する辺は等しいから，□＝□

4.　右の図の△ABCは，∠A＝90°の直角二等辺三角形である。頂点Aを通る直線lに，頂点B，Cから垂線BD，CEをひくとき，BD＝AEであることを，次のように証明した。□をうめて証明を完成させなさい。

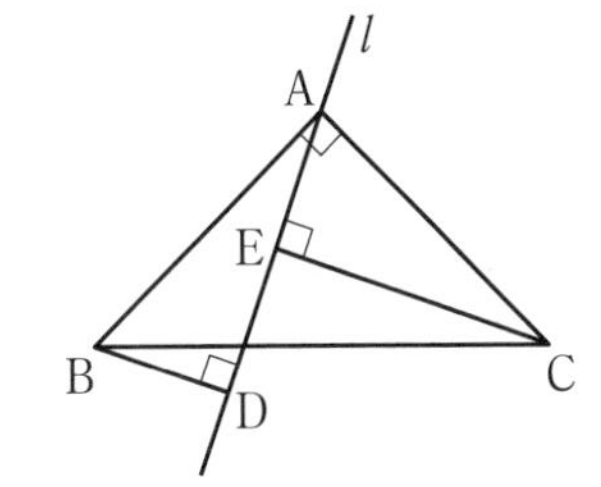

〔証明〕△ABDと△□において，
　仮定よりAB＝□　…①
　∠BAC＝90°より，∠BAD＋∠CAE＝90°
　よって，∠BAD＝90°－∠□　…②
　∠CEA＝90°より，∠ACE＋∠CAE＝90°
　よって，∠ACE＝90°－∠□　…③
　②，③より，∠BAD＝∠□　…④
　仮定より，∠BDA＝∠□＝□°…⑤
　①，④，⑤より，直角三角形の□から，
　△ABD≡△□　　したがって，□＝□

5.　右の図の平行四辺形ABCDにおいて，対角線の交点をOとする。BO，DOの中点をそれぞれE，Fとするとき，四角形AECFは平行四辺形であることを証明しなさい。

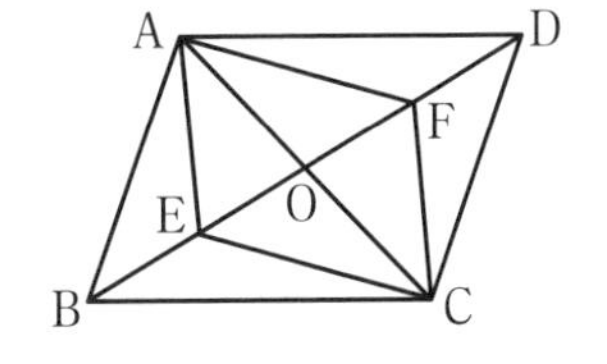

6.　右の図の四角形ABCDは，AD∥BCの台形である。辺BC上に，AE∥DCとなる点Eをとり，AEとBDの交点をFとするとき，次の三角形と面積が等しい三角形をすべて答なさい。

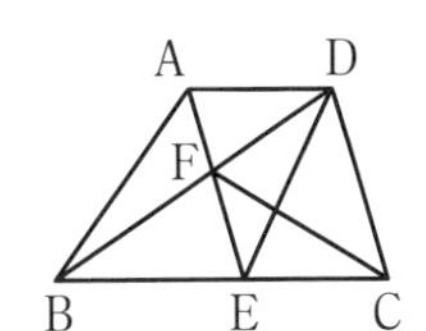

(1)　△CEF
(2)　△ABE

第6章 データの活用

テーマ1 データの比較

イントロダクション

- 四分位数を求める ➡ 求め方を正確に理解する
- 箱ひげ図をかく ➡ かき方のルールを知る
- データの特徴 ➡ ヒストグラムと箱ひげ図の関係を知る

四分位数

データの分布の特徴をつかむ方法について学びます。

ある日，9人の生徒に数学の小テストを行い，次のような結果でした。

生徒	A	B	C	D	E	F	G	H	I
得点	5	8	4	9	5	10	4	9	9

並べかえ↓　データがバラバラなときは，得点順に並べかえます。

生徒	C	G	A	E	B	D	H	I	F
得点	4	4	5	5	8	9	9	9	10

さて，このデータの最大値は10点，最小値は4点です。

そして，データの最大値から最小値をひいた差を，データの**範囲**（はんい）といいます。このデータでは，範囲は6点ということになります。

次に，平均値を求めてみます。

$(4+4+5+5+8+9+9+9+10)\div 9=7$(点)と求まります。

最頻値は，**最も多くの人が取った得点**ですね。9点の人が最も多いので，最頻値は9点です。

中央値は，**得点順に並べたときのまん中の人の得点**です。したがって，5番目のBさんの得点8点が中央値となります。

もし，人数が偶数だったら，中央値はどう求めるか覚えていますか？

確か，まん中の2人の平均だったと思います。

その通りです。よく覚えていましたね。たとえば，10人いたら，5番目の人と6番目の人の得点の平均が中央値となります。

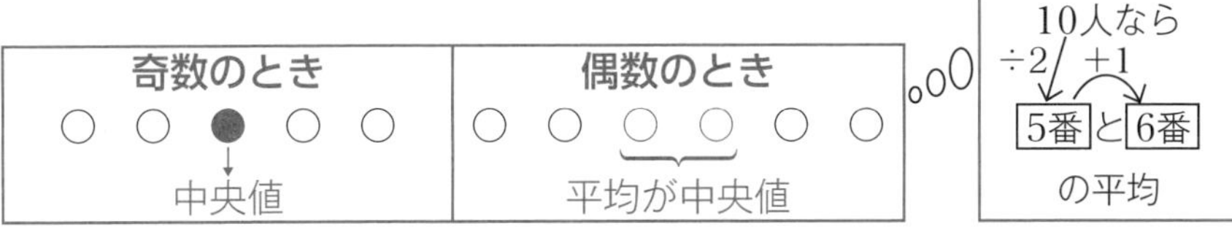

データを値の大きさの順に並べたとき，4 等分する位置にくる値のことを**四分位数**（しぶんいすう）といいます。4 つに分けるから，この名称がついたんです。小さい方から順に，**第 1 四分位数**，**第 2 四分位数**，**第 3 四分位数**といいます。

このデータで，これらを求めてみましょう。

まず，第 2 四分位数から求めます。この第 2 四分位数とは，このデータの中央値のことなのです。したがって 8 点となります。

第 1 四分位数はそれより下の 4 人の得点の中央値で，第 3 四分位数はそれより上の 4 人の得点の中央値です。

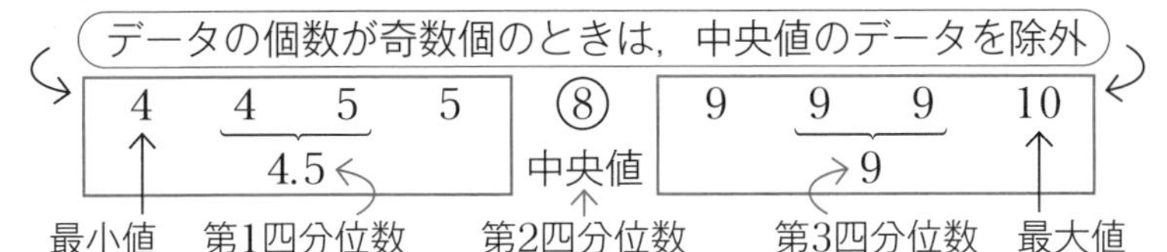

第 3 四分位数から第 1 四分位数をひいた差のことを，**四分位範囲**といいます。このデータの四分位範囲は 9−4.5＝4.5(点)です。

四分位数の求め方はわかったでしょうか。もう 1 問練習しましょう。

例題 112

次のデータについて，四分位数を求めなさい。

4，5，5，7，8，9，10，10，11，12

まず，中央値を求めます。

データの個数が 10 個なので，小さい方から 5 番目と 6 番目の値の平均で，(8＋9)÷2＝8.5　これが第 2 四分位数です。

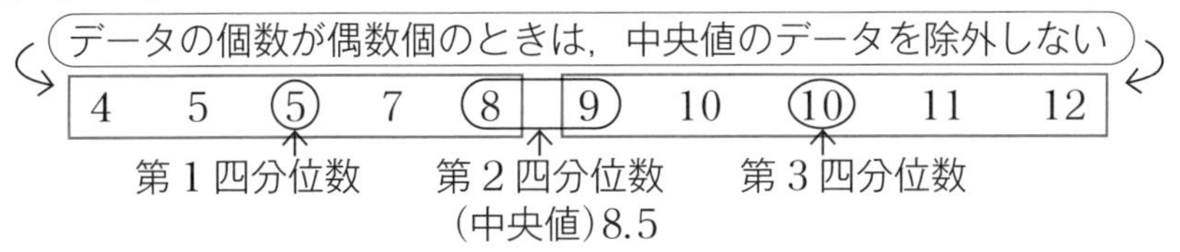

答　第 1 四分位数 5，第 2 四分位数 8.5，第 3 四分位数 10

確認問題 76

次のデータについて，四分位数，四分位範囲を求めなさい。

5，6，8，9，11，11，13，15，16，17，19，20

四分位数の求め方をまとめておきます。

①データの中央値を求める
→第 2 四分位数

②右の図のように，中央値を境にして，データの個数を 2 等分する

③最小値を含む方の中央値を求める
→第 1 四分位数

④最大値を含む方の中央値を求める
→第 3 四分位数

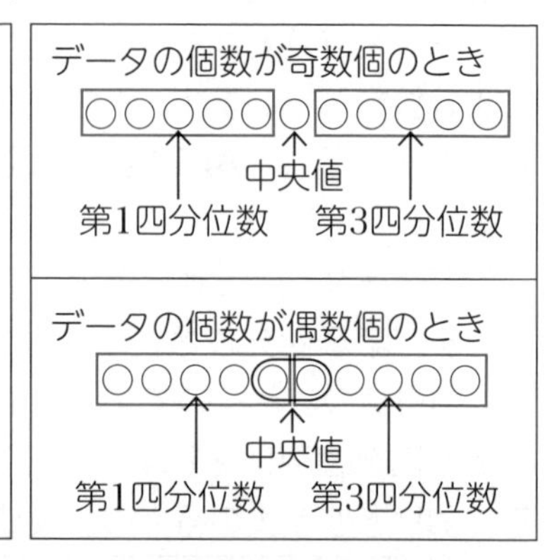

箱ひげ図

データの分布がわかりやすくなるよう，図でまとめる方法の 1 つとして，**箱ひげ図**を用いることがあります。

箱ひげ図は，3 つの四分位数と最小値，最大値を使って書きます。

前ページの例題 112 を用いて，箱ひげ図を作ってみましょう。

最小値 4，最大値 12，第 1 四分位数 5，第 2 四分位数 8.5，第 3 四分位数 10 でした。平均値を計算すると，8.1 です。下のようになります。

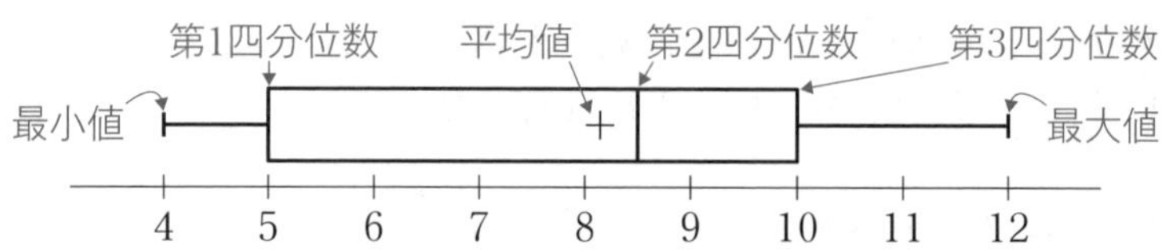

箱の幅には，どんな意味があるんですか？

「約半数のデータがそこに入っている」ということがいえるのです。

そして，この箱の幅は，第 3 四分位数と第 1 四分位数の差なので，四分位範囲を表しています。 **箱の幅➡四分位範囲**

データがどのくらい集中しているのかが一目でわかるので，データどうしを比較しやすいわけです。

確認問題 77

次のデータは，ある中学生 12 人の通学時間を調べたものである。箱ひげ図を書きなさい。

5，7，10，12，12，13，14，14，17，19，21，24 （分）

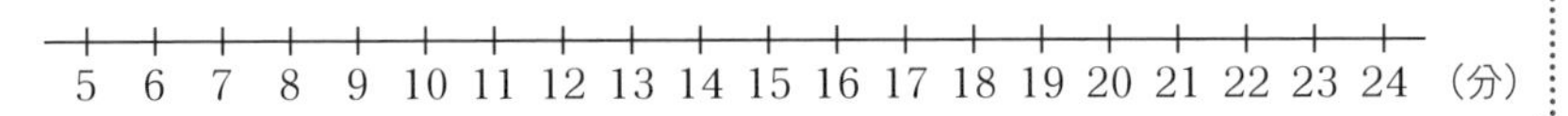

次に，ヒストグラムと箱ひげ図の関係について，考えてみよう。

例題 113

あるグループで，10 点満点のゲームを行った。そのヒストグラムから，正しい箱ひげ図を，ア～エの中から選びなさい。

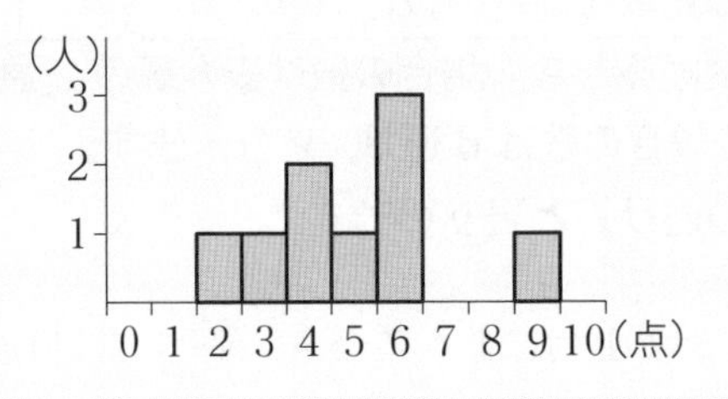

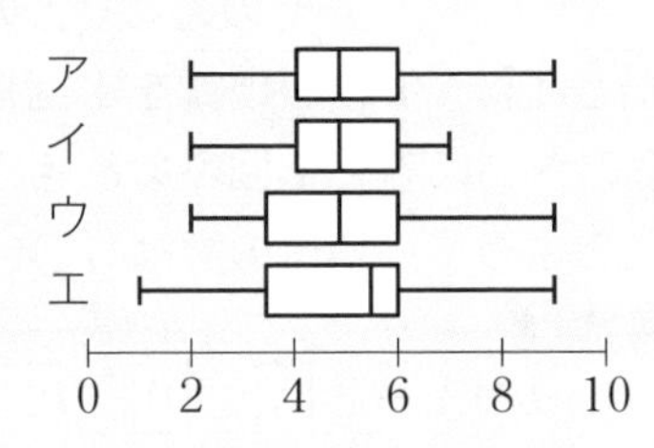

最小値は 2 点，最大値は 9 点ですね。

そうなっていないイとエは除外します。合計で 9 人なので，中央値は小さい方から 5 番目の値で 5 点です。

第 1 四分位数は 2 番目と 3 番目の平均で 3.5 点，第 3 四分位数は 7 番目と 8 番目の平均で 6 点。したがって，正しい箱ひげ図は，**ウ** 答

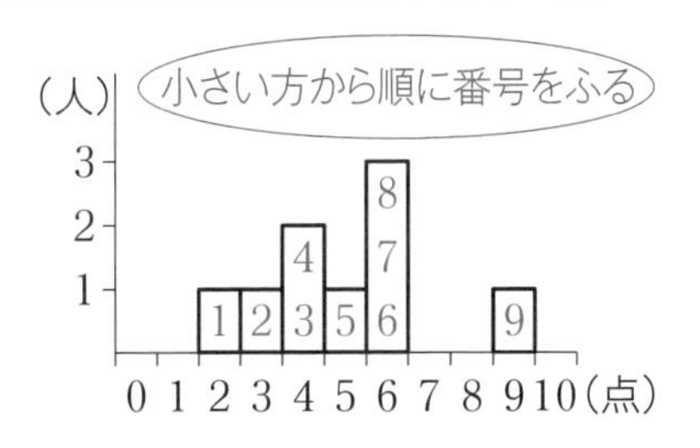

確認問題 78

下のヒストグラムに対応する箱ひげ図を，ア～エからそれぞれ選びなさい。

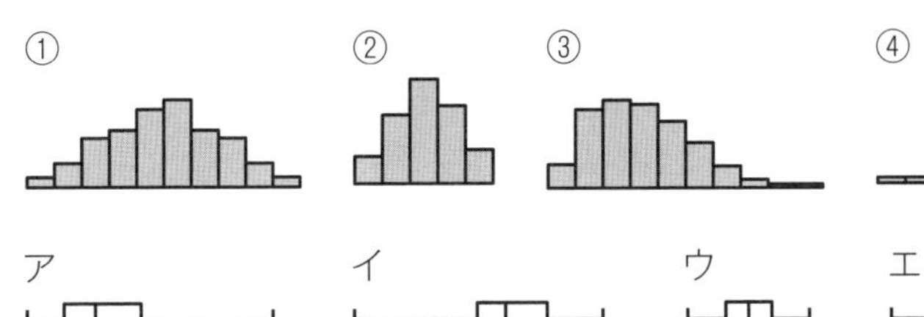

テーマ
2 場合の数

イントロダクション

◆ 場合の数を正確に数え上げる ➡ 数え上げ方をマスターする
◆ 場合の数を計算によって求める ➡ 積の法則を用いる
◆ 条件に合った場合の数を求める ➡ 積の法則の応用

場合の数を数え上げる

「場合の数」の意味から説明しましょう。

場合の数とは…あることがらがいくつかの起こり方をするとき，
その起こり方の総数を場合の数という。

たとえば，1 枚の硬貨を 1 回投げるとき，場合の数は表か裏の 2 通り，1 個のさいころを 1 回ふるときの場合の数は 6 通り，となります。

このように，場合の数は**「〇〇通り」と表す**のです。

例題 114

3 枚のカード A，B，C を横 1 列に並べるとき，並べ方は何通りあるか求めなさい。

順序よく整理して数えていきます。

数えモレ，ダブリがないように数えていかなければなりません。

A < B―C, C―B　　B < A―C, C―A　　C < A―B, B―A

このように数えると，正確に求められます。したがって，**6 通り** 答

この図を**樹形図**（じゅけいず）といいます。

順序を決めて，枝分かれさせるんですね。

はい，そうです。

たとえば，100 円硬貨と 10 円硬貨の 2 枚を投げるときの場合の数は，右の樹形図より，4 通りです。樹形図の書き方はわかったでしょうか。

100円　10円
表 < 表, 裏
裏 < 表, 裏

樹形図は，場合の数を数え上げるときの基本です。

書き方に慣れておいてください。

例題 115

次の場合の数をそれぞれ求めなさい。

(1) 大小 2 つのさいころを同時に投げるとき，出た目の数の和が 10 以上となる。

(2) A，B，C，D，E の 5 人から 2 人の選手を選ぶ。

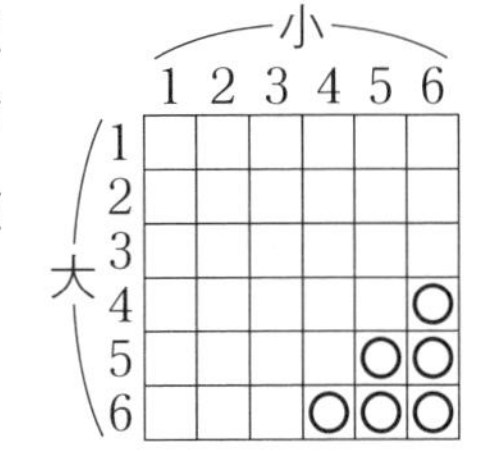

(1) さいころ 2 個を投げる問題は，**表を作る**と簡単です。右のような 6×6＝36 マスの表を作り，和が 10 以上になるところに○印を書きます。○印の数を数えて，**6 通り** 答と求まります。

(2) 2 人を選ぶだけで，並べるわけではありません。そういう場合は，**書き出し**が簡単です。

(A，B)，(A，C)，(A，D)，(A，E)，(B，C)，
(B，D)，(B，E)，(C，D)，(C，E)，(D，E)

の **10 通り** 答です。

(A，B)と書いたら，(B，A)は書かないんですね。

はい，同じ選手ですね。これが選ぶ(並べない)ときの注意点です。
これで，場合の数の数え上げ方が出そろいました。まとめておきます。

場合の数を求めるのに便利な数え上げ方

①樹形図を書く	②表を作る	③書き出す
• 数え上げの基本 • 並べるときなど	• さいころを2個投げるときなど	• 選ぶ(並べない)ときなど

確認問題 79

次の問に答えなさい。

(1) [1]，[2]，[3]，[4] のカードが 1 枚ずつある。このカードから 2 枚取り出して並べて 2 けたの整数をつくるとき，何通りできるか。

(2) 大小 2 つのさいころを同時に投げるとき，出た目の数の積が 12 となるのは，何通りあるか。

(3) A，B，C，D の 4 人から 2 人の委員を選ぶとき，選び方は何通りあるか。

場合の数を計算によって求める

例題 116

次の問に答えなさい。

(1) 1, 2, 3, 4, 5 の 5 枚のカードから 3 枚を選んで並べて，3 けたの整数をつくるとき，何通りできるか。

(2) A, B, C, D の 4 人が一列に並ぶとき，並び方は何通りあるか。

(1) 樹形図を書くと，右のようになります。

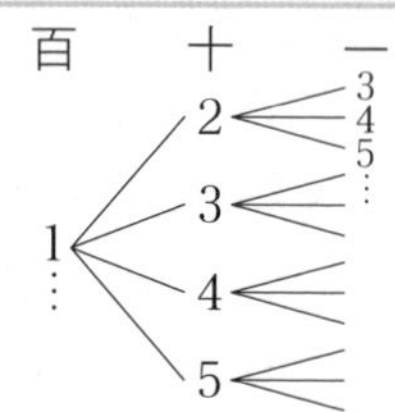

数が多くて大変です！

そうですよね。数が多くなると，樹形図で解くのがたいへんになってきます。そこで，別の考え方を用いた解き方を説明しましょう。

積の法則	ことがら A の起こり方が a 通りで，そのそれぞれについて ことがら B の起こり方が b 通りであれば， **A かつ B の起こり方は $a \times b$ 通り**　これを積の法則という

右のように，マス目を作って，カードを置いていく，と考えてみます。

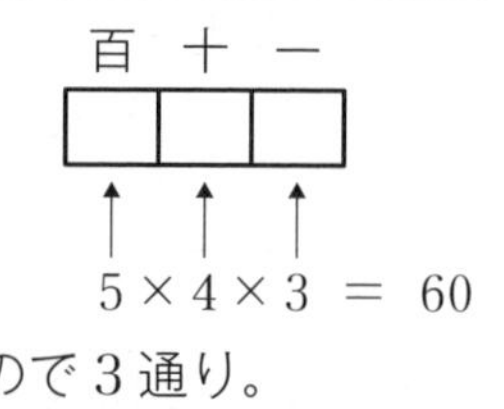

百の位に入る数字は 5 通り，そのそれぞれについて，十の位に入る数字は，百の位に入った数字以外の 4 通り。一の位には残りの 3 つの数字が入れるので 3 通り。

百の位に数字を入れ，かつ十の位に入れ，かつ一の位に入れる場合の数は，積の法則より，$5 \times 4 \times 3 = $**60（通り）** 答　と求まります。

積の法則により，百の位には 5 通りでかつ十の位には 4 通りで…という場合の数が求められるのです。

並べる場合の数の求め方
並べる問題は
マス目を作って積の法則

(2) これも「マス目を作って積の法則」でやってみます。4 人なので 4 マスです。①にくる人は 4 通りで，②にはそれ以外の 3 通りが入ります。③には，残りの 2 人が入れるので 2 通り。④には，最後の 1 人で 1 通り。

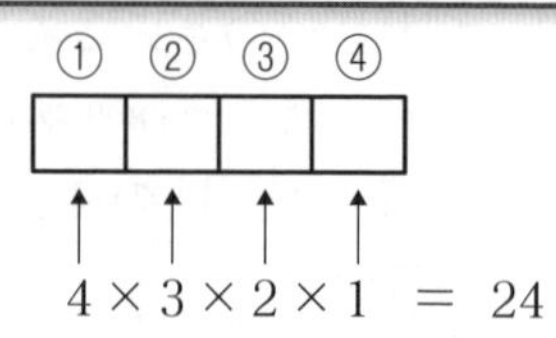

積の法則より，$4 \times 3 \times 2 \times 1 = $**24 通り** 答　樹形図より楽ですね。

これって，1つずつ減る整数の積になっているんですか？

はい，特別な条件がつかない限り，そうなります。では，どんな条件がつくと変わるのかを，次の例題でみてみましょう。

例題 117

次の問に答えなさい。

(1) 0，1，2，3，4の数字が書かれたカードが1枚ずつある。この5枚のカードから3枚とって並べ，3けたの整数をつくるとき，何通りできるか求めなさい。

(2) 1，2，3，4，5の数字が書かれたカードが1枚ずつある。この5枚のカードから3枚とって並べ，3けたの整数をつくるとき，偶数は何通りできるか，求めなさい。

(1) マス目をつくります。

この問題のポイントは，**百の位には0が入ってはいけない**ことです。

したがって，百の位は0以外の4通り。

十の位には百の位に入れた数字以外の4通り(0もOK)。そして一の位は残った3通り。よって，$4\times4\times3=48$(通り) 答

百	十	一
0以外		

$4\times4\times3=48$

式が変わりましたね。

(2) この問題のポイントは，**一の位に偶数を入れる**ことです。

こういうときは，制約がある一の位から先に調べます。　①→②→③の順に数を入れる

一の位は2か4の2通り，百の位は残った4通り，十の位は3通りとなります。

百	十	一
		2か4

② ③ ①

$4\times3\times2=24$

$2\times4\times3=24$(通り) 答　**条件の制約がある方から調べる**

確認問題 80

次の問に答えなさい。

(1) A，B，C，D，Eの5人が一列に並ぶとき，並び方は何通りあるか。

(2) 0，1，2，3，4，5の6枚のカードから4枚とって並べ，4けたの整数をつくるとき，何通りできるか。

確率

イントロダクション

- 確率の意味を知る ➡ 起こりやすさの表し方，意味，性質を知る
- 確率の求め方 ➡ 場合の数との関係を知る
- 条件にあった確率を求める ➡ 並べる，取り出す

確率の意味と性質

さいころを投げるとします。起こりうるすべての場合は全部で6通りあり，そのどれが起こることも同じ程度に期待できます。

つまり，どれが出るかは均等ですね。

このようなとき，各場合の起こることは**同様に確からしい**といいます。

このとき，あることがらの起こりやすさを表す確率は，

$$(\text{確率})=\frac{(\text{あることがらが起こる場合の数})}{(\text{起こりうるすべての場合の数})}$$

で求められます。

たとえば，さいころを1回投げて偶数が出る確率は，

$$(\text{確率})=\frac{3}{6}\ \begin{matrix}\leftarrow\text{偶数の目の出方}\\ \leftarrow\text{さいころの目の出方}\end{matrix}$$

で $\frac{1}{2}$ となります。

確率には単位をつけません。

場合の数ではないので，「通り」をつけてはいけません。

さて，確率の最小について考えます。決して起こることがないことがらの確率は，いくつでしょうか？　たとえば，さいころで7が出る確率です。

$\frac{0}{6}$ なので，0だと思います。

その通りです。逆に，必ず起こることがらの確率はいくつか考えます。

たとえば，6以下の目が出る確率は $\frac{6}{6}$ で1となりますね。

$0 \leqq (\text{確率}) \leqq 1$	・決して起こらないことがらの確率は0 ・必ず起こることがらの確率は1

確率は，-1 とか $\frac{7}{6}$ のような，負の数や仮分数になったりしないのです。

あることがらが「起こる確率」と「起こらない確率」の関係を考えます。

袋の中に10個の玉が入っていて，そのうち3個の○が当たりとします。この袋から玉を1個取るとき，当たる確率は $\frac{3}{10}$ です。はずれは7個あるので当たらない確率は $\frac{7}{10}$ です。たせば1になりますね。次のことがいえるのです。

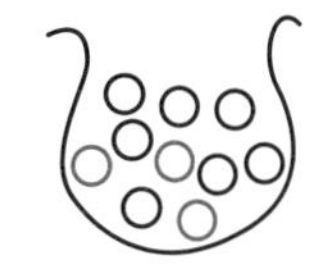

覚えよう！

ことがらAの起こる確率を p とすれば，
ことがらAが起こらない確率は $1-p$ である

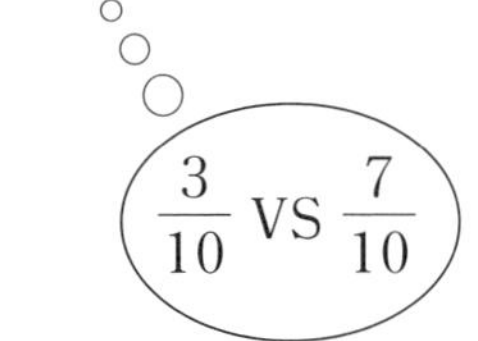

例題 118

袋の中に，1から10までの番号が書かれた同じ大きさの玉が入っている。袋から玉を1個取り出すとき，次の問に答えなさい。

(1) 5の倍数の玉を取り出す確率を求めなさい。
(2) 5の倍数でない玉を取り出す確率を求めなさい。
(3) 4の倍数または5の倍数の玉を取り出す確率を求めなさい。
(4) 4の倍数でも5の倍数でもない玉を取り出す確率を求めなさい。

玉の取り出し方は10通りです。確率の分母が10と決まりました。

(1) 5の倍数は5と10の2通りなので，$\frac{2}{10}=\frac{1}{5}$ 答

(2) 全部書き出しても求められますが，よい方法はありませんか？

(2)は(1)の反対なので，$1-\frac{1}{5}=\frac{4}{5}$ です。

その通りです。こうやって使うと楽に求められますね。

(3) 4，5，8，10の4通りなので，$\frac{4}{10}=\frac{2}{5}$ 答

(4) (3)の反対なので，$1-\frac{2}{5}=\frac{3}{5}$ 答

確認問題 81

1つのさいころを投げるとき，3の倍数が出ない確率を求めなさい。

いろいろな確率

簡単にいえば，確率は「全ての場合の数」と「求める場合の数」という2種類の場合の数を求めて，確率の形にするのです。

$$（確率）=\frac{（求める場合の数）}{（全ての場合の数）}$$

正確に場合の数を求め，あとは分数の形にするだけです。

（確率の求め方の手順）

Ⓐ全ての場合の数を求める
↓全部で何通りあるか。
Ⓑ求める場合の数を求める
↓問題文にあう場合の数は何通りあるか
分数の形にする

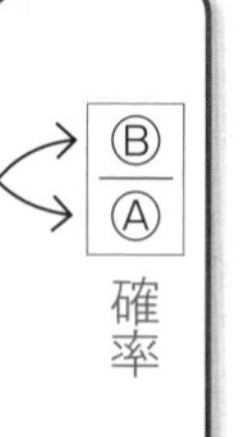

例題 119

1枚の10円硬貨を3回投げるとき，次の確率を求めなさい。

⑴　3回とも表が出る確率　　⑵　表が2回で裏が1回出る確率

⑶　少なくとも1回は裏が出る確率

樹形図を書いてみます。

表・裏の出方は8通りです。(←分母)

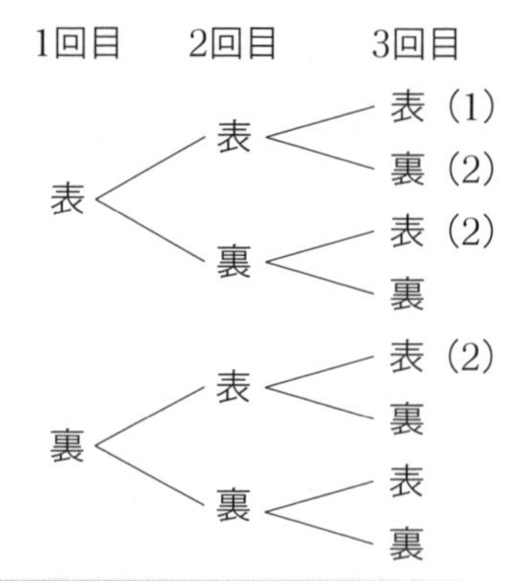

⑴　右の(1)のところだけで，1通り

よって，$\frac{1}{8}$ 答

⑵　右の(2)のところで3通り　答 $\frac{3}{8}$

⑶　「少なくとも1回は裏」の反対は何でしょうか？

その反対は，…「3回とも表」です。⑴で求めました。

そうです。この反対は「3回とも表」で，⑴で求めたものです。

したがって，$1-\frac{1}{8}=\frac{7}{8}$ 答 と求まります。

「少なくとも○○は」の確率は，反対の確率を求めて1からひくのです。

確認問題 82

100円硬貨と10円硬貨1枚ずつを，同時に1回投げるとき，次の確率を求めなさい。

(1) 2枚とも表が出る確率　(2) 1枚が表で1枚が裏になる確率

(3) 少なくとも一方が裏となる確率

次に，さいころを2個投げる問題をやってみます。

例題 120

次の問に答えなさい

(1) 大小2つのさいころを同時に投げるとき，出る目の数の和が5の倍数となる確率を求めなさい。

(2) 2つのさいころを同時に投げるとき，出る目の数の積が3の倍数となる確率を求めなさい。

(1) 大きいさいころの目の出方は6通り，小さいさいころの目の出方も6通りなので，積の法則より6×6＝36(通り)です。

これで分母が決まりました。

そして，**さいころ2つを投げるときは，6×6＝36マスの表をつくります。**

出る目の和が5か10のところに○印をつけます。右の表のようになり，7通りあります。　答 $\frac{7}{36}$

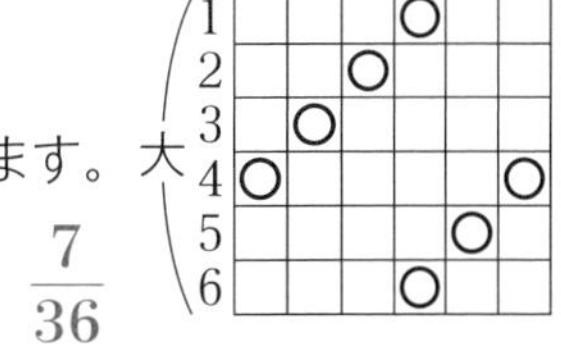

大＼小	1	2	3	4	5	6
1				○		
2			○			
3		○				
4	○					○
5					○	
6				○		

(2) この問題は，2つのさいころに区別がありませんが，一方をAさいころ，もう一方をBさいころとして調べます。

2つのさいころを区別できることにするんですか？

はい，確率を求めるときは，区別できるものとして考えなければなりません。それがポイントです。かけて3の倍数になるのは，右の○印で20通りです。

確率を求めるときは区別して数える

A＼B	1	2	3	4	5	6
1			○			○
2			○			○
3	○	○	○	○	○	○
4			○			○
5			○			○
6	○	○	○	○	○	○

したがって，$\frac{20}{36}=\frac{5}{9}$　答

確認問題 83

次の問に答えなさい。

(1) 大小２つのさいころを同時に投げるとき，出る目の数の和が 10 以上になる確率を求めなさい。

(2) A，B2 つのさいころを同時に投げるとき，出る目の数の積が 15 以上になる確率を求めなさい。

(3) ２つのさいころを同時に投げるとき，目の数の差が２になる確率を求めなさい。

例題 121

1，2，3，4，5 の数字が書かれたカードが１枚ずつある。この５枚のカードから１枚ずつ２回続けてひき，ひいた順に左から並べて２けたの整数をつくるとき，次の確率を求めなさい。

(1) 奇数になる確率　　(2) ４の倍数になる確率

(3) 34 以上になる確率

２けたの整数が何通りできるかを調べます。

十の位には５通り，一の位には十の位に入った数以外の４通り入るので，積の法則より，$5\times4=$**20(通り)**

(1) 奇数になるのは，一の位に奇数が入るときです。
初めに一の位の数を調べます。1，3，5 の３通り。
そして，十の位には一の位に入った数以外の４通り。
よって，$3\times4=$**12 通り**です。

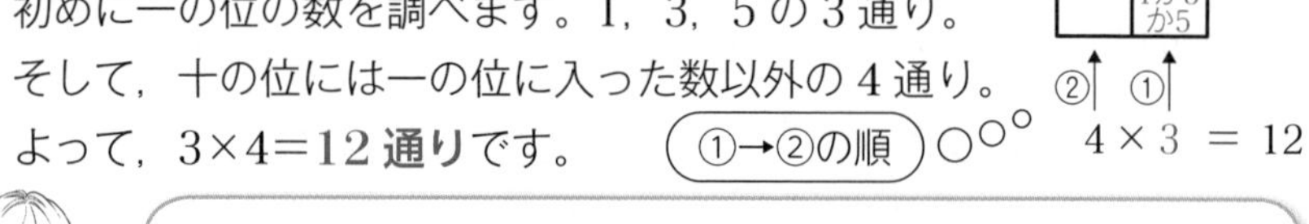

そうでした。条件の制約がある方から調べるんでしたね。

はい，よく覚えていましたね。したがって，$\dfrac{12}{20}=\dfrac{3}{5}$ 答

(2) ４の倍数となるのは 12，24，32，52 の４通りで，$\dfrac{4}{20}=\dfrac{1}{5}$ 答

(3) 34 以上となるのは 34，35，41，42，43，45，51，52，53，54 の 10 通りです。したがって，$\dfrac{10}{20}=\dfrac{1}{2}$ 答

確認問題 84

1，2，3，4，5，6 の数字が書かれたカードが 1 枚ずつある。このカードから 1 枚ずつ 2 回続けてひき，ひいた順に左から並べて 2 けたの整数をつくるとき，次の問に答えなさい。

(1) この整数が偶数となる確率を求めなさい。

(2) この整数が 3 の倍数となる確率を求めなさい。

(3) この整数が 45 以上となる確率を求めなさい。

最後に，取り出すだけで並べない問題をやりましょう。

例題 122

次の問に答えなさい。

(1) 1，2，3，4，5 の数字が 1 つずつ書かれた 5 枚のカードある。この中から 2 枚のカードを取り出すとき，書かれた数の積が奇数である確率を求めなさい。

(2) 袋の中に同じ大きさの赤玉が 3 個と白玉が 2 個入っている。この袋から同時に 2 個取り出すとき，玉の色が同じ確率を求めなさい。

取り出すだけで並べない問題は，書き出して数えていきます。

(1) 5 枚から 2 枚の取り出し方は，(1，2)，**(1，3)**，(1，4)，**(1，5)**，(2，3)，(2，4)，(2，5)，(3，4)，**(3，5)**，(4，5) の 10 通りで，積が奇数なのは赤文字の 3 通り。 答 $\frac{3}{10}$

(2) 確率を求めるときは区別するんでしたね。番号をつけます。

(1，2)，**(1，3)**，(1，4)，(1，5)，**(2，3)**，(2，4)，(2，5)，(3，4)，(3，5)，**(4，5)** の 10 通り。

色が同じなのは，赤文字の 4 通り。よって，$\frac{4}{10}=\frac{2}{5}$ 答

確認問題 85

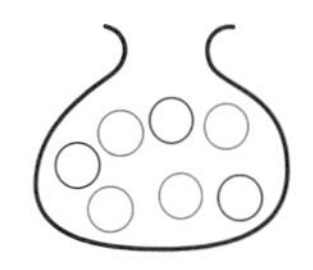

右の図のように，袋の中に同じ大きさの赤玉 4 個と白玉 3 個が入っている。この袋から同時に 2 個の玉を取り出すとき，2 個とも同じ色の玉である確率を求めなさい。

データの活用まとめ　定期テスト対策A

▶解答：p.232

1.　下の箱ひげ図について，表すものを□に記入しなさい。

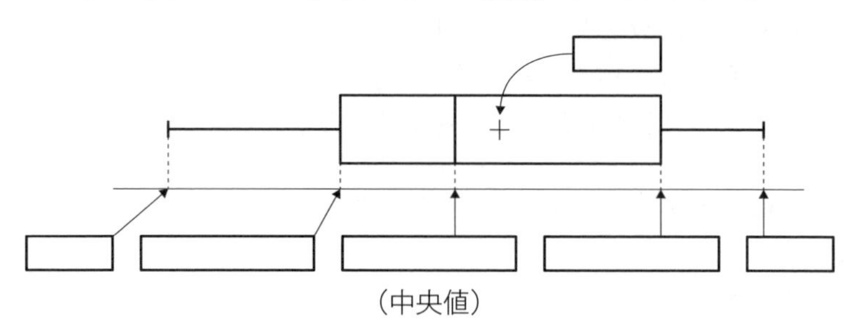

2.　次のデータについて，あとの問に答えなさい。

9，10，18，22，26，28，35，45，53，54

(1)　第1四分位数，第2四分位数，第3四分位数を求めなさい。
(2)　平均値を求めなさい。
(3)　範囲，四分位範囲を求めなさい。
(4)　箱ひげ図を書きなさい。

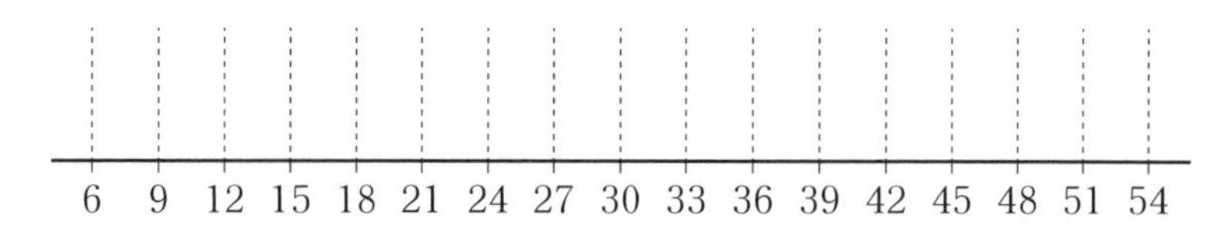

3.　A町とB町の間にはJRと私鉄，B町とC町の間にはバスと地下鉄と私鉄が運行している。A町からB町を通ってC町へ行くときの，交通機関の選び方は何通りあるか，求めなさい。

4.　[0]，[1]，[2]，[3]のカードが1枚ずつある。この4枚のカードを並べてできる4けたの整数は何通りできるか，求めなさい。

5. A, B, C, D, Eの5冊の本がある。このうち，2冊を選ぶ選び方は何通りあるか，求めなさい。

6. 1個のさいころを投げるとき，素数の目が出る確率を求めなさい。

7. 10円硬貨，50円硬貨，100円硬貨の合計3枚を投げるとき，次の確率を求めなさい。

(1) 3枚とも裏となる確率

(2) 1枚が表で，2枚が裏となる確率

(3) 少なくとも1枚は表となる確率

8. 大小2つのさいころを同時に投げるとき，次の確率を求めなさい。

(1) 出る目の数が等しい確率

(2) 出る目の数の和が9以上である確率

(3) 出る目の数の積が6の倍数である確率

9. 1から5までの整数が書かれたカードが1枚ずつある。この5枚のカードから1枚ずつ3回続けてひき，ひいた順に左から並べて3けたの整数をつくるとき，次の問に答えなさい。

(1) 3けたの整数は何通りできるか求めなさい。

(2) 偶数となる確率を求めなさい。

10. 袋の中に白玉が3個，赤玉が2個入っている。この袋から同時に2個の玉を取り出すとき，白玉1個と赤玉1個である確率を求めなさい。

データの活用まとめ　定期テスト対策B

▶解答：p.234

1.　次のヒストグラムA，B，Cについて，そのそれぞれに対応する箱ひげ図を①，②，③の中から選びなさい。

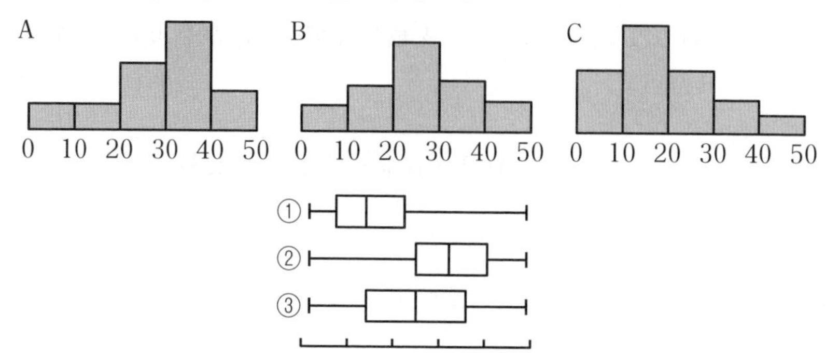

2.　父母と子ども3人の家族5人が一列に並ぶとき，次の問に答えなさい。

(1)　この5人の並び方は何通りあるか求めなさい。

(2)　父母が両端にくる並び方は何通りあるか求めなさい。

3.　右の図のように，円周上に異なる6つの点A～Fがある。これらの点を結ぶ線分は何本できるか，求めなさい。

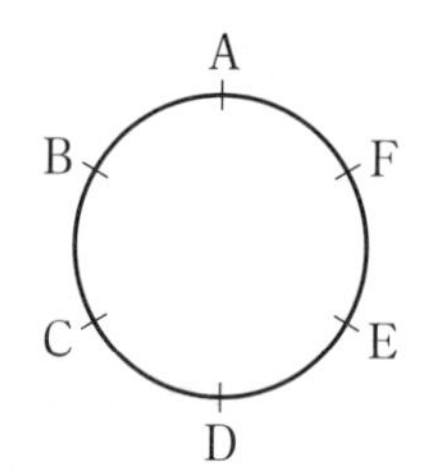

4.　1から7までの整数が書かれたカードが1枚ずつある。この中から，1枚ずつ続けて3枚ひき，ひいた順に左から並べて3けたの整数をつくるとき，次の問に答えなさい。

(1)　何通りの整数ができるかを求めなさい。

(2)　奇数になる確率を求めなさい。

5.　袋の中に2個の白玉と3個の赤玉が入っている。この袋の中から同時に2個取り出すとき，次の問に答えなさい。

⑴　2個とも赤玉である確率を求めなさい。

⑵　少なくとも1個が白玉である確率を求めなさい。

6.　右の図のように，0から4までの数字が1つずつ書かれた5枚のカードがある。このカードから2枚のカードを同時に取り出す。

このとき，取り出した2枚のカードに書かれた数の和が4以上である確率を求めなさい。

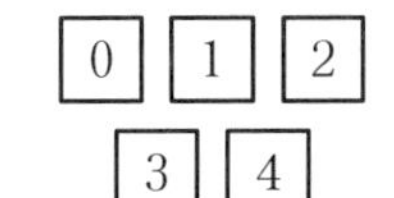

7.　1つのさいころを2回投げたとき，1回目に出た目の数を a，2回目に出た目の数を b とする。このとき，$a<b$ となる確率を求めなさい。

8.　大小2つのさいころを同時に投げ，大きいさいころの目の数を a，小さいさいころの目の数を b とする。1次方程式 $ax=b$ の解が整数となる確率を求めなさい。

9.　正方形ABCDの頂点Aに駒がある。大小2つのさいころを同時に投げ，出た目の数の和だけ，駒が反時計まわりに正方形の頂点を移動するとする。

このとき，駒が頂点Cに移動する確率を求めなさい。

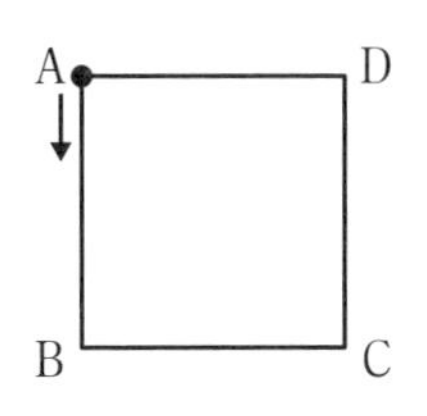

MEMO

確認問題・トレーニング・定期テスト対策の

解答・解説

第1章 式の計算

確認問題 1

(1) ㋐, ㋒
(2) ㋑ 項は$4x$, 2 答
㋓ 項はx^2, x, -3 答
㋔ 項は$\frac{2}{3}x$, y 答

確認問題 2

(1) 1次式 (2) 3次式
(3) x^2は2次, xは1次, -3は定数項なので, 2次式 答
(4) a^2bは3次, $-5ab$は2次なので, 3次式 答

確認問題 3

(1) $-a^2$ (2) $-a-3$
(3) $4xy+x-2xy+6x$
$=4xy-2xy+x+6x$
$=2xy+7x$ 答
(4) $5x^2+2xy-8y^2+xy-4x^2-3y^2$
$=5x^2-4x^2+2xy+xy-8y^2-3y^2$
$=x^2+3xy-11y^2$ 答

トレーニング1

(1) $7x$ (2) $4x-2$
(3) $x-y$ (4) $3a-4b$
(5) $3x^2-12x+4$ (6) x^2+x-13
(7) $-x+2y+7$ (8) $-3a^2+2b^2$
(9) $4a-9b+11$
(10) $-5x^2+2x-1$
(11) $\frac{1}{3}x+2y+1+\frac{2}{3}x-6y+5$
$=\frac{1}{3}x+\frac{2}{3}x+2y-6y+1+5$
$=x-4y+6$ 答
(12) $0.3x^2-1.5xy+0.8y^2-0.9x^2+2.3xy+y^2$
$=0.3x^2-0.9x^2-1.5xy+2.3xy+0.8y^2+y^2$
$=-0.6x^2+0.8xy+1.8y^2$ 答

確認問題 4

(1) $(-x+5y)+(6x-10y)$
$=-x+5y+6x-10y$
$=5x-5y$ 答
(2) $(3x-2y-z)+(x-4y+z)$
$=3x-2y-z+x-4y+z$
$=4x-6y$ 答
(3)
$$\begin{array}{rr} & 9x+5y \\ +) & 8x-6y \\ \hline & 17x-y \end{array}$$
答
(4) $(2x^2-6x-5)+(-4x^2-8x+9)$
$=2x^2-6x-5-4x^2-8x+9$
$=-2x^2-14x+4$ 答

確認問題 5

(1) $(x-3y)-(3x+2y)$
$=x-3y-3x-2y$
$=-2x-5y$ 答
(2)
$$\begin{array}{rr} & 8x-5y \\ -) & 2x-7y \\ \hline & 6x+2y \end{array}$$
答

$-5y-(-7y)$
$=-5y+7y$
$=2y$

(3) $(2x-y+z)-(4x-2y+3z)$
$=2x-y+z-4x+2y-3z$
$=-2x+y-2z$ 答
(4) $(9x^2-8x-6)-(-2x^2+5x-1)$
$=9x^2-8x-6+2x^2-5x+1$
$=11x^2-13x-5$ 答

トレーニング2

(1) $(5x-3y)+(-8x-4y)$
$=5x-3y-8x-4y$
$=-3x-7y$ 答
(2) $(-6x+2y)-(x+3y)$
$=-6x+2y-x-3y$
$=-7x-y$ 答
(3) $(5a-3b-2)+(-2a+5b-9)$
$=5a-3b-2-2a+5b-9$
$=3a+2b-11$ 答

(4) $(8a-b-c)-(6a+b-3c)$

$=8a-b-c-6a-b+3c$

$=2a-2b+2c$ 答

(5) $(2x^2+7xy+10y^2)-(3x^2-4xy+8y^2)$

$=2x^2+7xy+10y^2-3x^2+4xy-8y^2$

$=-x^2+11xy+2y^2$ 答

(6)
$$\begin{array}{rr} & 6a-3b \\ +) & -2a-5b \\ \hline & 4a-8b \end{array}$$
答

(7)
$$\begin{array}{rr} & 9x-5y \\ -) & 7x+2y \\ \hline & 2x-7y \end{array}$$
答

(8)
$$\begin{array}{rr} & -x^2 \qquad\quad +y^2 \\ -) & x^2-3xy+2y^2 \\ \hline & -2x^2+3xy-y^2 \end{array}$$
答

(9) $(10a-3b-2c+d)+(-6a+5b-c-4d)$

$=10a-3b-2c+d-6a+5b-c-4d$

$=4a+2b-3c-3d$ 答

(10) $(-6a-3b+4c-3d)-(-2a+b-7c+5d)$

$=-6a-3b+4c-3d+2a-b+7c-5d$

$=-4a-4b+11c-8d$ 答

(11) $(0.5x^2+1.8x-0.9)-(1.3x^2-0.5x+1.2)$

$=0.5x^2+1.8x-0.9-1.3x^2+0.5x-1.2$

$=-0.8x^2+2.3x-2.1$ 答

(12) $\left(\frac{1}{2}x+\frac{2}{3}y\right)-\left(\frac{5}{2}x-\frac{1}{3}y\right)$

$=\frac{1}{2}x+\frac{2}{3}y-\frac{5}{2}x+\frac{1}{3}y$

$=-\frac{4}{2}x+\frac{3}{3}y$ 約分

$=-2x+y$ 答

確認問題 6

(1) $16xy$　(2) $20xy$

(3) $6ab^3$　(4) $-14x^4$

(5) $\frac{1}{2}x\times\left(-\frac{10}{3}xy\right)$

$=\frac{1}{2}\times\left(-\frac{10}{3}\right)\times x\times x\times y$

$=-\frac{5}{3}x^2y$ 答

(6) $(-5x)^2\times\frac{2}{5}x$

$=25x^2\times\frac{2}{5}x$

$=25\times\frac{2}{5}\times x^2\times x$

$=10x^3$ 答

トレーニング 3

(1) $6x^2y$　(2) $-12a^2b^2c$

(3) $16x^2\times 2x$

$=32x^3$ 答

(4) $-4y$　(5) $-5a$

(6) $2x\times\left(-\frac{1}{4xy}\right)$

$=-\frac{2x\times 1}{4xy}$

$=-\frac{1}{2y}$ 答

(7) $30xy^2\times\left(-\frac{1}{10xy}\right)$

$=-\frac{30xy^2\times 1}{10xy}$

$=-3y$ 答

(8) $8xy\times\frac{3}{4xy}$

$=\frac{8xy\times 3}{4xy}$

$=6$ 答

(9) $a^2b\times\frac{1}{ab}\times(-3a)$

$=-\frac{a^2b\times 1\times 3a}{ab}$

$=-3a^2$ 答

(10) $a^2x\times\left(-\frac{1}{6ax}\right)\times(-3)$

$=\frac{a^2x\times1\times3}{6ax}$

$=\frac{a}{2}$ 答

(11) $8x^3\times\left(-\frac{3}{2xy}\right)\times\left(-\frac{y}{4}\right)$

$=\frac{8x^3\times3\times y}{2xy\times4}$

$=3x^2$ 答

(12) $6a^2\times\frac{ab}{2}\times\left(-\frac{4}{3a^3}\right)$

$=-\frac{6a^2\times ab\times4}{2\times3a^3}$

$=-4b$ 答

確認問題 7

(1) $4x+20y$　(2) $-6x+12y$

(3) $\frac{1}{3}(9x-15y)$

$=\frac{1}{3}\times9x-\frac{1}{3}\times15y$

$=3x-5y$ 答

(4) $2(6x-y)+(5x-7y)$

$=12x-2y+5x-7y$

そのまま

$=17x-9y$ 答

(5) $8(a-b)-5(3a+2b)$

$=8a-8b-15a-10b$

$=-7a-18b$ 答

確認問題 8

(1) $(8x-14y)\div2$

$=(8x-14y)\times\frac{1}{2}$

$=4x-7y$ 答

(2) $(9a+27b)\div(-3)$

$=(9a+27b)\times\left(-\frac{1}{3}\right)$

$=-3a-9b$ 答

(3) $2(5x-7y)+(x+y)\div\left(-\frac{1}{3}\right)$

$=2(5x-7y)+(x+y)\times(-3)$

$=10x-14y-3x-3y$

$=7x-17y$ 答

トレーニング 4

(1) $-12x-18y$

(2) $-6a+8b$

(3) $-5x-10y+15z$

(4) $3x+2y$

(5) $2(6x-7y)+3(2x+5y)$

$=12x-14y+6x+15y$

$=18x+y$ 答

(6) $-3(5x+y)-(8x-9y)$

$=-15x-3y-8x+9y$

$=-23x+6y$ 答

(7) $(9x-15y)\times\left(-\frac{1}{3}\right)$

$=-3x+5y$ 答

(8) $(2a-b)\times(-4)$

$=-8a+4b$ 答

(9) $\frac{1}{3}(21x-15y)-(4x+3y)\times(-2)$

$=7x-5y-(-8x-6y)$

$=7x-5y+8x+6y$

$=15x+y$ 答

(10) $\frac{2(5x-y)+3(x+7y)}{6}$

$=\frac{10x-2y+3x+21y}{6}$

$=\frac{13x+19y}{6}$ 答

(11) $\frac{3(9x-5y)+4(-4x+2y)}{12}$

$=\frac{27x-15y-16x+8y}{12}$

$=\frac{11x-7y}{12}$ 答

(12) $\dfrac{(2x+5y)-2(x+2y)}{6}$

$=\dfrac{2x+5y-2x-4y}{6}$

$=\dfrac{y}{6}$ 答

(13) $\dfrac{2(-4x+2y)-5(3x-y)}{10}$

$=\dfrac{-8x+4y-15x+5y}{10}$

$=\dfrac{-23x+9y}{10}$ 答

(14) $\dfrac{3(x-3y)-2(5x+4y)}{12}$

$=\dfrac{3x-9y-10x-8y}{12}$

$=\dfrac{-7x-17y}{12}$ 答

(15) $\dfrac{3(9x+10y)-4(3x-7y)}{24}$

$=\dfrac{27x+30y-12x+28y}{24}$

$=\dfrac{15x+58y}{24}$ 答

確認問題 9

(1) $-3x+4y$

$=-3\times(-4)+4\times3$

$=24$ 答

(2) $2x^2-7y$

$=2\times(-4)^2-7\times3$

$=11$ 答

(3) $-\dfrac{1}{2}\times(-4)+\dfrac{2}{3}\times3$

$=2+2$

$=4$ 答

(4) $-\dfrac{1}{12}\times(-4)^2\times3$

$=-\dfrac{1}{12}\times16\times3$ 約分

$=-4$ 答

確認問題 10

(1) $4x+8y-3x-10y$

$=x-2y$

この式に代入して，

$(-2)-2\times(-3)$

$=4$ 答

(2) $6x+12y-8x-10y$

$=-2x+2y$

この式に代入して，

$-2\times(-2)+2\times(-3)$

$=-2$ 答

(3) $-4xy^2\times6x\times\dfrac{1}{12xy}$

$=-\dfrac{4xy^2\times6x\times1}{12xy}$

$=-2xy$

この式に代入して，

$-2\times(-2)\times(-3)$

$=-12$ 答

確認問題 11

(1) -5を右辺に移項して，

$a=b+5$ 答

(2) 両辺を6でわって，$x=\dfrac{5y}{6}$ 答

(3) -2を右辺に移項して，$8x=y+2$

両辺を8でわって，$x=\dfrac{y+2}{8}$ 答

(4) 両辺に3をかけて，$a^2h=3V$

両辺をa^2でわって，$h=\dfrac{3V}{a^2}$ 答

確認問題 12

(1) $5-x=4y$

$-x=4y-5$ $\times(-1)$

$x=-4y+5$ 答

(2) 両辺を入れかえて，$5y=2x$

両辺を5でわって，$y=\dfrac{2x}{5}$ 答

(3)　両辺を入れかえて，$\dfrac{2x-1}{3}=y$

両辺に3をかけて，$2x-1=3y$

-1を移項して，$2x=3y+1$

両辺を2でわって，$x=\dfrac{3y+1}{2}$ 答

(4)　両辺を入れかえて，$5(a+2b)=x$

両辺を5でわる。

$a+2b=\dfrac{x}{5}$

$a=\dfrac{x}{5}-2b$ 答

カッコをはずす。

$5a+10b=x$

$5a=x-10b$

$a=\dfrac{x-10b}{5}$ 答

確認問題 13

男子5人の合計$5a$点，

女子4人の合計$4b$点より，

$\dfrac{5a+4b}{9}=m$　これをaについて解く。

$5a+4b=9m$

$5a=9m-4b$より，

$a=\dfrac{9m-4b}{5}$ 答

確認問題 14

m，nを整数として，2つの奇数を$2m+1$，$2n+1$と表す。

奇数と奇数の和は，

$(2m+1)+(2n+1)$

$=2m+2n+2$

$=2(m+n+1)$

$m+n+1$は整数だから，

$2(m+n+1)$は偶数である。

したがって，奇数と奇数の和は偶数である。

確認問題 15

m，nを整数として，2つの3の倍数を$3m$，$3n$と表す。

これらの和は，$3m+3n$

$=3(m+n)$

$m+n$は整数だから $3(m+n)$は3の倍数である。

したがって，3の倍数と3の倍数の和は3の倍数である。

確認問題 16

mを整数として，連続した5つの整数を m，$m+1$，$m+2$，$m+3$，$m+4$と表す。

これらの和は，

$m+(m+1)+(m+2)+(m+3)+(m+4)$

$=5m+10$

$=5(m+2)$

$m+2$は整数だから，$5(m+2)$は5の倍数である。

したがって，連続した5つの整数の和は5の倍数である。

式の計算まとめ　定期テスト対策A

1(1)　次数2，項…$2a$，$5b^2$

(2)　次数3，項…x^2y，$-y^2$，$3x$，1

2(1)　$-a-4b$　(2)　$2x^2+3x$

3(1)　$5x-2y+2x-3y$

$=7x-5y$ 答

(2)　$4a+3b-6a+2b$

$=-2a+5b$ 答

(3)　$8x+y$　(4)　a

(5)　$-2x^2+7x+2$

4(1)　$6x-3y$　(2)　$-6x+2y-8$

(3)　$(4x-6y)\times\dfrac{1}{2}=2x-3y$ 答

(4)　$(10a-15b+5)\times\left(-\dfrac{1}{5}\right)$

$=-2a+3b-1$ 答

(5)　$3x+6y-2x+y$

$=x+7y$ 答

(6) $-6b+3a+10a+15b$
$=13a+9b$ 答
(7) $6x-12y-9x+12y$
$=-3x$ 答
(8) $15ab$ (9) $-6xy$
(10) $12abx$ (11) $-4xy$

5(1) $2\times(-3)+5\times2$
$=4$ 答
(2) $(-3)^2-(-3)\times2$
$=9+6$
$=15$ 答
(3) $-4\times(-3)-2$
$=10$ 答
(4) $3(2a-b)-2(4a-3b)$
$=6a-3b-8a+6b$
$=-2a+3b$
代入して，
$-2\times(-3)+3\times2=12$ 答
(5) $6a^2b^2\times\left(-\dfrac{1}{2ab}\right)=-3ab$
代入して，
$-3\times(-3)\times2=18$ 答

6(1) $2x$を移項
$y=8-2x$ 答
(2) 左辺と右辺を入れかえて
$y-2=4x$
-2を移項して，$y=4x+2$ 答
(3) 左辺と右辺を入れかえて
$2\pi r=l$
両辺を2πでわって，
$r=\dfrac{l}{2\pi}$ 答
(4) bを移項して，
$2a=6-b$
両辺を2でわって，
$a=\dfrac{6-b}{2}$ 答
(5) 左辺と右辺を入れかえて，
$\dfrac{a-1}{2}=b$
両辺を2倍して，$a-1=2b$
-1を移項して，$a=2b+1$ 答
(6) 左辺と右辺を入れかえて，

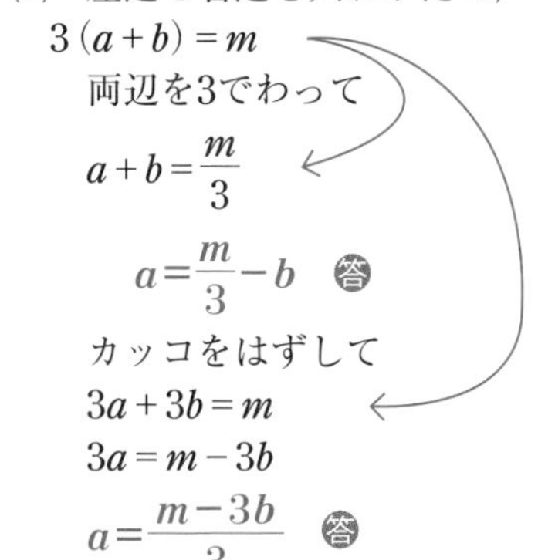

$3(a+b)=m$
両辺を3でわって
$a+b=\dfrac{m}{3}$
$a=\dfrac{m}{3}-b$ 答
カッコをはずして
$3a+3b=m$
$3a=m-3b$
$a=\dfrac{m-3b}{3}$ 答

7 m，nを整数として，奇数は$\boxed{2m+1}$，偶数は$2n$と表される。
奇数から偶数をひいた差は，
$(\boxed{2m+1})-2n=2(\boxed{m-n})+1$
$\boxed{m-n}$は整数だから，$2(\boxed{m-n})+1$は奇数である。
したがって，奇数から偶数をひいた差は奇数である。

8 mを整数として，連続する3つの偶数は$2m$，$\boxed{2m+2}$，$\boxed{2m+4}$と表される。これらの和は，
$2m+(\boxed{2m+2})+(\boxed{2m+4})$
$=6(\boxed{m+1})$
$\boxed{m+1}$は整数だから，$6(\boxed{m+1})$は6の倍数である。
したがって，連続する3つの偶数の和は6の倍数である。

式の計算まとめ

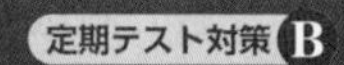

1(1) $12x-30y-5x+15y$

$=7x-15y$ 答

(2) $4x+6y-x+3y-4$

$=3x+9y-4$ 答

(3) $3x-6y-15+2x+6y+8$

$=5x-7$ 答

(4) $8a^2+12a-4-3a^2-9a+6$

$=5a^2+3a+2$ 答

2(1) $12xy\times\dfrac{3}{4x}$

$=\dfrac{12xy\times3}{4x}$

$=9y$ 答

(2) $(-20ab)\times\left(-\dfrac{2}{5a}\right)$

$=\dfrac{20ab\times2}{5a}$

$=8b$ 答

(3) $6ab\times4b\times\left(-\dfrac{1}{8a}\right)$

$=-\dfrac{6ab\times4b\times1}{8a}=-3b^2$ 答

(4) $-2x^2\times(-12xy)\times\dfrac{1}{8x^2y}$

$=\dfrac{2x^2\times12xy\times1}{8x^2y}$

$=3x$ 答

3(1) $\left(\dfrac{5}{3}x-\dfrac{1}{2}y\right)\times(-6)$

$=-10x+3y$ 答

(2) $\dfrac{3(x+3y)+2(2x-5y)}{6}$

$=\dfrac{3x+9y+4x-10y}{6}$

$=\dfrac{7x-y}{6}$ 答

(3) $\dfrac{4(x-5y)-3(3x-2y)}{12}$

$=\dfrac{4x-20y-9x+6y}{12}$

$=\dfrac{-5x-14y}{12}$ 答

(4) $\dfrac{3(5x-3y)-2(2x-7y)}{12}$

$=\dfrac{15x-9y-4x+14y}{12}$

$=\dfrac{11x+5y}{12}$ 答

4(1) $2a+b-3a-9b$

$=-a-8b$

代入して,

$-4-8\times(-2)$

$=12$ 答

(2) $8ab^2\times3b\times\left(-\dfrac{1}{6b^2}\right)$

$=-\dfrac{8ab^2\times3b\times1}{6b^2}$

$=-4ab$　これに代入して,

$-4\times4\times(-2)=32$ 答

(3) $-14a^2b^3\times\left(-\dfrac{2}{7ab}\right)$

$=\dfrac{14a^2b^3\times2}{7ab}$

$=4ab^2$　これに代入して,

$4\times4\times(-2)^2=64$ 答

5(1) $5x$を移項して, $-3y=18-5x$

両辺に-1をかけて,

$3y=-18+5x$

$y=\dfrac{-18+5x}{3}$ 答

(2) 両辺を2倍して,

$x-6y=10$

$x=10+6y$ 答

(3)　左辺と右辺を入れかえて，

$$\frac{3a+4b}{7}=m$$ ×7

$$3a+4b=7m$$

$$3a=7m-4b$$

$$a=\frac{7m-4b}{3}$$ 答

(4)　$$\frac{1}{3}abc=V$$ ×3

$$abc=3V$$ ÷bc

$$a=\frac{3V}{bc}$$ 答

(5)　$2(b+5)=a$

両辺を2でわって，

$$b+5=\frac{a}{2}$$

$$b=\frac{a}{2}-5$$ 答

$b=\dfrac{a-10}{2}$でもよい

(6)　$$-2b=8-a-c$$ ×(−1)

$$2b=-8+a+c$$

$$b=\frac{-8+a+c}{2}$$ 答

6(1)　男子の合計点は$18a$(点)，女子の合計点は$17b$(点)だから，

$m=(18a+17b)\div35$より，

$$m=\frac{18a+17b}{35}$$ 答

(2)　$m=\dfrac{18a+17b}{35}$をaについて解く。

$$\frac{18a+17b}{35}=m$$ ←左辺と右辺を入れかえ

$$18a+17b=35m$$ ←両辺に35をかける

$$18a=35m-17b$$

$$a=\frac{35m-17b}{18}$$ 答

7(1)　台形の面積公式より，

$$S=(a+b)\times h\times\frac{1}{2}$$

$$S=\frac{h(a+b)}{2}$$ 答

$S=\dfrac{1}{2}h(a+b)$でもよい。

(2)　$S=\dfrac{h(a+b)}{2}$をaについて解く。

$$\frac{h(a+b)}{2}=S$$

$$h(a+b)=2S$$ 両辺をhでわって

$$a+b=\frac{2S}{h}$$

$$a=\frac{2S}{h}-b$$ 答

$a=\dfrac{2S-bh}{h}$でもよい。

8　中央の数をxとする。

他の4つの数は，xを用いて表すと右のようになる。

	① $x-7$	
② $x-1$	x	③ $x+1$
	④ $x+7$	

この5つの数の和は，

$(\boxed{x-7})+(\boxed{x-1})+x+(\boxed{x+1})+(\boxed{x+7})$

$=\boxed{5x}$ ⑤

xは整数だから$\boxed{5x}$は5の倍数。

よってこれらの和は5の倍数である。

第2章 連立方程式

確認問題 17

(1) $\begin{cases} x+y=7 & \cdots① \\ 2x-y=2 & \cdots② \end{cases}$

①+②より，

$$\begin{array}{rl} & x+y=7 \\ +) & 2x-y=2 \\ \hline & 3x \quad =9 \end{array}$$

$x=3$

①に代入　$3+y=7$

$y=4$

答　$x=3,\ y=4$

(2) $\begin{cases} 3x+2y=11 & \cdots① \\ 3x-4y=-13 & \cdots② \end{cases}$

①−②より，

$$\begin{array}{rl} & 3x+2y=11 \\ -) & 3x-4y=-13 \\ \hline & 6y=24 \end{array}$$

$y=4$

①に代入　$3x+8=11$

$x=1$

答　$x=1,\ y=4$

確認問題 18

(1) $\begin{cases} 2x+y=-2 & \cdots① \\ 3x-2y=-17 & \cdots② \end{cases}$

①を2倍して，

$4x+2y=-4\cdots①'$

①′+②より，

$$\begin{array}{rl} & 4x+2y=-4 \\ +) & 3x-2y=-17 \\ \hline & 7x \quad =-21 \end{array}$$

$x=-3$

①に代入　$-6+y=-2$

$y=4$

答　$x=-3,\ y=4$

(2) $\begin{cases} x+4y=1 & \cdots① \\ 2x+3y=7 & \cdots② \end{cases}$

①を2倍して，

$2x+8y=2\cdots①'$

①′−②より，

$$\begin{array}{rl} & 2x+8y=2 \\ -) & 2x+3y=7 \\ \hline & 5y=-5 \end{array}$$

$y=-1$

①に代入　$x-4=1$

$x=5$

答　$x=5,\ y=-1$

確認問題 19

(1) $\begin{cases} 3x-2y=18 & \cdots① \\ 2x+3y=-1 & \cdots② \end{cases}$

①×2　$6x-4y=36\cdots①'$

②×3　$6x+9y=-3\cdots②'$

①′−②′より，

$$\begin{array}{rl} & 6x-4y=36 \\ -) & 6x+9y=-3 \\ \hline & -13y=39 \end{array}$$

$y=-3$

①に代入　$3x+6=18$より$x=4$

答　$x=4,\ y=-3$

(2) $\begin{cases} 9x-4y=-1 & \cdots① \\ 6x-5y=-17 & \cdots② \end{cases}$

①×2　$18x-8y=-2\cdots①'$

②×3　$18x-15y=-51\cdots②'$

①′−②′より

$$\begin{array}{rl} & 18x-8y=-2 \\ -) & 18x-15y=-51 \\ \hline & 7y=49 \end{array}$$

$y=7$

①に代入　$9x-28=-1$より，$x=3$

答　$x=3,\ y=7$

確認問題 20

(1) $\begin{cases} y=x-1 & \cdots① \\ 3x-y=9 & \cdots② \end{cases}$

①を②に代入

$3x-(x-1)=9$

$3x-x+1=9$

$x=4$

①に代入　$y=3$

答　$x=4,\ y=3$

(2) $\begin{cases} x=3y-2 & \cdots① \\ -x+2y=3 & \cdots② \end{cases}$

①を②に代入

$-(3y-2)+2y=3$

$-3y+2+2y=3$

$y=-1$

①に代入　$x=-5$

答　$x=-5,\ y=-1$

トレーニング5

(1) $\begin{cases} x+y=6 \cdots ① \\ x-y=2 \cdots ② \end{cases}$

①+②より，
$$\begin{array}{rr} & x+y=6 \\ +) & x-y=2 \\ \hline & 2x\quad=8 \end{array}$$

$x=4$

①に代入　$4+y=6$

$y=2$

答　$x=4,\ y=2$

(2) $\begin{cases} x+2y=5 \cdots ① \\ -x+y=1 \cdots ② \end{cases}$

①+②より，
$$\begin{array}{rr} & x+2y=5 \\ +) & -x+y=1 \\ \hline & 3y=6 \end{array}$$

$y=2$

①に代入　$x+4=5$

$x=1$

答　$x=1,\ y=2$

(3) $\begin{cases} 2x+y=2 \cdots ① \\ x+y=-1 \cdots ② \end{cases}$

①−②より，
$$\begin{array}{rr} & 2x+y=2 \\ -) & x+y=-1 \\ \hline & x\quad=3 \end{array}$$

②に代入　$3+y=-1$

$y=-4$

答　$x=3,\ y=-4$

(4) $\begin{cases} x+3y=12 \cdots ① \\ 2x-3y=6 \cdots ② \end{cases}$

①+②より，
$$\begin{array}{rr} & x+3y=12 \\ +) & 2x-3y=6 \\ \hline & 3x\quad=18 \end{array}$$

$x=6$

①に代入　$6+3y=12$

$3y=6$

$y=2$

答　$x=6,\ y=2$

(5) $\begin{cases} 5x+2y=12 \cdots ① \\ 5x-3y=7 \cdots ② \end{cases}$

①−②より，
$$\begin{array}{rr} & 5x+2y=12 \\ -) & 5x-3y=7 \\ \hline & 5y=5 \end{array}$$

$y=1$

①に代入　$5x+2=12$

$5x=10$

$x=2$

答　$x=2,\ y=1$

(6) $\begin{cases} x+4y=-2 \cdots ① \\ 2x+3y=1 \cdots ② \end{cases}$

①×2−②より，
$$\begin{array}{rr} & 2x+8y=-4 \\ -) & 2x+3y=1 \\ \hline & 5y=-5 \end{array}$$

$y=-1$

①に代入　$x-4=-2$

$x=2$

答　$x=2,\ y=-1$

(7) $\begin{cases} 3x+y=10 \cdots ① \\ x-2y=1 \cdots ② \end{cases}$

①×2+②より，
$$\begin{array}{rr} & 6x+2y=20 \\ +) & x-2y=1 \\ \hline & 7x\quad=21 \end{array}$$

$x=3$

①に代入　$9+y=10$

$y=1$

答　$x=3,\ y=1$

(8) $\begin{cases} 2x+3y=5 \cdots ① \\ x+2y=4 \cdots ② \end{cases}$

①−②×2より，
$$\begin{array}{rr} & 2x+3y=5 \\ -) & 2x+4y=8 \\ \hline & -y=-3 \end{array}$$

$y=3$

②に代入　$x+6=4$

$x=-2$

答　$x=-2,\ y=3$

(9) $\begin{cases} 2x+3y=7 \cdots ① \\ 3x-5y=1 \cdots ② \end{cases}$

①×3−②×2より，
$$\begin{array}{r} 6x+9y=21 \\ -\big)\ 6x-10y=2 \\ \hline 19y=19 \\ y=1 \end{array}$$
①に代入　$2x+3=7$
$2x=4$
$x=2$
答　$x=2,\ y=1$

(10) $\begin{cases} 4x-3y=-10 & \cdots① \\ 3x+2y=1 & \cdots② \end{cases}$
①×2+②×3より，
$$\begin{array}{r} 8x-6y=-20 \\ +\big)\ 9x+6y=3 \\ \hline 17x\qquad=-17 \\ x=-1 \end{array}$$
②に代入　$-3+2y=1$
$2y=4$
$y=2$
答　$x=-1,\ y=2$

(11) $\begin{cases} 5x+4y=3 & \cdots① \\ -4x+3y=10 & \cdots② \end{cases}$
①×4+②×5より，
$$\begin{array}{r} 20x+16y=12 \\ +\big)\ -20x+15y=50 \\ \hline 31y=62 \\ y=2 \end{array}$$
①に代入　$5x+8=3$
$5x=-5$
$x=-1$
答　$x=-1,\ y=2$

(12) $\begin{cases} 5x-2y=0 & \cdots① \\ 2x+3y=19 & \cdots② \end{cases}$
①×2−②×5より，
$$\begin{array}{r} 10x-4y=0 \\ -\big)\ 10x+15y=95 \\ \hline -19y=-95 \\ y=5 \end{array}$$
①に代入　$5x-10=0$
$5x=10$
$x=2$
答　$x=2,\ y=5$

(13) $\begin{cases} 5x-3y=25 & \cdots① \\ y=x-7 & \cdots② \end{cases}$
②を①に代入
$5x-3(x-7)=25$
$5x-3x+21=25$
$2x=4$
$x=2$
②に代入　$y=-5$
答　$x=2,\ y=-5$

(14) $\begin{cases} x=2y+9 & \cdots① \\ 6x+5y=3 & \cdots② \end{cases}$
①を②に代入
$6(2y+9)+5y=3$
$12y+54+5y=3$
$17y=-51$
$y=-3$
①に代入　$x=-6+9=3$
答　$x=3,\ y=-3$

確認問題 21

(1) $\begin{cases} 2(x+y)-y=14 & \cdots① \\ 3x-y=6 & \cdots② \end{cases}$
①より，$2x+2y-y=14$
$2x+y=14 \cdots①'$
①′+②より，
$$\begin{array}{r} 2x+y=14 \\ +\big)\ 3x-y=6 \\ \hline 5x\qquad=20 \\ x=4 \end{array}$$
①′に代入して，$y=6$
答　$x=4,\ y=6$

(2) $\begin{cases} 3(3x-y)=y-1 & \cdots① \\ 5(-x+y)=17+x & \cdots② \end{cases}$
①より，$9x-3y=y-1$
$9x-4y=-1 \cdots①'$
②より，$-5x+5y=17+x$
$-6x+5y=17 \cdots②'$
①′×2+②′×3より，xを消去して，
$y=7$が求まる。
①′に代入して，$x=3$
答　$x=3,\ y=7$

確認問題 22

(1) $\begin{cases} 0.3a-0.2b=1.8 \cdots ① \\ 2a+3b=-1 \quad \cdots ② \end{cases}$

①の両辺を10倍して，

$3a-2b=18 \cdots ①'$

①′×2－②×3より，aを消去し，

$b=-3$が求まる。

①′に代入して，$a=4$

答　$a=4$，$b=-3$

(2) $\begin{cases} 2x+y=11 \cdots ① \\ \dfrac{1}{2}x-\dfrac{1}{3}y=1 \cdots ② \end{cases}$

②の両辺を6倍して，

$3x-2y=6 \cdots ②'$

①×2＋②′より，yを消去し，

$x=4$が求まる。

①に代入して，$y=3$

答　$x=4$，$y=3$

トレーニング 6

1(1) $\begin{cases} 3(x-2y)+5y=2 \cdots ① \\ 4x-3(2x-y)=8 \cdots ② \end{cases}$

①より，$3x-y=2 \cdots ①'$

②より，$-2x+3y=8 \cdots ②'$

①′×3＋②より，yを消去し，

$x=2$が求まる。

①′に代入して，$y=4$

答　$x=2$，$y=4$

(2) $\begin{cases} 4x+y=9 \cdots ① \\ x-3(3x-2y)=-10 \cdots ② \end{cases}$

②より，$-8x+6y=-10 \cdots ②'$

①×6－②′より，yを消去し，

$x=2$が求まる。

①に代入して，$y=1$

答　$x=2$，$y=1$

(3) $\begin{cases} 3(x-2y)=x+8 \cdots ① \\ 6x-y=4(x-3) \cdots ② \end{cases}$

①より，$3x-6y=x+8$

よって，$2x-6y=8 \cdots ①'$

②より，$6x-y=4x-12$

よって，$2x-y=-12 \cdots ②'$

①′－②′より，xを消去し，

$y=-4$が求まる。

①′に代入して，$x=-8$

答　$x=-8$，$y=-4$

(4) $\begin{cases} 3x+y=2 \cdots ① \\ 0.6x-0.4y=1 \cdots ② \end{cases}$

②を10倍して，$6x-4y=10 \cdots ②'$

①×2－②′より，xを消去し，

$y=-1$が求まる。

①に代入して，$x=1$

答　$x=1$，$y=-1$

(5) $\begin{cases} 0.2x+0.15y=-0.1 \cdots ① \\ 0.1x-0.3y=-0.3 \quad \cdots ② \end{cases}$

①を100倍して，

$20x+15y=-10 \cdots ①'$

②を10倍して，

$x-3y=-3 \cdots ②'$

①′＋②′×5より，yを消去し，

$x=-1$が求まる。

②′に代入して，$y=\dfrac{2}{3}$

答　$x=-1$，$y=\dfrac{2}{3}$

(6) $\begin{cases} x+y=15 \quad \cdots ① \\ \dfrac{x}{3}+\dfrac{y}{6}=4 \cdots ② \end{cases}$

②を6倍して，$2x+y=24 \cdots ②'$

①－②′より，yを消去し，$x=9$

が求まる。

①に代入して，$y=6$

答　$x=9$，$y=6$

(7) $\begin{cases} \dfrac{1}{4}x+y=5 \quad \cdots ① \\ \dfrac{1}{2}x+\dfrac{1}{2}y=4 \cdots ② \end{cases}$

①を4倍して，$x+4y=20 \cdots ①'$

②を2倍して，$x+y=8 \cdots ②'$

①′－②′より，xを消去し，$y=4$

が求まる。

①′に代入して，$x=4$

答　$x=4$，$y=4$

(8) $\begin{cases} \dfrac{x+y}{4}=\dfrac{1}{2} & \cdots① \\ \dfrac{3}{5}x+\dfrac{1}{3}y=2 & \cdots② \end{cases}$

①を4倍して，$x+y=2\cdots①'$

②を15倍して，$9x+5y=30\cdots②'$

$①'\times5-②'$より，yを消去し，$x=5$が求まる。

①′に代入して，$y=-3$

答　$x=5$，$y=-3$

2(1) $\begin{cases} 4x+y=7\cdots① \\ 3x-y=7\cdots② \end{cases}$ を解く

①＋②より，yを消去し，$x=2$が求まる。

①に代入して，$y=-1$

答　$x=2$，$y=-1$

(2) $\begin{cases} x+2y+4=5\cdots① \\ 2x+y=5\quad\cdots② \end{cases}$

①より，$x+2y=1\cdots①'$

$①'\times2-②$より，xを消去し，$y=-1$が求まる。

①′に代入して，$x=3$

答　$x=3$，$y=-1$

(3) $\begin{cases} -5x+3y=-3x+8\ \cdots① \\ 2x+5y+3=-3x+8\cdots② \end{cases}$

①より，$-2x+3y=8\cdots①'$

②より，$5x+5y=5\cdots②'$

$①'\times5+②'\times2$より，xを消去し，$y=2$が求まる。

①′に代入して，$x=-1$

答　$x=-1$，$y=2$

確認問題 23

$x=-2$，$y=1$を代入して，

$\begin{cases} -2a-b=4\cdots① \\ -2b+a=3\cdots② \end{cases}$

②のaとbの順をかえて，$a-2b=3\cdots②'$

$①\times2-②'$より，bを消去して，$a=-1$が求まる。

①に代入して，$b=-2$

答　$a=-1$，$b=-2$

確認問題 24

(1) 大きい数をx，小さい数をyとする。

$\begin{cases} x+y=19 \\ 2x-3y=3 \end{cases}$

これを解いて，$x=12$，$y=7$

問題に合っている。 答　12と7

(2) 十の位の数をx，一の位の数をyとする。

$\begin{cases} x+y=10\cdots① \\ 10y+x=10x+y+18\cdots② \end{cases}$

②より，$-9x+9y=18\cdots②'$

①，②′を解いて，$x=4$，$y=6$

問題に合っている。 答　46

確認問題 25

(1) 鉛筆1本x円，ノート1冊y円とする。

$\begin{cases} 2x+3y=460 & \leftarrow 代金の関係 \\ 5x+2y=490 & \leftarrow 代金の関係 \end{cases}$

$x=50$，$y=120$が求まる。

問題に合っている。

答　鉛筆1本50円，
ノート1冊120円

(2) みかんをx個，りんごをy個買ったとする。

$\begin{cases} x+y=20 & \leftarrow 個数の関係 \\ 80x+120y=1920 & \leftarrow 代金の関係 \end{cases}$

$x=12$，$y=8$が求まる。

問題に合っている。

答　みかん12個，りんご8個

確認問題 26

歩いた道のりをxm，走った道のりをymとする。10分かかったから，

$\begin{cases} x+y=1200 & \cdots① \\ \dfrac{x}{80}+\dfrac{y}{160}=10 & \cdots② \end{cases}$

②の両辺に160をかけて，$2x+y=1600\cdots②'$

①，②′を解くと，$x=400$，$y=800$

問題に合っている。

答　歩いた道のり400m,
走った道のり800m

確認問題 27

A地から峠までの道のりを$x$km, 峠からB地までの道のりをymとする。

$$\begin{cases} \dfrac{x}{2}+\dfrac{y}{4}=2 & \cdots① \\ \dfrac{y}{2}+\dfrac{x}{4}=\dfrac{5}{2} & \cdots② \end{cases}$$

①×4より，$2x+y=8$…①′
②×4を整理して，$x+2y=10$…②′
①′，②′を解くと，$x=2$，$y=4$
問題に合っている。

答　A地から峠まで2km,
峠からB地まで4km

確認問題 28

Aさんの速さを分速xm, Bさんの速さを分速ymとする。

$$\begin{cases} 10x+10y=2000 & \leftarrow 出会う \\ 25x-25y=2000 & \leftarrow 追いこす \end{cases}$$

これを解いて$x=140$，$y=60$
問題に合っている。

答　Aさん　分速140m,
Bさん　分速60m

トレーニング7

(1)　A地からP地までの道のりを$x$km, P地からB地までの道のりを$y$kmとする。

$$\begin{cases} x+y=180 \cdots① \\ \dfrac{x}{40}+\dfrac{y}{60}=4 \cdots② \end{cases}$$

②を120倍して，$3x+2y=480$…②′
①，②′を解いて，$x=120$，$y=60$
問題に合っている。

答　A地からP地まで120km,
P地からB地まで60km

(2)　A地から峠までの道のりを$x$km, 峠からB地までの道のりを$y$kmとする。

$$\begin{cases} x+y=7 & \cdots① \\ \dfrac{x}{2}+\dfrac{y}{4}=\dfrac{5}{2} & \cdots② \end{cases}$$

②を4倍して，$2x+y=10$…②′
①，②′を解いて，$x=3$，$y=4$
問題に合っている。

答　A地から峠まで3km,
峠からB地まで4km

(3)　家から学校までの道のりをxm, 学校から駅までの道のりをymとする。

$$\begin{cases} \dfrac{x}{80}+\dfrac{y}{60}=30 & \cdots① \\ x=y-400 & \cdots② \end{cases}$$

①を240倍して，
$3x+4y=7200$…①′
①′，②を代入法で解いて，
$x=800$，$y=1200$
問題に合っている。
家から駅までの道のりは，
$800+1200=2000$(m)

答　2000m

確認問題 29

8%の食塩水xgと13%の食塩水ygを混ぜるとする。

$$\begin{cases} x+y=500 \cdots① \\ x\times\dfrac{8}{100}+y\times\dfrac{13}{100}=500\times\dfrac{10}{100} \cdots② \end{cases}$$

xg		yg		500g
8%	+	13%	→	10%

②を100倍して，
$8x+13y=5000$…②′
①，②′を解いて，$x=300$，$y=200$
問題に合っている。

答　8%の食塩水300g,
13%の食塩水200g

確認問題 30

Aの食塩水の濃度をx%, Bの食塩水の濃度をy%とする。

300g		200g		500g
x%	+	y%	→	11%
A		B		

200g		300g		500g
x%	+	y%	→	12%
A		B		

$$\begin{cases} 300\times\dfrac{x}{100}+200\times\dfrac{y}{100}=500\times\dfrac{11}{100} \cdots① \\ 200\times\dfrac{x}{100}+300\times\dfrac{y}{100}=500\times\dfrac{12}{100} \cdots② \end{cases}$$

①より$3x+2y=55$…①′

②より$2x+3y=60$…②′

①′，②′を解いて，$x=9$，$y=14$

問題に合っている。

答 **A9%，B14%**

トレーニング8

(1) 8%の食塩水xgと20%の食塩水ygを混ぜるとする。

$$\begin{cases} x+y=600 \cdots① \\ x\times\dfrac{8}{100}+y\times\dfrac{20}{100}=600\times\dfrac{12}{100} \cdots② \end{cases}$$

②×100より，

$8x+20y=7200$…②′

①，②′を解いて，

$x=400$，$y=200$

問題に合っている。

答 **8%の食塩水400g，20%の食塩水200g**

(2) 5%の食塩水xgと12%の食塩水ygを混ぜるとする。

$$\begin{cases} x+y=700 \cdots① \\ x\times\dfrac{5}{100}+y\times\dfrac{12}{100}=700\times\dfrac{10}{100} \cdots② \end{cases}$$

②×100より，

$5x+12y=7000$…②′

①，②′を解いて，

$x=200$，$y=500$

問題に合っている。

答 **5%の食塩水200g，12%の食塩水500g**

(3)

$$\begin{cases} 100\times\dfrac{x}{100}+200\times\dfrac{y}{100}=300\times\dfrac{8}{100} \cdots① \\ 200\times\dfrac{x}{100}+100\times\dfrac{y}{100}=300\times\dfrac{6}{100} \cdots② \end{cases}$$

それぞれ約分して，

$$\begin{cases} x+2y=24 \cdots①' \\ 2x+y=18 \cdots②' \end{cases}$$

①′，②′を解いて，$x=4$，$y=10$

問題に合っている。

答 **$x=4$，$y=10$**

(4) 15%の食塩水xgと10%の食塩水ygを混ぜたとする。

$$\begin{cases} x+y+500=1000 \cdots① \\ x\times\dfrac{15}{100}+y\times\dfrac{10}{100}=1000\times\dfrac{6}{100} \cdots② \end{cases}$$

①より，$x+y=500$…①′

②×100より，

$15x+10y=6000$…②′

①′，②′を解いて，

$x=200$，$y=300$

問題に合っている。

答 **15%の食塩水200g，10%の食塩水300g**

確認問題 31

(1) 男子の人数をx人，女子の人数をy人とする。

$$\begin{cases} x+y=310 \cdots① \\ 0.05x+0.08y=20 \cdots② \end{cases}$$

②×100より，$5x+8y=2000$…②′

①，②′を解いて，

$x=160$，$y=150$

問題に合っている。

答 男子160人，女子150人

(2) 商品Aの定価をx円，商品Bの定価をy円とする。

商品Aはx円の20%引きで，

$x \times (1-0.2)=0.8x$（円）

商品Bはy円の10%引きで，

$y \times (1-0.1)=0.9y$（円）

よって，

$$\begin{cases} x+y=3200 & \cdots ① \\ 0.8x+0.9y=2680 & \cdots ② \end{cases}$$

②×10より，$8x+9y=26800$…②′

①，②′を解いて，

$x=2000$，$y=1200$

問題に合っている。

答 商品A2000円，
商品B1200円

確認問題 32

先月に集めたアルミ缶の重さを$x$kg，スチール缶の重さを$y$kgとする。

今月のアルミ缶は，

$x \times (1+0.2)=1.2x$（kg）

スチール缶は，

$y \times (1-0.1)=0.9y$（kg）

	アルミ缶	スチール缶	合計
先月	x	y	55
	+20%	−10%	+2kg
今月	$1.2x$	$0.9y$	57

$$\begin{cases} x+y=55 & \cdots ① \\ 0.2x-0.1y=2 & \cdots ② \end{cases}$$

②×10より，$2x-y=20$…②′

①，②′を解いて，$x=25$，$y=30$

今月のアルミ缶は$1.2 \times 25=30$（kg），スチール缶は$0.9 \times 30=27$（kg）

問題に合っている。

答 アルミ缶30kg，
スチール缶27kg

トレーニング9

(1) 男性の人数をx人，女性の人数をy人とする。

$$\begin{cases} x+y=300 & \cdots ① \\ 0.3x+0.2y=78 & \cdots ② \end{cases}$$

②×10より，$3x+2y=780$…②′

①，②′を解いて，$x=180$，$y=120$

問題に合っている。

答 男性180人，女性120人

(2) Aの定価をx円，Bの定価をy円とする。

$$\begin{cases} x+y=1400 & \cdots ① \\ 0.7x+0.8y=1040 & \cdots ② \end{cases}$$

②×10より，$7x+8y=10400$…②′

①，②′を解いて，$x=800$，$y=600$

問題に合っている。

答 A800円，B600円

(3) A店のノート1冊の値段をx円，鉛筆1本の値段をy円とする。

B店のノート1冊の値段は，

$x \times (1-0.2)=0.8x$（円）

B店の鉛筆1本の値段は，

$y \times (1+0.2)=1.2y$（円）

よって，

$$\begin{cases} 5x+10y=1500 & \cdots ① \\ 0.8x \times 5+1.2y \times 10=1400 & \cdots ② \end{cases}$$

②より，$4x+12y=1400$…②′

①，②′を解いて，$x=200$，$y=50$

問題に合っている。

答 ノート1冊200円，
鉛筆1本50円

(4) 昨年の男子の人数をx人，女子の人数をy人とする。

$$\begin{cases} x+y=50 & \cdots ① \\ -0.1x+0.15y=0 & \cdots ② \end{cases}$$

②×100より，

$-10x+15y=0$…②′

①，②′を解いて，$x=30$，$y=20$

今年の男子は，$30 \times 0.9=27$（人），女子は，$20 \times 1.15=23$（人）

問題に合っている。

答 男子27人，女子23人

(5) 先月の品物Aの売れた個数をx個，

品物Bの売れた個数をy個とする。

$$\begin{cases} x+y=1200\cdots① \\ 0.05x-0.2y=-40\cdots② \end{cases}$$

②×100より，

$5x-20y=-4000\cdots②'$

①，②'を解いて，$x=800$，$y=400$

今月の商品Aの売れた個数は，

$1.05\times800=840$（個）

商品Bの売れた個数は，

$0.8\times400=320$（個）

問題に合っている。

答 商品A840個，商品B320個

(6) 先週の男子の利用者数をx人，女子の利用者数をy人とする。

$x+y=500\cdots①$

$1.2y=0.9x+180\cdots②$

②×10より，

$-9x+12y=1800\cdots②'$

①，②'を解いて，$x=200$，$y=300$

今週の男子は$0.9\times200=180$（人），女子は$1.2\times300=360$（人）

問題に合っている。

答 男子180人，女子360人

連立方程式まとめ　定期テスト対策A

1(1)

$$\begin{cases} 3x+y=3\cdots① \\ -2x-y=0\cdots② \end{cases}$$

①+②より，

$$\begin{array}{rr} & 3x+y=3 \\ +) & -2x-y=0 \\ \hline & x\quad=3 \end{array}$$

①に代入して，$y=-6$

答 $x=3$，$y=-6$

(2)

$$\begin{cases} 2x-3y=4\cdots① \\ x-2y=1\cdots② \end{cases}$$

①−②×2より，

$$\begin{array}{rr} & 2x-3y=4 \\ -) & 2x-4y=2 \\ \hline & y=2 \end{array}$$

②に代入して，$x=5$

答 $x=5$，$y=2$

(3)

$$\begin{cases} 2x+3y=-7\cdots① \\ 7x+5y=-8\cdots② \end{cases}$$

①×5−②×3より，

$$\begin{array}{rr} & 10x+15y=-35 \\ -) & 21x+15y=-24 \\ \hline & -11x\quad=-11 \end{array}$$

$x=1$

①に代入して，$y=-3$

答 $x=1$，$y=-3$

(4)

$$\begin{cases} 3x-y=4\cdots① \\ y=2x-1\cdots② \end{cases}$$

②を①に代入

$3x-(2x-1)=4$

$x=3$

②に代入して，$y=5$

答 $x=3$，$y=5$

2(1)

$$\begin{cases} 5x+2y=1\cdots① \\ 3(x+y)=4x+10\cdots② \end{cases}$$

②より，$-x+3y=10\cdots②'$

①+②'×5より，

$$\begin{array}{rr} & 5x+2y=1 \\ +) & -5x+15y=50 \\ \hline & 17y=51 \end{array}$$

$y=3$

①に代入して，$x=-1$

答 $x=-1$，$y=3$

(2)

$$\begin{cases} \dfrac{x}{3}+\dfrac{y}{2}=2\cdots① \\ x-y=11\cdots② \end{cases}$$

①×6より，$2x+3y=12\cdots①'$

②×2−①'より，

$$\begin{array}{rr} & 2x-2y=22 \\ -) & 2x+3y=12 \\ \hline & -5y=10 \end{array}$$

$y=-2$

②に代入して，$x=9$

答 $x=9$，$y=-2$

(3)

$$\begin{cases} 0.3x+0.1y=-0.2\cdots① \\ 5x+3y=6\cdots② \end{cases}$$

①×10より，

$3x+y=-2$…①′

①′×3－②より，

$$\begin{array}{rl} & 9x+3y=-6 \\ -) & 5x+3y=6 \\ \hline & 4x \quad =-12 \\ & x=-3 \end{array}$$

①′に代入して，$y=7$

答 $x=-3$，$y=7$

(4) $\begin{cases} 2x-y=11 \cdots ① \\ 4x+y-2=11 \cdots ② \end{cases}$

②より，$4x+y=13$…②′

①＋②′より，

$$\begin{array}{rl} & 2x-y=11 \\ +) & 4x+y=13 \\ \hline & 6x \quad =24 \\ & x=4 \end{array}$$

①に代入して，$y=-3$

答 $x=4$，$y=-3$

3 $x=2$，$y=-1$を代入して，

$\begin{cases} 2a+1=3 \cdots ① \\ 4a-b=1 \cdots ② \end{cases}$

①より，$a=1$

②に代入して，$b=3$

答 $a=1$，$b=3$

4 大きい数をx，小さい数をyとする。

$\begin{cases} x+y=14 \cdots ① \\ x=2y-1 \cdots ② \end{cases}$

②を①に代入して解くと，

$x=9$，$y=5$

問題に合っている。 答 9と5

5 ノート1冊の値段をx円，消しゴム1個の値段をy円とする。

$\begin{cases} 3x+2y=610 \\ 2x+3y=540 \end{cases}$

これを解いて，$x=150$，$y=80$

問題に合っている

答 ノート1冊150円，
消しゴム1個80円

6 大人1人の入場料をx円，子ども1人の入場料をy円とする。

$\begin{cases} 5x+3y=5200 \\ 4x+6y=5600 \end{cases}$

これを解いて，$x=800$，$y=400$

問題に合っている。

答 大人1人800円，
子ども1人400円

7 十の位の数をx，一の位の数をyとする。

$\begin{cases} x+y=10 \cdots ① \\ 10y+x=10x+y+36 \cdots ② \end{cases}$

②より，$-9x+9y=36$…②′

①，②′を解いて，$x=3$，$y=7$

問題に合っている。 答 37

8 A町からB町までを$x$km，B町からC町までを$y$kmとする。

$\begin{cases} x+y=13 \cdots ① \\ \dfrac{x}{4}+\dfrac{y}{5}=3 \cdots ② \end{cases}$

②×20より，$5x+4y=60$…②′

①，②′を解いて，$x=8$，$y=5$

問題に合っている。

答 A町からB町まで8km，
B町からC町まで5km

9 歩いた道のりをxm，走った道のりをymとする。

$\begin{cases} x+y=1500 \cdots ① \\ \dfrac{x}{60}+\dfrac{y}{180}=15 \cdots ② \end{cases}$

②×180より，$3x+y=2700$…②′

①，②′を解いて，$x=600$，$y=900$

問題に合っている。

答 歩いた道のり600m，
走った道のり900m

10 9％の食塩水をxg，3％の食塩水をygとする。

$\begin{cases} x+y=1200 \cdots ① \\ x\times\dfrac{9}{100}+y\times\dfrac{3}{100}=1200\times\dfrac{7}{100} \cdots ② \end{cases}$

②×100より，$9x+3y=8400$…②′

①，②′を解いて，$x=800$，$y=400$

問題に合っている。

答 **9%の食塩水800g, 3%の食塩水400g**

11 昨年の男子の人数をx人，女子の人数をy人とする。

$$\begin{cases} x+y=580 \cdots ① \\ -0.06x+0.05y=-4 \cdots ② \end{cases}$$

②×100より，

$-6x+5y=-400 \cdots ②'$

①，②′を解いて，$x=300$，$y=280$

今年の男子は$300\times0.94=282$（人）

今年の女子は$280\times1.05=294$（人）

問題に合っている。

答 **男子282人，女子294人**

連立方程式まとめ 定期テスト対策B

1(1) $$\begin{cases} 2(x+y)=x-y+9 \cdots ① \\ 3(x-y)+4y=11 \cdots ② \end{cases}$$

①より，$x+3y=9 \cdots ①'$

②より，$3x+y=11 \cdots ②'$

①′，②′を解いて，

$x=3$，$y=2$ 答

(2) $$\begin{cases} \dfrac{x}{3}-\dfrac{y}{4}=-\dfrac{1}{2} \cdots ① \\ \dfrac{2y+4}{3}=x \cdots ② \end{cases}$$

①×12より，$4x-3y=-6 \cdots ①'$

②×3より，$2y+4=3x$

$-3x+2y=-4 \cdots ②'$

①′，②′を解いて，

$x=24$，$y=34$ 答

(3) $$\begin{cases} 4x+2y-9=x+2 \cdots ① \\ 2x+7y+11=x+2 \cdots ② \end{cases}$$

①より，$3x+2y=11 \cdots ①'$

②より，$x+7y=-9 \cdots ②'$

①′，②′を解いて，

$x=5$，$y=-2$ 答

2 $$\begin{cases} -2x+3y=8 \cdots ① \\ ax+by=3 \cdots ② \end{cases}$$

$$\begin{cases} bx-ay=-14 \cdots ③ \\ 8x+5y=2 \cdots ④ \end{cases}$$

①，④を組にした連立方程式を解くと，$x=-1$，$y=2$

この解を②，③に代入する。

$$\begin{cases} -a+2b=3 \cdots ⑤ \\ -b-2a=-14 \cdots ⑥ \end{cases}$$

⑥より，$-2a-b=-14 \cdots ⑥'$

⑤，⑥′を解いて，$a=5$，$b=4$ 答

3 3人の班の数をx，4人の班の数をyとする。

$$\begin{cases} x+y=11 \\ 3x+4y=38 \end{cases}$$

これを解いて，$x=6$，$y=5$

問題に合っている。

答 **3人の班6班，4人の班5班**

4 大きい方の数をx，小さい方の数をyとする。

xをyでわると商が3で余りが4より，

$x=3y+4$

$$\begin{cases} x-y=18 \cdots ① \\ x=3y+4 \cdots ② \end{cases}$$

②を①に代入して解くと，

$x=25$，$y=7$ 問題に合っている。

答 **25と7**

AをBでわると商がC余りがD ↓ A＝B×C＋D

5 十の位の数をx，一の位の数をyとする。

$$\begin{cases} x+y=9 \cdots ① \\ 10y+x=2(10x+y)-9 \cdots ② \end{cases}$$

②より，$-19x+8y=-9 \cdots ②'$

①，②′を解いて，$x=3$，$y=6$

問題に合っている。 答 **36**

6 現在の子の年齢をx歳，父の年齢をy歳とする。

$$\begin{cases} y=3x \cdots ① \\ y+12=2(x+12) \cdots ② \end{cases}$$

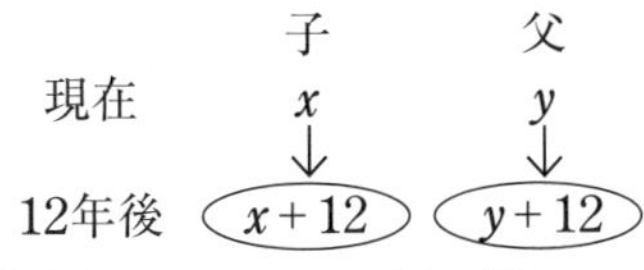

②より，$-2x+y=12$…②′

①，②′を解いて，$x=12$，$y=36$

問題に合っている。

答　子12歳，父36歳

7　A町から峠までの道のりを$x$km，峠からB町までの道のりを$y$kmとする。

$$\begin{cases} \dfrac{x}{2}+\dfrac{y}{3}=3 \cdots ① \\ \dfrac{y}{2}+\dfrac{x}{4}=\dfrac{5}{2} \cdots ② \end{cases}$$

①×6より，$3x+2y=18$…①′

②×4より，$2y+x=10$

$x+2y=10$…②′

①′，②′を解いて，$x=4$，$y=3$

問題に合っている。

答　A町から峠まで4km，
峠からB町まで3km

8　Aさんの速さを分速xm，Bさんの速さを分速ymとする。

$$\begin{cases} 20x+20y=3200 \cdots ① & \leftarrow \text{出会う} \\ 80x-80y=3200 \cdots ② & \leftarrow \text{1周追いぬく} \end{cases}$$

①，②を解いて，$x=100$，$y=60$

問題に合っている。

答　Aさん分速100m，
Bさん分速60m

9　15％の食塩水をxg，水をygとする。

$$\begin{cases} 200+x+y=1000 \cdots ① \\ 200\times\dfrac{20}{100}+x\times\dfrac{15}{100}=1000\times\dfrac{13}{100} \\ \qquad\cdots ② \end{cases}$$

①より，$x+y=800$…①′

②×100より，$4000+15x=13000$

$x=600$

①′に代入して，$y=200$

問題に合っている。

答　15％の食塩水600g，水200g

10　8％の食塩水をxg，9％の食塩水をygとする。

$$\begin{cases} 200+x+y=500 \cdots ① \\ 200\times\dfrac{5}{100}+x\times\dfrac{8}{100}+y\times\dfrac{9}{100} \\ \qquad =500\times\dfrac{7}{100} \cdots ② \end{cases}$$

①より，$x+y=300$…①

②×100より，

$1000+8x+9y=3500$

$8x+9y=2500$…②′

①，②′を解いて，$x=200$，$y=100$

問題に合っている。

答　8％の食塩水200g，
9％の食塩水100g

11　昨年の男子の人数をx人，女子の人数をy人とする。

$$\begin{cases} x+y=500 \cdots ① \\ -0.05x+0.1y=5 \cdots ② \end{cases}$$

昨年の1％は$500\times0.01=5$（人）
よって，5人増えた

②×100より，

$-5x+10y=500$…②′

①，②′を解いて，$x=300$，$y=200$

今年の男子は$300\times0.95=285$（人）

女子は$200\times1.1=220$（人）

問題に合っている。

答　男子285人，女子220人

第3章 1次関数

確認問題 33

㋒は$y=\frac{1}{2}x$なので，1次関数。

答 ㋐，㋒

確認問題 34

(1) 4 (2) -2 (3) 1 (4) $-\frac{2}{3}$

確認問題 35

変化の割合-2より，
(yの増加量)$=-2\times3=-6$ 答

確認問題 36

(1) 点$(0,\ -4)$を通る。
右に2，上に5移動した点を通る。

(2) 点$(0,\ 6)$を通る。
右に4，下に3移動した点を通る。

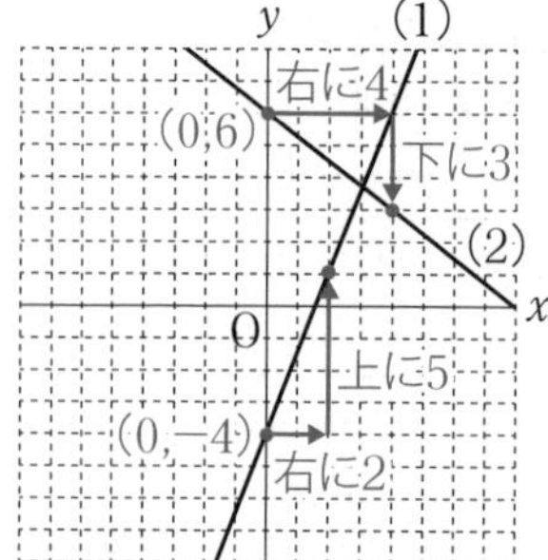

(3) 点$(0,\ -7)$を通る。
傾き2より，右に1，上に2移動した点を通る。

(4) 点$(0,\ 5)$を通る。
傾き-1より，右に1，下に1移動した点を通る。

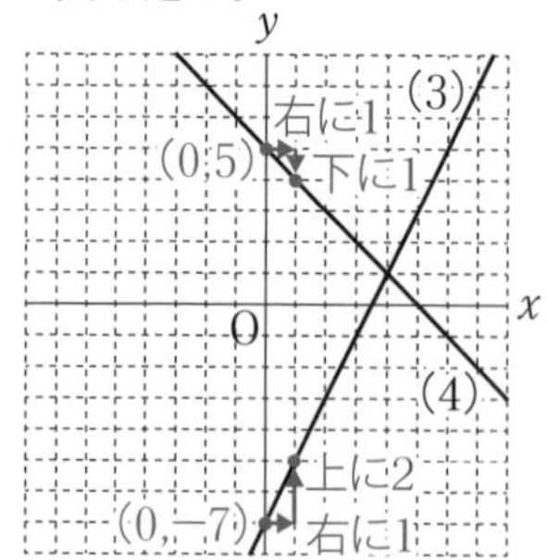

確認問題 37

(1) 切片-3より，点$(0,\ -3)$を通る。
右に2，上に1移動した点を通る。
この直線のうち，$-2\leqq x\leqq6$の部分

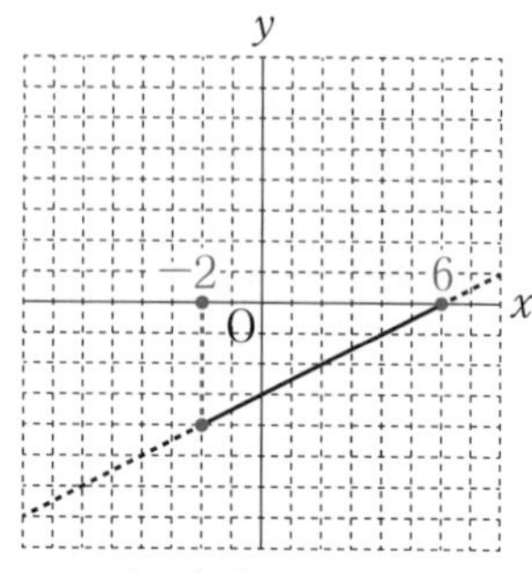

(2) $x=-2$のとき$y=-4$，$x=6$のとき$y=0$ よって，$-4\leqq y\leqq0$ 答

確認問題 38

① y軸と点$(0,\ 4)$で交わっているので，切片4。右に3，上に2移動した点を通っているので，傾き$\frac{2}{3}$

答 $y=\frac{2}{3}x+4$

② 切片-4で，右に2，下に1移動した点を通っているので，傾き$-\frac{1}{2}$

答 $y=-\frac{1}{2}x-4$

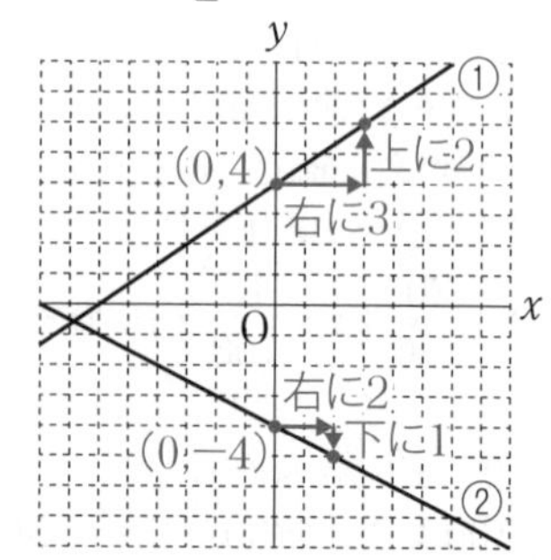

③ 切片は-6。右に5，上に3移動した点を通っているので，傾き$\frac{3}{5}$

答　$y=\dfrac{3}{5}x-6$

④　切片は5。右に1，下に1移動した点を通っているので，傾き -1

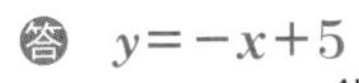

答　$y=-x+5$

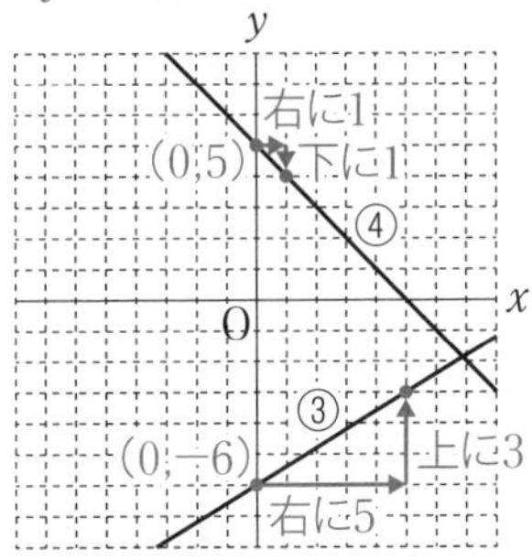

トレーニング10

1

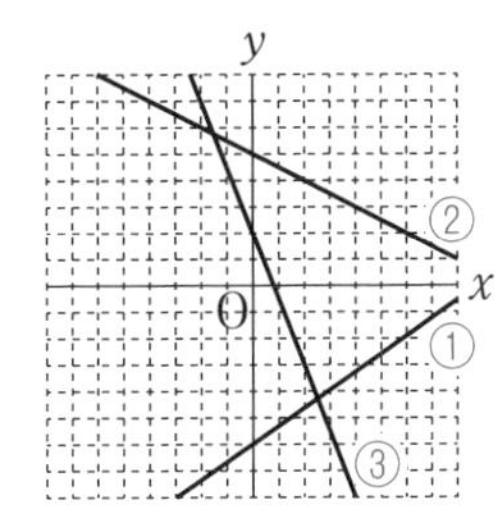

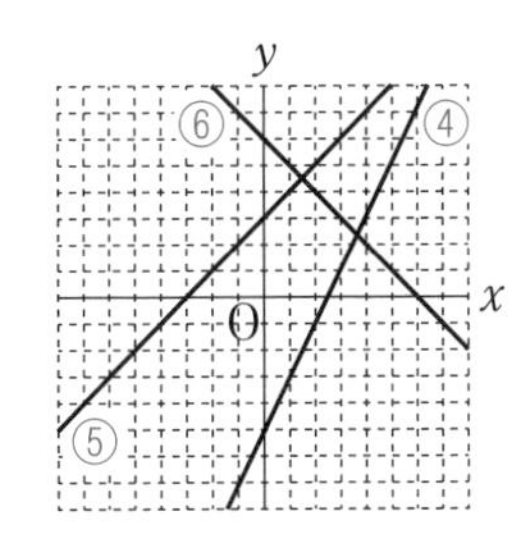

2

⑦　$y=x-2$　　⑧　$y=-2x+6$

⑨　$y=-\dfrac{2}{3}x-4$　　⑩　$y=\dfrac{1}{3}x+2$

確認問題 39

(1)　$y=ax+b$ とおく。

$a=3$ より，$y=3x+b$ と表せる。

$x=-1$，$y=2$ を代入して，

$2=-3+b$ より，$b=5$

答　$y=3x+5$

(2)　$y=ax+b$ とおく。

$$a=\frac{(y\text{の増加量})}{(x\text{の増加量})}=\frac{-2}{4}=-\frac{1}{2}$$

$y=-\dfrac{1}{2}x+b$ と表せる。

$x=6$，$y=5$ を代入して，

$5=-3+b$ より，$b=8$

答　$y=-\dfrac{1}{2}x+8$

(3)　$y=ax+b$ とおく。

$x=4$，$y=-1$ を代入して，

$-1=4a+b$

$x=2$，$y=1$ を代入して，

$1=2a+b$

それぞれ左辺と右辺を入れかえ，

$\begin{cases} 4a+b=-1 \\ 2a+b=1 \end{cases}$　を解く。

$a=-1$，$b=3$ が求まる。

答　$y=-x+3$

確認問題 40

(1)　$y=ax+b$ とおく。$a=-2$，$b=4$ より，$y=-2x+4$　答

(2)　$y=ax+b$ とおく。

$a=\dfrac{1}{3}$ より，$y=\dfrac{1}{3}x+b$

点 $(-6,\ 0)$ を通るから，

$x=-6$，$y=0$ を代入

$0=-2+b$ より，$b=2$

答　$y=\dfrac{1}{3}x+2$

(3)　$y=ax+b$ とおく。

$b=1$ より，$y=ax+1$

点 $(-3,\ -1)$ を通るから，

$x=-3$，$y=-1$ を代入

$-1=-3a+1$

$-3a+1=-1$

$-3a=-2$

$a=\dfrac{2}{3}$　答　$y=\dfrac{2}{3}x+1$

確認問題 41

$y=ax+b$とおく。
$(-2,\ -3)$を通るから，$-3=-2a+b$
$(1,\ -9)$を通るから，$-9=a+b$

$\begin{cases} -2a+b=-3 \\ a+b=-9 \end{cases}$ を解いて，

$a=-2,\ b=-7$

答 $y=-2x-7$

確認問題 42

$y=ax+b$とおく。
2点$(-3,\ 4)$，$(2,\ -1)$を通るから，

$$a=\frac{-1-4}{2-(-3)}=-1$$

$y=-x+b$となる。
点$(-3,\ 4)$を通るから，$4=3+b$より，$b=1$　答 $y=-x+1$

確認問題 43

(1) $y=ax+b$とおく。
$y=\frac{2}{3}x-7$のグラフと平行だから，
$a=\frac{2}{3}$
$y=\frac{2}{3}x+b$が点$(3,\ 4)$を通るから，
$4=2+b$より，$b=2$

答 $y=\frac{2}{3}x+2$

(2) $y=ax+b$とおく。
$y=3x-1$のグラフとy軸上で交わるから，$b=-1$
$y=ax-1$が点$(2,\ -5)$を通るから，
$-5=2a-1$より，$a=-2$

答 $y=-2x-1$

トレーニング 11

1(1) $y=ax+b$とおく。
$a=\frac{1}{2}$より，$y=\frac{1}{2}x+b$に$x=4$，
$y=-7$を代入
$-7=2+b$より，$b=-9$

答 $y=\frac{1}{2}x-9$

(2) $y=ax+b$とおく。$a=\frac{8}{4}=2$
$y=2x+b$に$x=5$，$y=4$を代入
$4=10+b$より，$b=-6$

答 $y=2x-6$

(3) $y=ax+b$とおく。
$x=8$，$y=5$を代入して，
$5=8a+b$
$x=-2$，$y=-10$を代入して，
$-10=-2a+b$

$\begin{cases} 8a+b=5 \\ -2a+b=-10 \end{cases}$ を解いて，

$a=\frac{3}{2}$，$b=-7$

答 $y=\frac{3}{2}x-7$

2(1) $y=-4x-3$

(2) $y=ax+b$とおく。$a=2$
$y=2x+b$に$x=1$，$y=6$を代入
$6=2+b$より，$b=4$

答 $y=2x+4$

(3) $y=ax+b$とおく。$a=-\frac{1}{2}$
$y=-\frac{1}{2}x+b$に$x=4$, $y=-3$を代入
$-3=-2+b$より，$b=-1$

答 $y=-\frac{1}{2}x-1$

(4) $y=ax+b$とおく。$b=3$
$y=ax+3$に$x=-2$，$y=1$を代入
$1=-2a+3$より，$a=1$

答 $y=x+3$

(5) $y=ax+b$とおく。$b=-4$
$y=ax-4$に$x=-8$, $y=-6$を代入
$-6=-8a-4$より，$a=\frac{1}{4}$

答 $y=\frac{1}{4}x-4$

(6)　$y=ax+b$とおく。

$$a=\frac{-7-(-4)}{1-2}=3$$

$y=3x+b$に$x=2$，$y=-4$を代入

$-4=6+b$より，$b=-10$

答　$y=3x-10$

(7)　$y=ax+b$とおく。

$$a=\frac{0-(-3)}{5-(-1)}=\frac{1}{2}$$

$y=\frac{1}{2}x+b$に$x=5$，$y=0$を代入

$0=\frac{5}{2}+b$より，$b=-\frac{5}{2}$

答　$y=\frac{1}{2}x-\frac{5}{2}$

(8)　$y=ax+b$とおく。

$y=\frac{1}{2}x-5$と平行だから，$a=\frac{1}{2}$

$y=\frac{1}{2}x+b$に$x=6$，$y=2$を代入

$2=3+b$より，$b=-1$

答　$y=\frac{1}{2}x-1$

(9)　$y=ax+b$とおく。

$y=4x-2$とy軸上で交わるから，$b=-2$

$y=ax-2$に$x=-3$, $y=-1$を代入

$-1=-3a-2$より，$a=-\frac{1}{3}$

答　$y=-\frac{1}{3}x-2$

確認問題 44

(1)　$3x+4y=16$をyについて解く。

$4y=-3x+16$

$y=-\frac{3}{4}x+4$

(2)　$2x-3y=9$をyについて解く。

$-3y=-2x+9$　$\times(-1)$

$3y=2x-9$

$y=\frac{2}{3}x-3$

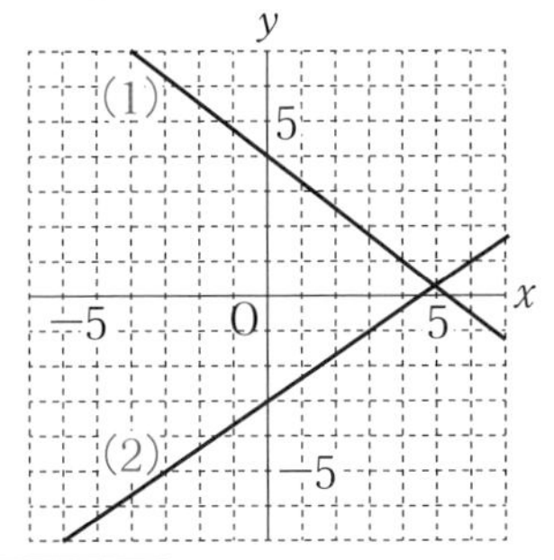

確認問題 45

(1)　$2y=6$より，$y=3$

点(0, 3)を通りx軸に平行な直線。

(2)　$x=-2$となる。

点(−2, 0)を通りy軸に平行な直線。

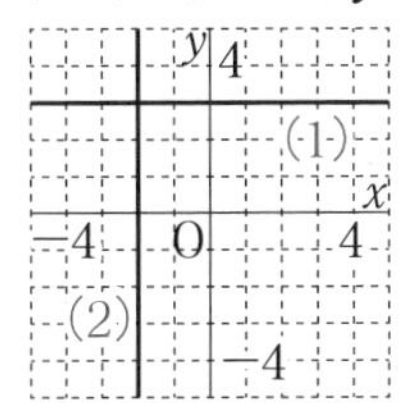

トレーニング12

(1)　$\begin{cases} y=x+1 & \cdots① \\ y=2x-3 & \cdots② \end{cases}$

$x+1=2x-3$より，$-x=-4$

$x=4$　①に代入して，$y=5$

答　(4, 5)

(2)　$\begin{cases} y=3x-5 & \cdots① \\ y=x+9 & \cdots② \end{cases}$

$3x-5=x+9$より，

$2x=14$

$x=7$　②に代入して，$y=16$

答　(7, 16)

(3)　$\begin{cases} y=-3x+5 & \cdots① \\ y=x+13 & \cdots② \end{cases}$

$-3x+5=x+13$より，

$-4x=8$

$x=-2$　②に代入して，$y=11$

答　(−2, 11)

(4) $\begin{cases} y=-2x & \cdots① \\ y=3x+20 & \cdots② \end{cases}$

$-2x=3x+20$より,

$-5x=20$

$x=-4$ ①に代入して, $y=8$

答 $(-4,\ 8)$

(5) $\begin{cases} y=2x-\dfrac{1}{3} & \cdots① \\ y=x+\dfrac{2}{3} & \cdots② \end{cases}$

$2x-\dfrac{1}{3}=x+\dfrac{2}{3}$より,

$x=1$ ①に代入して, $y=\dfrac{5}{3}$

答 $\left(1,\ \dfrac{5}{3}\right)$

(6) $\begin{cases} y=\dfrac{2}{5}x+1 & \cdots① \\ y=-x+8 & \cdots② \end{cases}$

$\dfrac{2}{5}x+1=-x+8$より,

$2x+5=-5x+40$

$7x=35$

$x=5$ ②に代入して, $y=3$

答 $(5,\ 3)$

確認問題 46

点Aは切片を表すので, A$(0,\ 5)$
($x=0$を代入してもよい)

点Bは, $y=-\dfrac{1}{2}x+5$に$y=4$を代入して, $4=-\dfrac{1}{2}x+5$

これを解いて, $x=2$ よって, B$(2,4)$

点Cは, $x=6$を代入して,
$y=-3+5=2$ よって, C$(6,\ 2)$

点Dは, $y=0$を代入して,
$0=-\dfrac{1}{2}x+5$より, $x=10$ D$(10,\ 0)$

答 A$(0,\ 5)$, B$(2,\ 4)$, C$(6,\ 2)$, D$(10,\ 0)$

確認問題 47

点Aは $\begin{cases} y=2x+4 \\ y=-x+10 \end{cases}$ の交点

$2x+4=-x+10$

$3x=6$

$x=2,\ y=8$

よって, A$(2,\ 8)$

点Bは$y=2x+4$に$y=0$を代入して,

$0=2x+4$

$x=-2$ よって, B$(-2,\ 0)$

点Cは$y=-x+10$に$y=0$を代入して,

$0=-x+10$

$x=10$ よって, C$(10,\ 0)$

BC$=10-(-2)=12$, 高さは8

$\triangle$ABC$=12\times8\times\dfrac{1}{2}=48$ 答

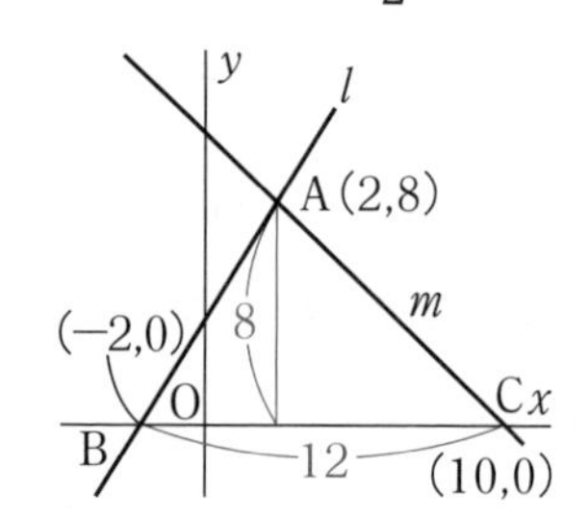

確認問題 48

(1) BP$=x$cmより, PC$=10-x$(cm)
これを底辺とすると,
高さはAC$=6$cm

よって, $y=(10-x)\times6\times\dfrac{1}{2}$

整理して, $y=-3x+30$ 答

(2) $0\leqq x\leqq10$

確認問題 49

(1) BP$=x$cmを底辺, AC$=6$cmを高さとして, $y=x\times6\times\dfrac{1}{2}$より,

$y=3x$ 答

xの変域は$0\leqq x\leqq10$ 答

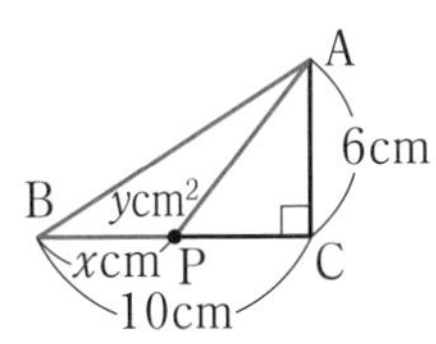

(2)　$BC+CP=x$cm，$BC+CA=$ 16cmより，

$PA=16-x$(cm)

よって，$y=(16-x)\times10\times\frac{1}{2}$

$y=-5x+80$ 答

xの変域は$10\leqq x\leqq16$ 

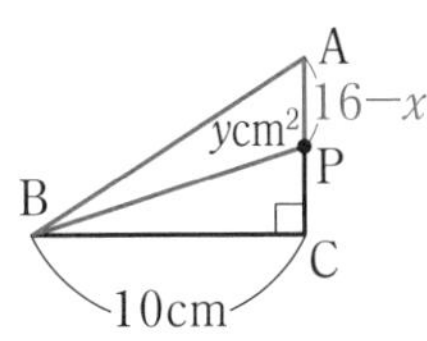

(3)　$y=3x$に$x=0$を代入し，$y=0$

$x=10$を代入し，$y=30$

よって，(0，0)，(10，30)を結ぶ。

$y=-5x+80$に$x=10$を代入し，$y=30$

$x=16$を代入し，$y=0$

よって，(10，30)，(16，0)を結ぶ。

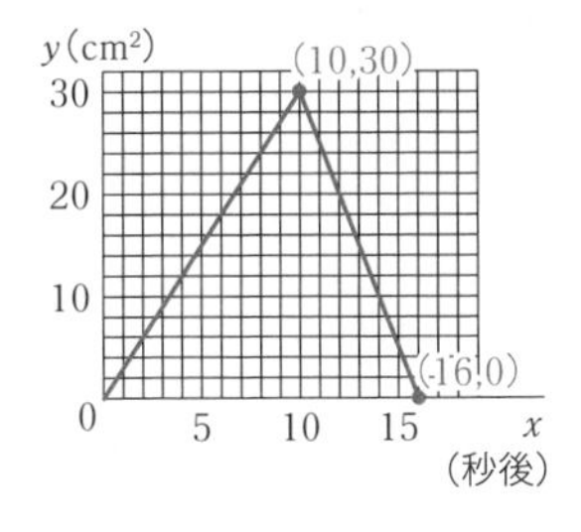

確認問題 50

(1)　点(0，0)，(4，120)を通るので，

$y=30x$，$0\leqq x\leqq4$ 答

(2)　点(7，120)，(10，0)を通る。

$y=ax+b$とおくと，

$a=\frac{0-120}{10-7}=-40$

$y=-40x+b$　(10，0)を通るので，

$0=-400+b$より，$b=400$

答 **$y=-40x+400$，$7\leqq x\leqq10$**

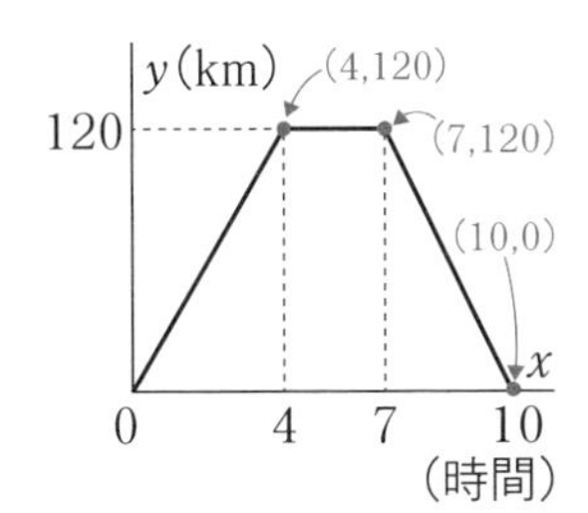

確認問題 51

(1)　点(0，0)，(45，3600)を通る。

答 **$y=80x$**

(2)　点(10，3600)，(70，0)を通る。

$y=ax+b$とおくと，

$a=\frac{0-3600}{70-10}=-60$

$y=-60x+b$

点(70，0)を通るから

$0=-4200+b$より，$b=4200$

答 **$y=-60x+4200$**

(3)　$\begin{cases} y=80x \\ y=-60x+4200 \end{cases}$　を解く

$80x=-60x+4200$　より，$x=30$，$y=2400$

答 **午前8時30分，**
A地から2400mの地点

1次関数まとめ　定期テスト対策 A

1 (1)　**$y=-80x+1000$**

($y=1000-80x$でもよい)

1次関数である

(2)　**$y=4x$　1次関数である**

(3)　$6xy=120$より，**$y=\frac{20}{x}$**

1次関数ではない

2(1) $\frac{3}{4}$

(2) (yの増加量)＝(変化の割合)×(xの増加量)より,

$\frac{3}{4}\times 8=6$ 答

3(1) $y=-\frac{1}{2}x+3$

(2) $y=x-2$

(3) $y=-4$

4(1) $y=ax+b$とおく。 $a=2$
$y=2x+b$に
$x=-5$, $y=-6$を代入
$-6=-10+b$より, $b=4$
答 $y=2x+4$

(2) $y=ax+b$とおく。$a=-\frac{2}{3}$

$y=-\frac{2}{3}x+b$に$x=-9$, $y=1$を代入

$1=6+b$より, $b=-5$

答 $y=-\frac{2}{3}x-5$

(3) $y=ax+b$とおく。

$a=\frac{2-6}{1-(-1)}=-2$

$y=-2x+b$に
$x=1$, $y=2$を代入
$2=-2+b$より, $b=4$
答 $y=-2x+4$

5(1) $y=ax+b$とおく。$a=-\frac{1}{2}$

$y=-\frac{1}{2}x+b$に$x=8$, $y=-2$を代入

$-2=-4+b$より, $b=2$

答 $y=-\frac{1}{2}x+2$

(2) $y=ax+b$とおく。$b=-6$
$y=ax-6$に$x=2$, $y=-2$を代入
$-2=2a-6$より, $a=2$
答 $y=2x-6$

(3) $y=ax+b$とおく。

$a=\frac{-2-(-6)}{5-1}=1$

$y=x+b$が点$(1, -6)$を通るから,
$-6=1+b$より, $b=-7$
答 $y=x-7$

6(1) $\begin{cases} y=-2x+7 \\ y=x+1 \end{cases}$ を解いて,

$x=2$, $y=3$
答 $P(2, 3)$

(2) $A(0, 7)$, $B(0, 1)$より,

$6\times 2\times\frac{1}{2}=6$ 答

7 $(0, 20)$, $(5, 0)$を通る。
$y=ax+b$とおくと,

$a=\frac{0-20}{5-0}=-4$

切片20より, $b=20$
答 $y=-4x+20$
xの変域は, $0\leqq x\leqq 5$ 答

8 $BP=x$cmより, $PC=4-x$(cm)

よって, $y=(4-x)\times 6\times\frac{1}{2}$より,

$y=-3x+12$ 答
xの変域は, $0\leqq x\leqq 4$ 答

1次関数まとめ 定期テスト対策B

1 xの増加量は, $3-(-1)=4$
(yの増加量)＝(変化の割合)×(xの増加量)より,

$\frac{1}{2}\times 4=2$ 答

表をつくって考えてもよいが, この方が楽。

2 $y=-\frac{1}{3}x+2$に$x=a$, $y=-1$を代入

$-1=-\frac{1}{3}a+2$

$-3=-a+6$より,
$a=9$ 答

3(1)　$y=ax+b$とおく。

$a=\frac{2}{3}$より，$y=\frac{2}{3}x+b$

点$(-12,\ -5)$を通るから，

$-5=-8+b$より，$b=3$

答　$y=\frac{2}{3}x+3$

(2)　$y=ax+b$とおく。　$b=-1$

$y=ax-1$が点$(-4,\ -2)$を通るから，

$-2=-4a-1$より，$a=\frac{1}{4}$

答　$y=\frac{1}{4}x-1$

(3)　$y=ax+b$とおく。

$a=\frac{-7-(-1)}{-8-4}=\frac{1}{2}$

$y=\frac{1}{2}x+b$が点$(4,\ -1)$を通るから，$-1=2+b$より，$b=-3$

答　$y=\frac{1}{2}x-3$

(4)　$y=ax+b$とおく。

直線$y=-\frac{1}{3}x+2$と平行だから，

$a=-\frac{1}{3}$

$y=-\frac{1}{3}x+b$が点$\left(1,\ \frac{1}{3}\right)$を通るから，

$\frac{1}{3}=-\frac{1}{3}+b$より，$b=\frac{2}{3}$

答　$y=-\frac{1}{3}x+\frac{2}{3}$

4(1)　y軸上で交わるとき，切片が等しいから，

$\frac{3}{2}a=-3$より，

$a=-2$　答

(2)　どちらも点$(-1,\ -4)$を通るから，$x=-1$，$y=-4$を代入

$-4=-a-b$

$-4=-2b+2a$

整理して，

$\begin{cases} -a-b=-4 \\ 2a-2b=-4 \end{cases}$　を解く。

$a=1$，$b=3$　答

(3)　$\begin{cases} y=x-4 \\ y=-2x+2 \end{cases}$　を解く。

$x-4=-2x+2$より，

$x=2$，$y=-2$

よって，交点は$(2,\ -2)$

$y=ax+b$とおくと，$a=\frac{1}{2}$

$y=\frac{1}{2}x+b$が点$(2,\ -2)$を通るから，

$-2=1+b$より，$b=-3$

答　$y=\frac{1}{2}x-3$

5(1)　$\begin{cases} y=\frac{1}{2}x+1 \\ y=-x+4 \end{cases}$　を解く。

$\frac{1}{2}x+1=-x+4$

$x+2=-2x+8$より，

$x=2$，$y=2$

よって，A$(2,\ 2)$

B；$y=\frac{1}{2}x+1$に$y=0$を代入

$0=\frac{1}{2}x+1$を解いて，$x=-2$

よって，B$(-2,\ 0)$

C；$y=-x+4$に$y=0$を代入

$0=-x+4$を解いて，$x=4$

よって，C$(4,\ 0)$

$\triangle ABC=6\times 2\times\frac{1}{2}=6$　答

(2) BCの中点を通る。

BCの中点は，$\left(\frac{-2+4}{2},\ \frac{0+0}{2}\right)$ で，(1，0)

よって，(1，0) とA(2，2) を通る直線。

$y=ax+b$とおく。$a=\frac{2-0}{2-1}=2$

$y=2x+b$が(1，0)を通るから，

$0=2+b$より，$b=-2$

答 $y=2x-2$

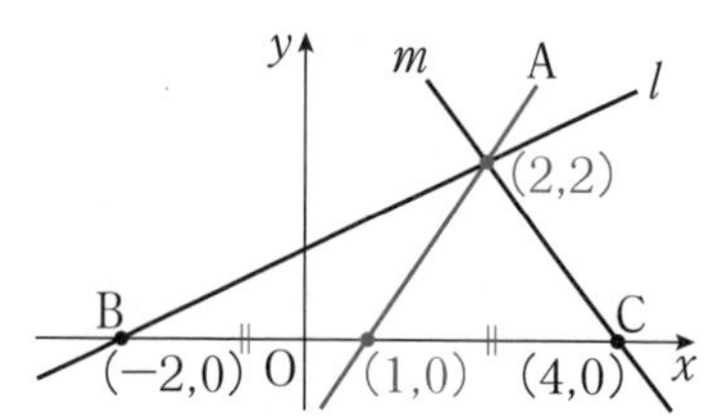

6(1) $y=5x+10$

満水になるのに4分かかるから，xの変域は$0\leqq x\leqq 4$ 答

(2) 4分後に30Lだから，点(4，30)を通る。

排水し始めて5分後に水はなくなるので，最初から9分後に0Lとなる。

つまり，点(9，0)を通る。

2点(4，30)，(9，0)を通る直線の式を求めて，

$y=-6x+54$，$4\leqq x\leqq 9$ 答

(3) 右のとおり。

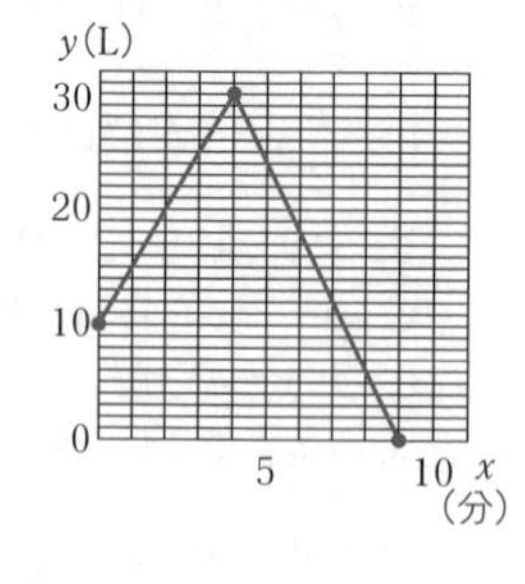

7(1) ①BP＝$x$cmより，

$y=x\times 4\times\frac{1}{2}=2x$

答 $0\leqq x\leqq 8$，$y=2x$

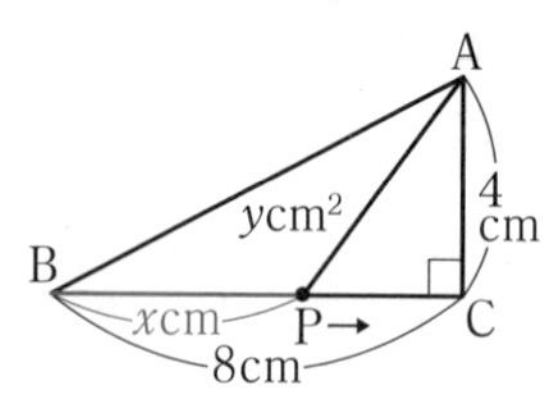

②BC＋CA＝12cm，
BC＋CP＝$x$cmより，
AP＝$12-x$(cm)

$y=(12-x)\times 8\times\frac{1}{2}$より，

$y=-4x+48$

答 $8\leqq x\leqq 12$，$y=-4x+48$

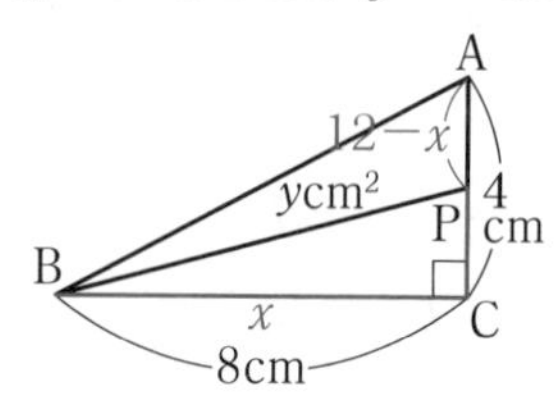

(2) $y=2x$に$x=0$を代入すると$y=0$，
$x=8$を代入すると$y=16$

よって，(0，0)，(8，16)を結ぶ。

$y=-4x+48$に$x=8$を代入すると$y=16$，$x=12$を代入すると$y=0$

よって，(8，16)，(12，0)を結ぶ。

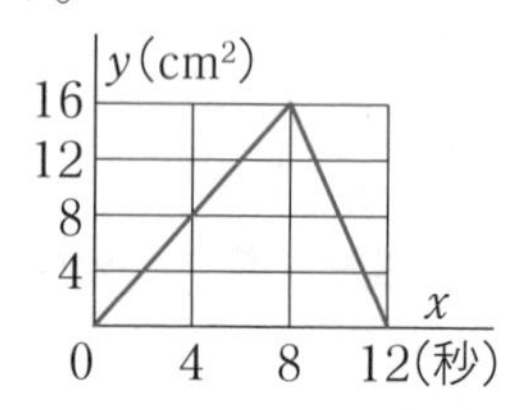

第4章　平行と合同

確認問題 52

右の図のように，対頂角を利用して$2x$を移動させて考える。(他の角を移動してもよい)

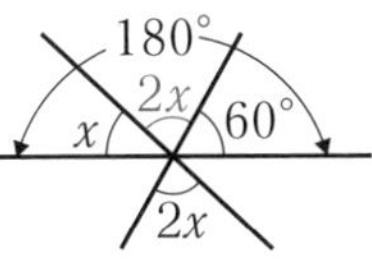

$x+2x+60°=180°$ より，

$\angle x=40°$ 答

確認問題 53

(1)　$\angle x=180°-(55°+72°)=53°$ 答

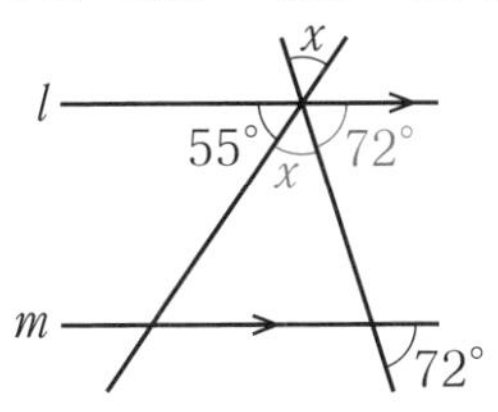

(2)　$\angle x=35°+40°=75°$ 答

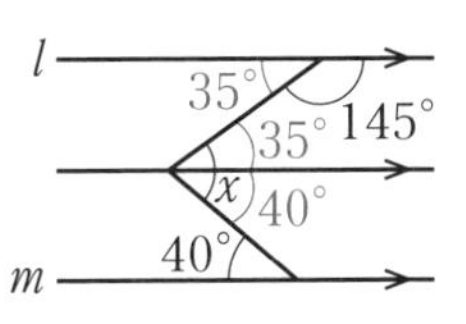

(3)　$\angle x=45°+33°=78°$ 答

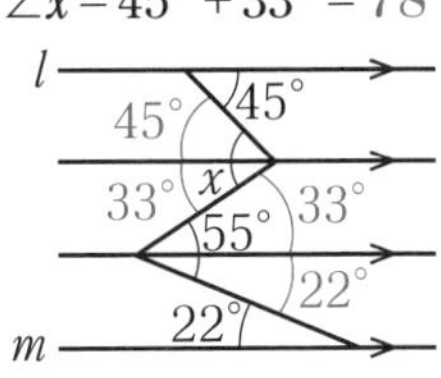

トレーニング13

(1)　$\angle x=180°-(90°+36°)=54°$ 答

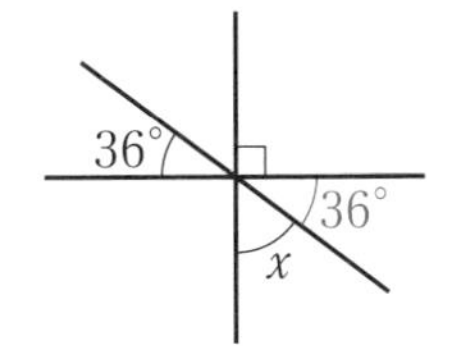

(2)　$\angle x=180°-60°=120°$ 答

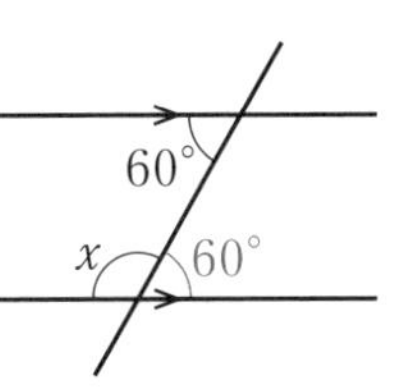

(3)　平行線の同位角を用いて，

$\angle x=180°-(55°+45°)=80°$ 答

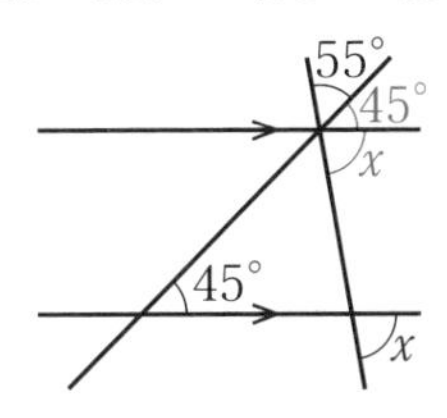

(4)　カドを通る平行線をひき，錯角を用いる。$\angle x=23°$ 答

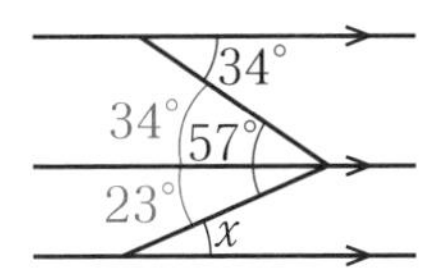

(5)　$\angle x=63°$ 答

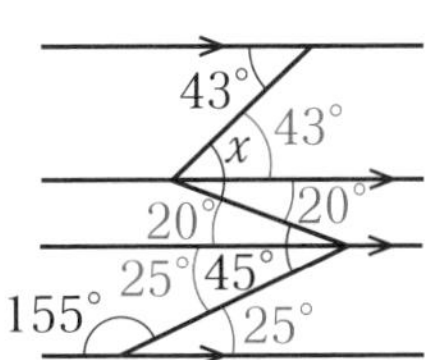

(6)　三角形の外角を用いる。

$\angle x=116°$ 答

(7) 次のように点を定めれば，
△ABCの外角で，
$\angle ACD=53°+50°=103°$
△DCEの外角で，$\angle x+65°=103°$
よって，$\angle x=103°-65°=38°$ 答

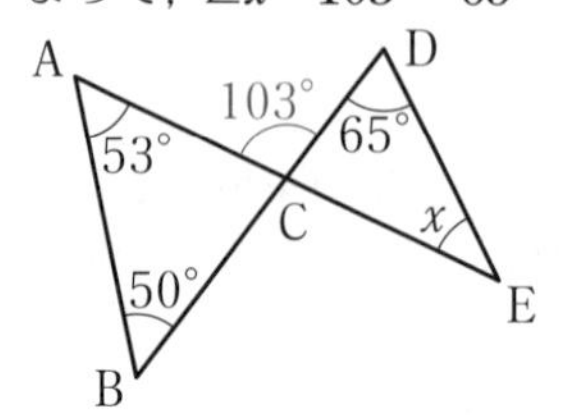

(8) 次のように点を定める。
△CDEの外角で，
$\angle ACB=52°+56°=108°$
△ABCの内角について，
$\angle x=180°-(53°+108°)=19°$ 答

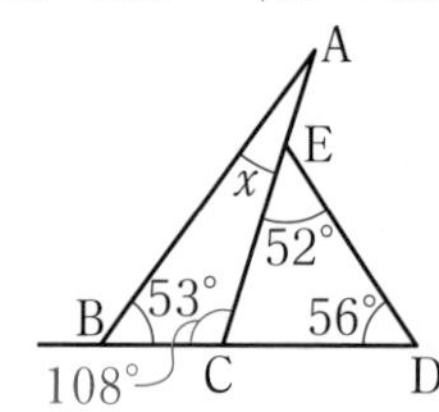

(9) 次のように点を定め，CBの延長とADとの交点をEとする。
△CDEの外角で，
$\angle AEC=20°+60°=80°$
△ABEの外角で，
$\angle x=35°+80°=115°$ 答
$\angle x=35°+60°+20°=115°$ と求めてもよい。

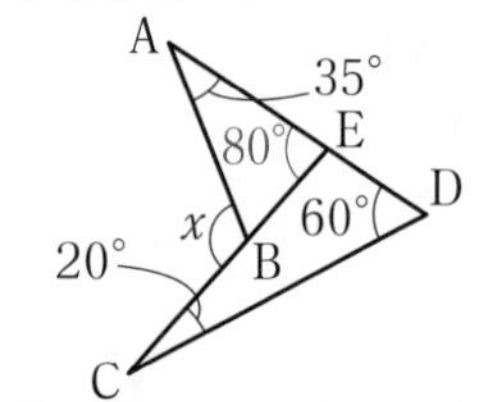

確認問題 54

(1) $180°\times(12-2)=180°\times10$
$=1800°$ 答

(2) 六角形なので，内角の和は
$180°\times(6-2)=720°$
よって，$\angle x=720°-(100°+125°+125°+110°+122°)=138°$ 答

確認問題 55

(1) $360°\div30°=12$より，
正十二角形 答

(2) すべて外角なので，
$\angle x=360°-(46°+62°+60°+76°+36°)=80°$ 答

確認問題 56

(1) n角形とする。
$180°\times(n-2)=900°$
両辺を180°でわって，$n-2=5$
$n=7$ 答 **七角形**

(2) n角形とする。内角の和について，
$140°\times n=180°\times(n-2)$
これを解いて，$n=9$
(別解) 1つの外角は，
$180°-140°=40°$
よって，$360°\div40°=9$
答 **正九角形**

確認問題 57

向かい合う三角形を作る。
$\angle b+\angle e=\angle f+\angle g$より，
$\angle a+\angle c+\angle d+(\angle b+\angle e)$
$=\angle a+\angle c+\angle d+(\angle f+\angle g)$
$=180°$ 答

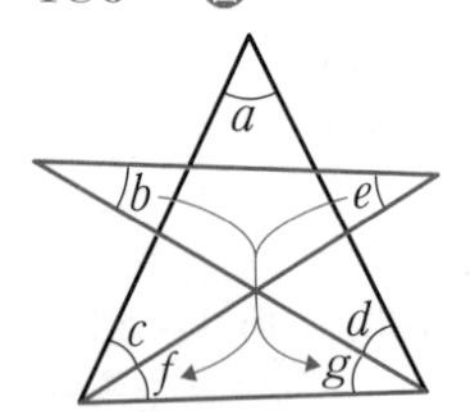

確認問題 58

①辺FG＝辺BC＝4cm 答
②辺GH＝辺CD＝5cm 答
③辺AD＝辺EH＝6cm 答
④$\angle A=\angle E=70°$ 答
⑤$\angle G=\angle C=90°$ 答

確認問題 59

△ABC≡△[PRQ]（3組の辺がそれぞれ等しい）

△DEF≡△[LJK]（2組の辺とその間の角がそれぞれ等しい）

△GHI≡△[MON]（1組の辺とその両端の角がそれぞれ等しい）

確認問題 60

(1) 仮定…AB＝DE，BC＝EF，

∠B＝∠E

結論…△ABC≡△DEF

(2) 等しい部分に印をつけると下の図のようになるから，

2組の辺とその間の角がそれぞれ等しい。

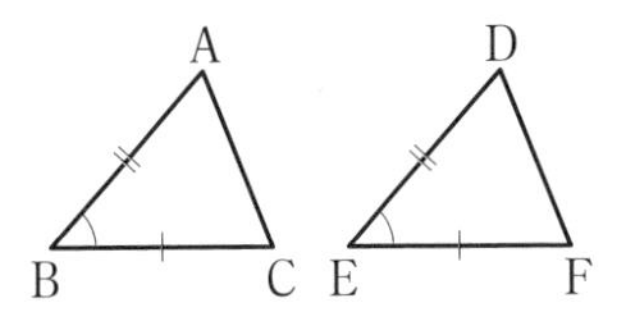

確認問題 61

〔仮定〕[∠ABD＝∠CBD]，[∠ADB＝∠CDB]

〔結論〕[△ABD≡△ CBD]

〔証明〕△ABDと△[CBD]において，

[仮定]より，∠ABD＝∠[CBD]…①

[仮定]より，∠ADB＝∠[CDB]…②

[共通]な辺だから，BD＝[BD]…③

（対応の順↑）

①，②，③より，[1組の辺とその両端の角がそれぞれ等しい]から，

△[ABD]≡△[CBD]

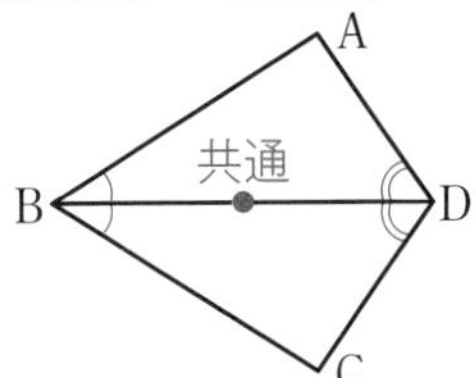

トレーニング14

1〔証明〕△AOBと△CODにおいて，

仮定より，AO＝CO…①

仮定より，BO＝DO…②

対頂角は等しいから，

∠AOB＝∠COD…③

①，②，③より，

2組の辺とその間の角がそれぞれ等しいから，

△AOB≡△COD

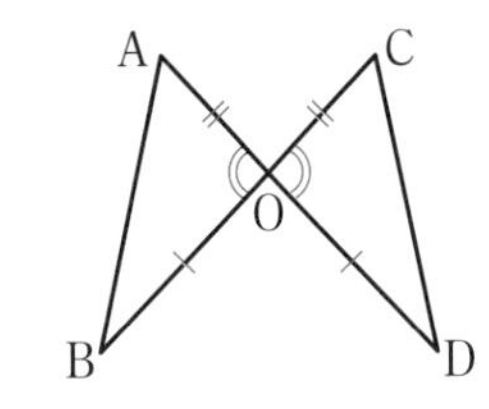

2〔証明〕△ABCと△DCBにおいて，

仮定より，AB＝DC…①

仮定より，AC＝DB…②

共通な辺だから，BC＝CB…③

①，②，③より，

3組の辺がそれぞれ等しいから，

△ABC≡△DCB

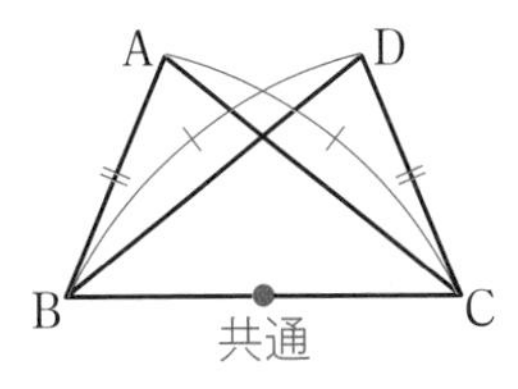

3〔証明〕△AOBと△DOCにおいて，

仮定より，AB＝DC…①

AB//CDだから，錯角は等しいので，

∠OAB＝∠ODC…②

∠OBA＝∠OCD…③

①，②，③より，

1組の辺とその両端の角がそれぞれ等しいから，

△AOB≡△DOC

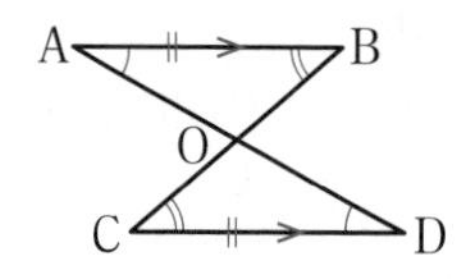

4〔証明〕△AODと△EOCにおいて，

仮定より，AO＝EO…①

AD//BCより，錯角は等しいから，

∠OAD＝∠OEC…②

対頂角は等しいから，

∠AOD＝∠EOC…③

①，②，③より，

1組の辺とその両端の角がそれぞれ等しいから，

△AOD≡△EOC

したがって，DO＝CO

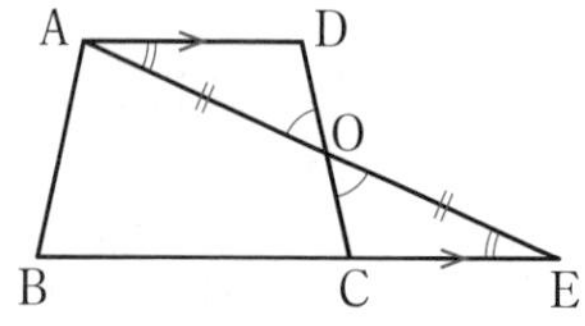

5〔証明〕△ADMと△MECにおいて，

仮定より，AM＝MC…①

仮定より，DM＝EC…②

DM//BCより，

同位角は等しいから，

∠AMD＝∠MCE…③

①，②，③より，

2組の辺とその間の角がそれぞれ等しいから，

△ADM≡△MEC

したがって，AD＝ME

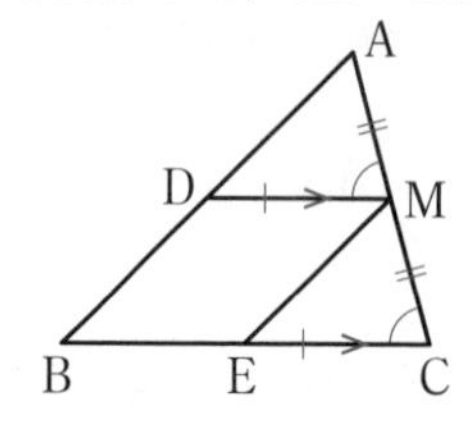

平行と合同まとめ　定期テスト対策A

1(1)　$\angle x=107°$，

$\angle y=180°-(33°+107°)=40°$ 答

(2)　$\angle x=50°$，

$\angle y=180°-(60°+50°)=70°$ 答

2(1)　$\angle x=55°$　　(2)　$\angle x=70°$

3(1)

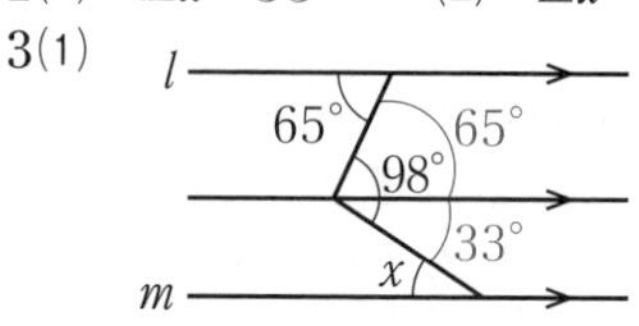

$\angle x=33°$

(2)

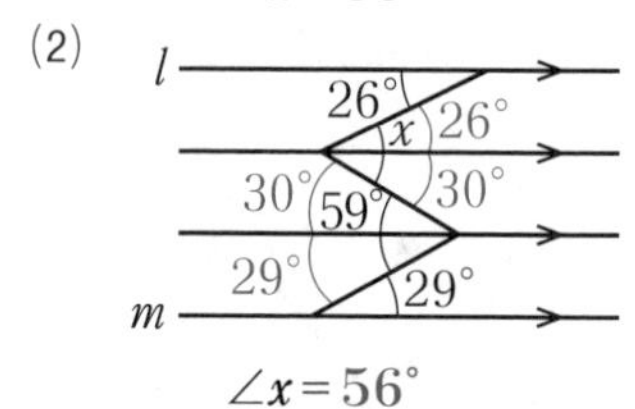

$\angle x=56°$

4(1)　左の三角形の外角は

$65°+55°=120°$

右の三角形の外角も120°より，

$\angle x=120°-70°=50°$　答

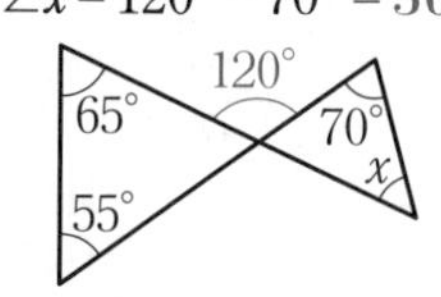

(2)　四角形の内角の和は360°だから，

$\angle x=360°-(120°+80°+85°)$

$=75°$ 答

(3)　多角形の外角の和は360°

よって，$\angle x=360°-(76°+70°+80°+50°)=84°$　答

5(1)　$180°\times(5-2)=540°$　答

(2)　$540°\div5=108°$　答

6(1)　△AOB≡△[COD]

（[2組の辺とその間の角がそれぞれ等しい]）

(2)　△ABC≡△[DBC]（[3組の辺がそれぞれ等しい]）

(3)　△AOB ≡ △DOC
（1組の辺とその両端の角がそれぞれ等しい）

7
〔仮定〕AO＝CO，∠OAB＝∠OCD
〔結論〕△AOB≡△COD
〔証明〕△AOBと△CODにおいて，
仮定より，AO＝CO…①
仮定より，∠OAB＝∠OCD…②
対頂角は等しいから，
∠AOB＝∠COD…③
①，②，③より，1組の辺とその両端の角がそれぞれ等しいから，
△AOB≡△COD

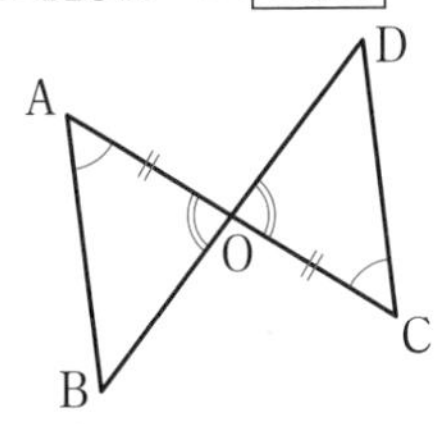

8〔証明〕△ABCと△DBCにおいて，
仮定より，AC＝DC…①
仮定より，∠ACB＝∠DCB…②
共通な辺だから，BC＝BC…③
①，②，③より，
2組の辺とその間の角がそれぞれ等しいから，
△ABC≡△DBC

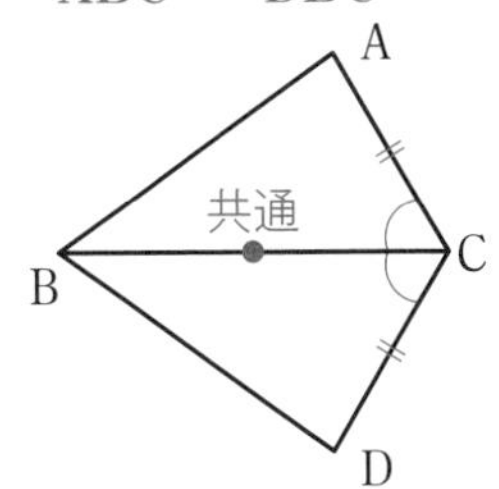

平行と合同まとめ　定期テスト対策B

1(1)　$\angle x = 61° + 36° = 97°$　答

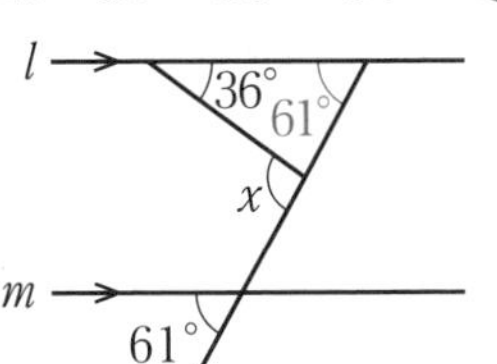

(2)　$\angle x + 60° = 112°$ より，
$\angle x = 112° - 60° = 52°$　答

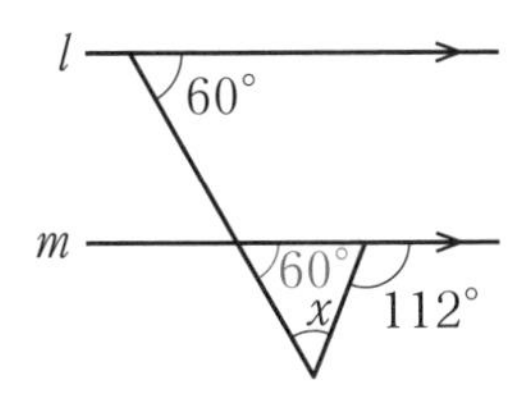

2　BDの延長とACとの交点をEとする。
△CDEの外角で，
$\angle \mathrm{CED} + 33° = 126°$ より，
$\angle \mathrm{CED} = 126° - 33° = 93°$
△ABEの外角で，
$\angle x + 31° = 93°$ より，
$\angle x = 93° - 31° = 62°$　答

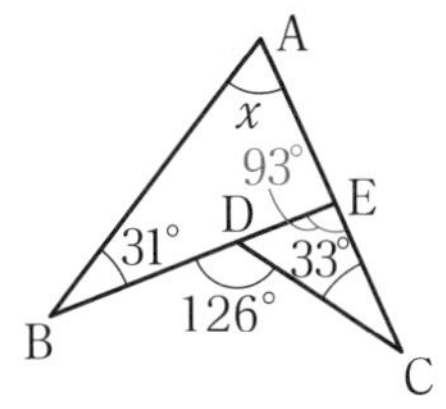

(別解) $\angle x + 31° + 33° = 126°$ より，
$\angle x = 126° - 31° - 33° = 62°$　答

3　$\angle \mathrm{ABI} = \angle \mathrm{CBI} = a°$，
$\angle \mathrm{ACI} = \angle \mathrm{BCI} = b°$ とおく。
△ABCの内角の和として，
$84° + 2a° + 2b° = 180°$
$2a° + 2b° = 96°$
$a° + b° = 48°$

△BCIの内角の和として，

$\angle x = 180° - (a° + b°)$

$= 180° - 48°$

$= 132°$ 答

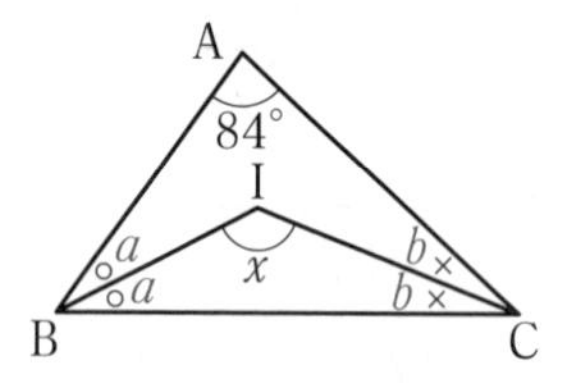

4　下の図で，$\angle e + \angle f = \angle g + \angle h$より，

$\angle a + \angle b + \angle c + \angle d + (\angle e + \angle f)$

$= \angle a + \angle b + \angle c + \angle d + (\angle g + \angle h)$

$= 360°$ 答

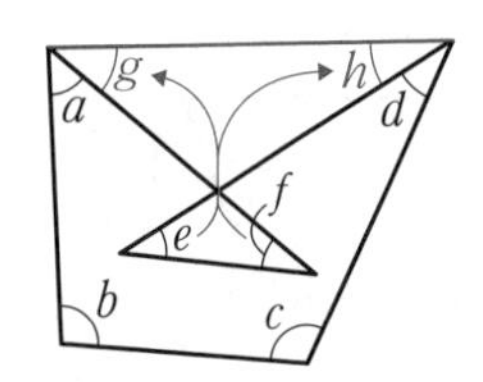

5(1)　n角形とする。

$180° \times (n-2) = 1980°$　÷180°

$n - 2 = 11$

$n = 13$ 答 十三角形

(2)　正n角形とする。

$144° \times n = 180° \times (n-2)$

$144° \times n = 180° \times n - 360°$

$-36° \times n = -360°$

$n = 10$ 答 正十角形

（別解）$180° - 144° = 36°$より，1つの外角は36°

$360° \div 36° = 10$より，正十角形 答

6〔証明〕点AとP，BとPを結ぶ。

△AOPと△BOPにおいて，

仮定より，OA＝OB…①

仮定より，AP＝BP…②

共通な辺だから，OP＝OP…③

①，②，③より，

3組の辺がそれぞれ等しいから，

△AOP≡△BOP

したがって，∠AOP＝∠BOP

よって，半直線OPは，∠XOYの二等分線である。

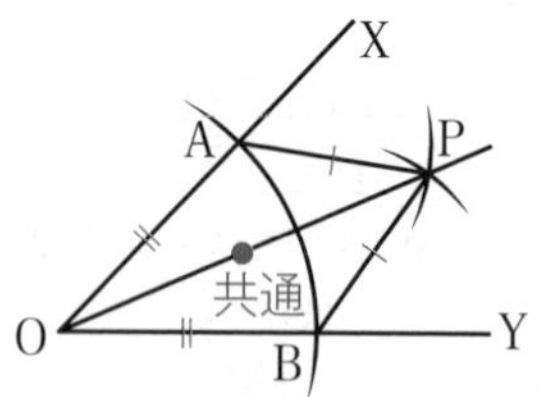

7〔証明〕△BMDと△CMEにおいて，

仮定より，BM＝CM…①

仮定より，MD＝ME…②

対頂角は等しいから，

∠BMD＝∠CME…③

①，②，③より，2組の辺とその間の角がそれぞれ等しいから，

△BMD≡△CME

よって，BD＝CE

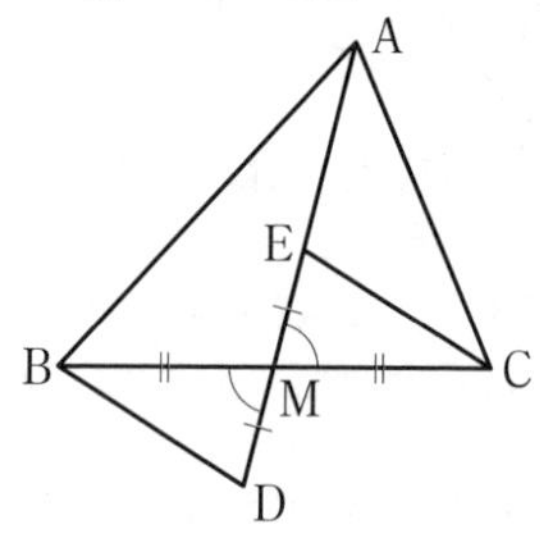

8〔証明〕△ABCと△DCBにおいて，

仮定より，AB＝DC…①

仮定より，∠ABC＝∠DCB…②

共通な辺だから，BC＝CB…③

①，②，③より，2組の辺とその間の角がそれぞれ等しいから，

△ABC≡△DCB

したがって，∠BAC＝∠CDB

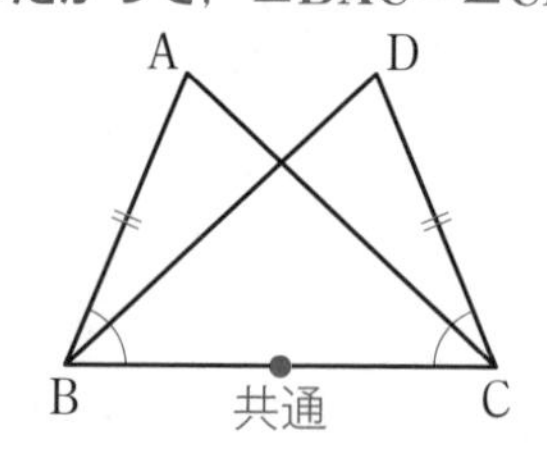

9　錯角が等しくなることをいえばよい。

〔証明〕△ABDと△CDBにおいて，

仮定より，AB＝CD…①

仮定より，AD＝CB…②

共通な辺だから，BD＝DB…③

①，②，③より，3組の辺がそれぞれ等しいから，

△ABD≡△CDB

したがって，∠ABD＝∠CDB

錯角が等しいから，AB∥DC

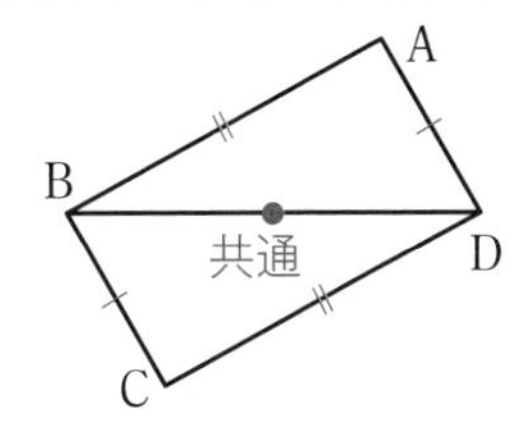

第5章 三角形と四角形

確認問題 62

〔証明〕△ABDと△ACDにおいて,
仮定より, AB＝AC…①
仮定より, ∠BAD＝∠CAD…②
共通な辺だから, AD＝AD…③
①, ②, ③より, 2組の辺とその間の角がそれぞれ等しいから,
△ABD≡△ACD
したがって, BD＝CD…④
∠ADB＝∠ADC
また, ∠ADB＋∠ADC＝180°だから,
∠ADB＝∠ADC＝90°…⑤
④, ⑤より, ADはBCを垂直に2等分する。

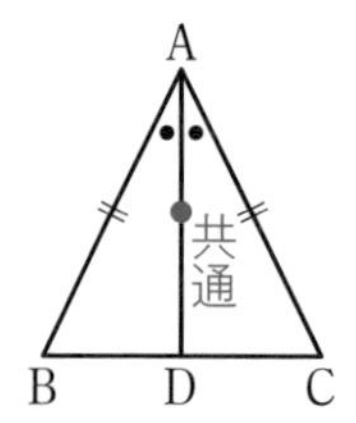

確認問題 63

(1) $\angle x = 180° - 65° \times 2 = 50°$ 答

(2) $\angle x = \dfrac{180° - 120°}{2} = 30°$ 答

(3) $\angle x = 180° - 68° \times 2 = 44°$ 答

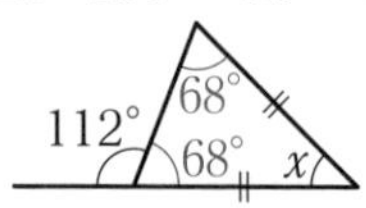

(4) $\angle x = \dfrac{180° - 30°}{2} = 75°$ 答

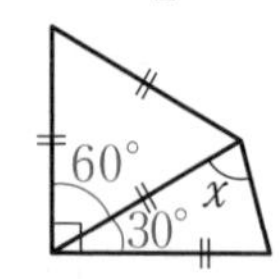

(5) 次の図のように点を定めると,
∠ADC＝50°より,
∠ACD＝180°－50°×2＝80°
CB＝CDより,

$\angle x = \dfrac{180° - 140°}{2} = 20°$ 答

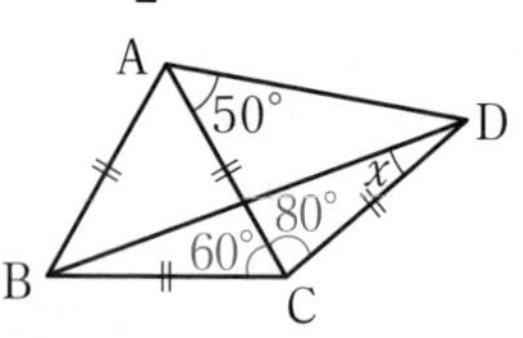

確認問題 64

〔証明〕△ABDと△ACEにおいて,
仮定より, AB＝AC…①
仮定より, BD＝CE…②
AB＝ACより, ∠ABD＝∠ACE…③
①, ②, ③より, 2組の辺とその間の角がそれぞれ等しいから,
△ABD≡△ACE
したがって, AD＝AE
△ADEは二等辺三角形である。

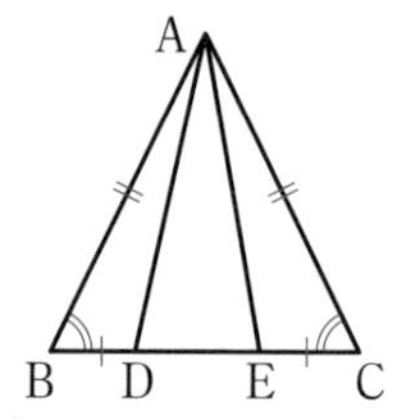

確認問題 65

〔証明〕△ACDと△BAEにおいて,
仮定より, CD＝AE…①
△ABCは正三角形だから,
AC＝BA…②
∠ACD＝∠BAE…③
①, ②, ③より, 2組の辺とその間の角がそれぞれ等しいから,
△ACD≡△BAE
したがって, AD＝BE

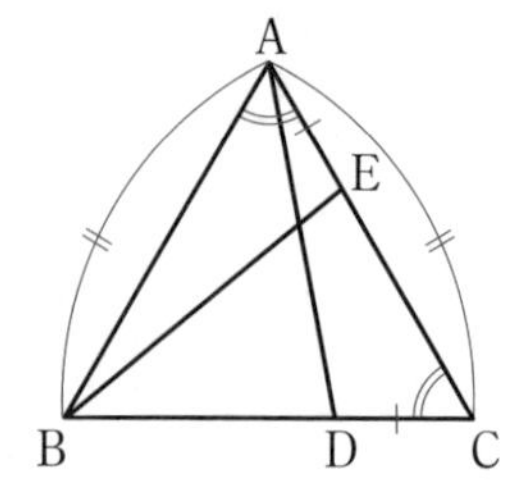

確認問題 66

〔証明〕△AOCと△BODにおいて，
仮定より，AO＝BO…①
仮定より，
∠OCA＝∠ODB＝90°…②　注1
対頂角は等しいから，
∠AOC＝∠BOD…③　注2
①，②，③より，直角三角形の斜辺と1つの鋭角がそれぞれ等しいから，
△AOC≡△BOD

確認問題 67

〔証明〕△PAOと△PBOにおいて，
仮定より，∠POA＝∠POB…①
仮定より，
∠PAO＝∠PBO＝90°…②
共通な辺だから，PO＝PO…③
①，②，③より，直角三角形の斜辺と1つの鋭角がそれぞれ等しいから，
△PAO≡△PBO
したがって，PA＝PB

確認問題 68

△BMD≡△CMEを示し，∠MBD＝∠MCEから，AB＝ACを導く。

〔証明〕△BMDと△CMEにおいて，
仮定より，BM＝CM…①
仮定より，MD＝ME…②
仮定より，
∠MDB＝∠MEC＝90°…③
①，②，③より，直角三角形の斜辺と他の1辺がそれぞれ等しいから，
△BMD≡△CME
したがって，∠MBD＝∠MCE
△ABCの2つの角が等しいので，
AB＝AC

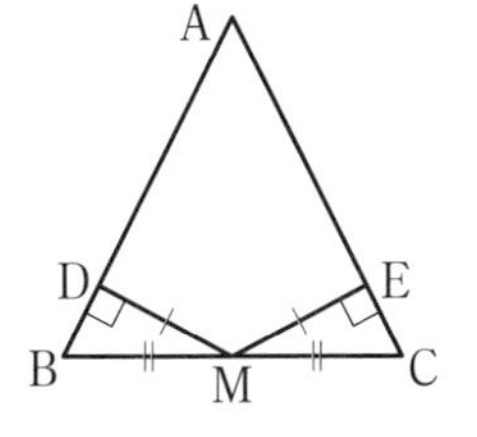

確認問題 69

(1)　$x=5$，$y=4$

(2)　四角形IHCFは平行四辺形より，
x＝HC＝4　答
四角形GHCDは平行四辺形より，
∠DGH＝∠C＝115°
よって，
∠y＝180°－115°＝65°　答

(3)　∠B＝∠D＝65°，∠AEB＝∠Bより，
∠x＝180°－65°×2＝50°　答
AD//BCより，∠D＋∠C＝180°
よって，
∠y＝180°－65°＝115°　答

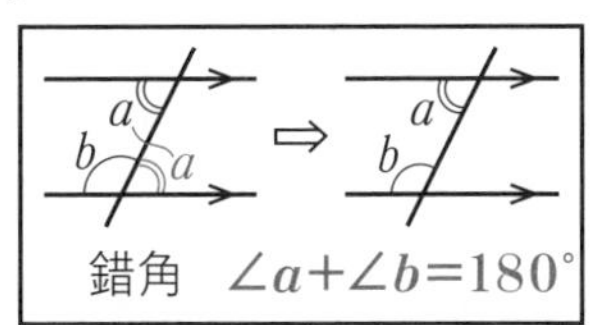

確認問題 70

〔証明〕△BOEと△DOFにおいて，
平行四辺形の対角線はそれぞれの中点で交わるから，
BO＝DO…①
仮定より，
∠BEO＝∠DFO＝90°…②
対頂角は等しいから，
∠BOE＝∠DOF…③
①，②，③より，直角三角形の斜辺と1つの鋭角がそれぞれ等しいから，
△BOE≡△DOF
したがって，OE＝OF

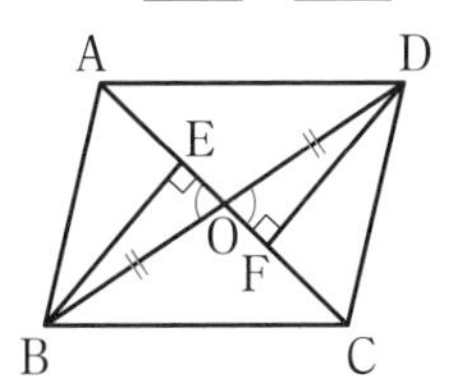

トレーニング15

1〔証明〕$\triangle AOE$と$\triangle COF$において，
平行四辺形の対角線はそれぞれの中点で交わるから，$AO=CO$…①
　$AD/\!/BC$より，錯角は等しいから，
$\angle OAE=\angle OCF$…②
　対頂角は等しいから，
$\angle AOE=\angle COF$…③
　①，②，③より，1組の辺とその両端の角がそれぞれ等しいから，
　$\triangle AOE\equiv\triangle COF$
　したがって，$AE=CF$

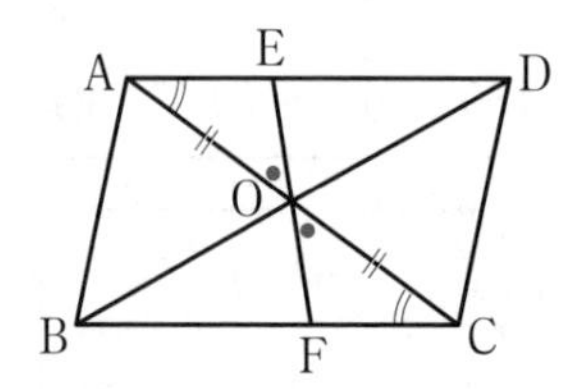

2〔証明〕$\triangle ADE$と$\triangle CBF$において，
仮定より，$DE=BF$…①
　平行四辺形の向かい合う辺は等しいから，$AD=CB$…②
　$AD/\!/BC$より，錯角は等しいから，
$\angle ADE=\angle CBF$…③
　①，②，③より，2組の辺とその間の角がそれぞれ等しいから，
　$\triangle ADE\equiv\triangle CBF$
　したがって，$AE=CF$

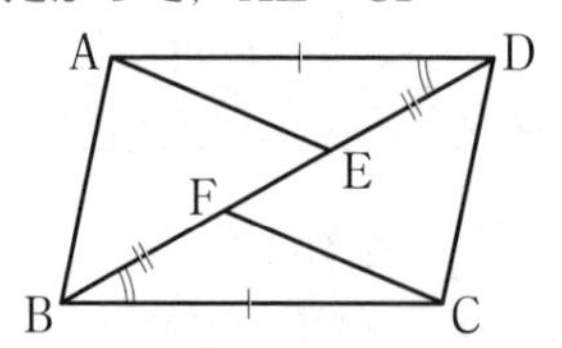

3〔証明〕$\triangle ABE$と$\triangle CDF$において，
平行四辺形の向かい合う辺は等しいから，$AB=CD$…①
　$AB/\!/DC$より，錯角は等しいから，
$\angle ABE=\angle CDF$…②
　仮定より，
$\angle AEB=\angle CFD=90^\circ$…③
　①，②，③より，直角三角形の斜辺と1つの鋭角がそれぞれ等しいから，$\triangle ABE\equiv\triangle CDF$
　したがって，$AE=CF$

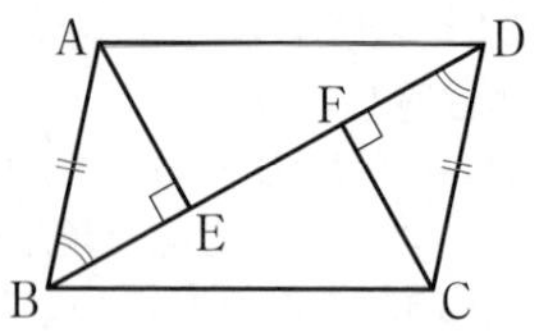

4〔証明〕$\triangle ABE$と$\triangle CDF$において，
平行四辺形の向かい合う辺は等しいから，$AB=CD$…①
平行四辺形の向かい合う角は等しいから，$\angle ABE=\angle CDF$…②
　仮定より，
$\angle AEB=\angle CFD=90^\circ$…③
　①，②，③より，直角三角形の斜辺と1つの鋭角がそれぞれ等しいから，$\triangle ABE\equiv\triangle CDF$
　したがって，$BE=DF$

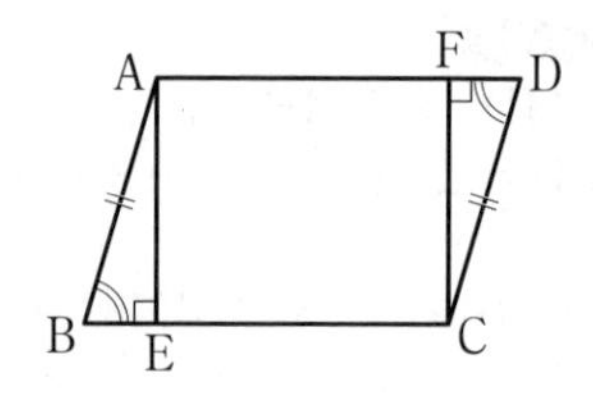

確認問題 71

　それぞれ，図をかいて条件を書きこみ，5つの条件のうちのどれかが成り立っているかで判定する。

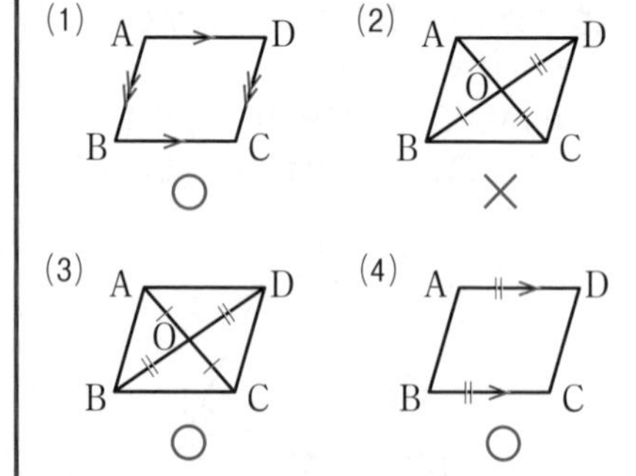

(5) A D B C

×

(6) A D B C

○

確認問題 72

〔証明〕四角形ABCDは平行四辺形だから，

AD//[BC]…①　AD＝[BC]…②

四角形BEFCは平行四辺形だから，

BC//[EF]…③　BC＝[EF]…④

①，③より，AD//[EF]…⑤

②，④より，AD＝[EF]…⑥

⑤，⑥より，四角形AEFDは，[1組の向かい合う辺が平行でその長さが等しい]から，平行四辺形である。

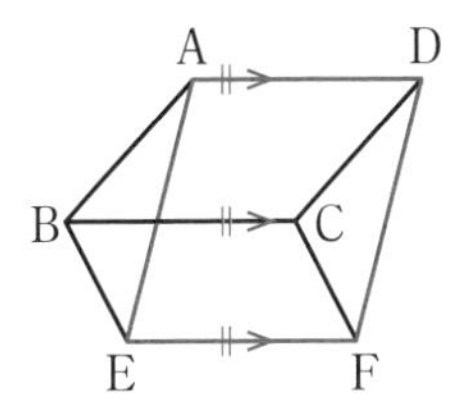

確認問題 73

	平行四辺形	長方形	ひし形	正方形
対角線がそれぞれの中点で交わる	○	○	○	○
対角線の長さが等しい		○		○
対角線が垂直に交わる			○	○
4つの辺がすべて等しい			○	○
4つの角がすべて等しい		○		○

確認問題 74

(1) AD//BCより，△ABC＝△DBC

答 **△DBC**

(2) AD//BCより，△AEC＝△DEC

答 **△DEC**

(3) △ABC＝△DBCより，△OBCをとり除くと，△AOB＝△DOC

答 **△DOC**

(4) AD//BCより，△ABE＝△DBE

答 **△DBE**

確認問題 75

BC//EDより，△CDE＝△BDE（図1）

l//BDより，△BDE＝△FBD（図2）

DC//FBより，△FBD＝△FBC（図3）

（図1）

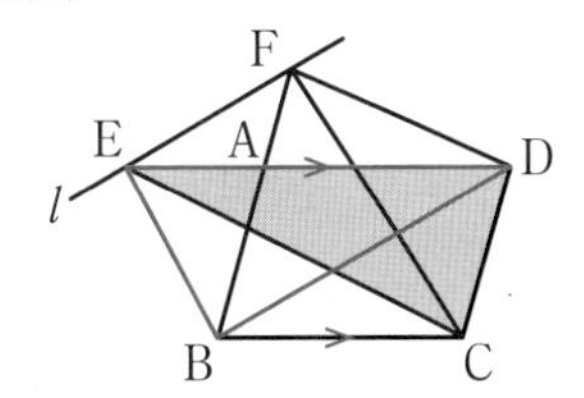

（図2）

F E A D l B C

（図3）

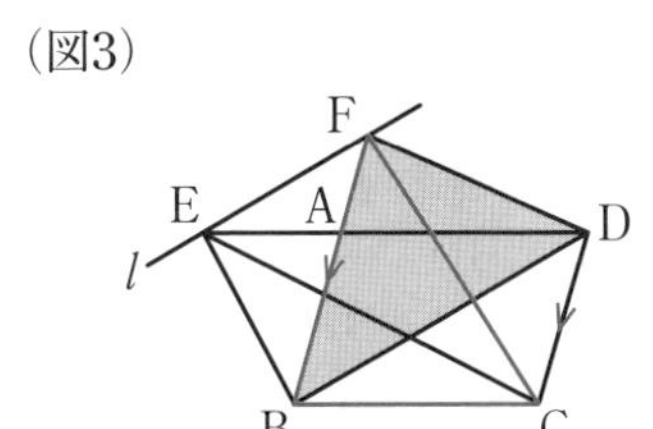

答 **△BDE，△FBD，△FBC**

三角形と四角形まとめ　定期テスト対策A

1 (1) $\angle x=\dfrac{180°-106°}{2}=37°$ 答

$\angle y=37°+106°=143°$ 答

(2) ∠B＝∠ACBより，

$\angle x=\dfrac{180^\circ-46^\circ}{2}=67^\circ$ 答

DA＝DCより，$\angle$DCA＝46°

$\angle y=67^\circ-46^\circ=21^\circ$ 答

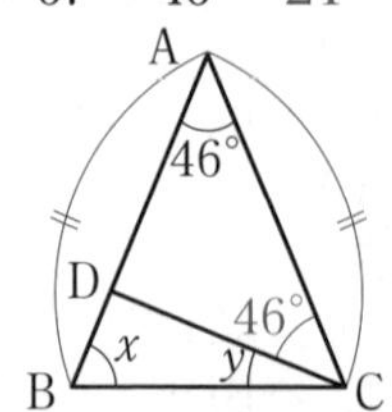

2〔証明〕△ABCと△DCBにおいて，

仮定より，AB＝DC…①

仮定より，AC＝DB…②

共通な辺だから，BC＝CB…③

①，②，③より，3組の辺がそれぞれ等しいから，（合同条件）

△ABC≡△DCB

合同な図形の対応する角は等しいから，$\angle$ECB＝$\angle$EBC

よって，△EBCは2つの角が等しいから，二等辺三角形である。

3〔証明〕△ABDと△EBDにおいて，

仮定より，DA＝DE…①

仮定より，

$\angle$DAB＝$\angle$DEB＝90°…②

共通な辺だから，DB＝DB…③

①，②，③より，直角三角形の斜辺と他の1辺がそれぞれ等しいから，

△ABD≡△EBD

したがって，$\angle$ABD＝$\angle$EBD

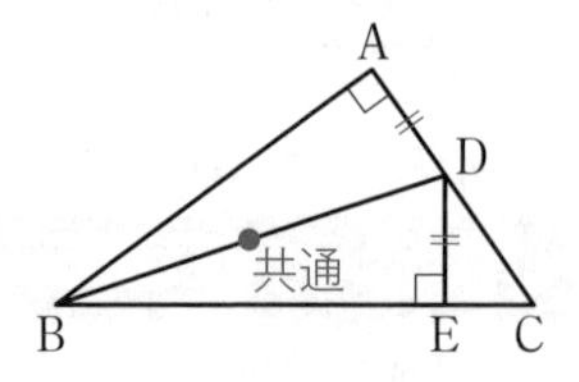

4(1)　$x=4$，$y=5$

(2)　$\angle x=50^\circ$，

$\angle y=180^\circ-(76^\circ+50^\circ)=54^\circ$ 答

(3)　AD//BCより，錯角は等しいから，$\angle x=30^\circ$ 答

$\angle A=180^\circ-(46^\circ+30^\circ)=104^\circ$ より，$\angle y=\angle A=104^\circ$ 答

5(1)

A　D

B　C

○

(2)

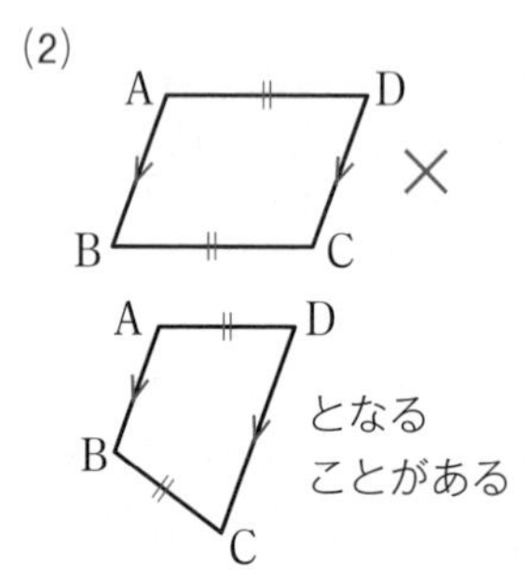

(3)

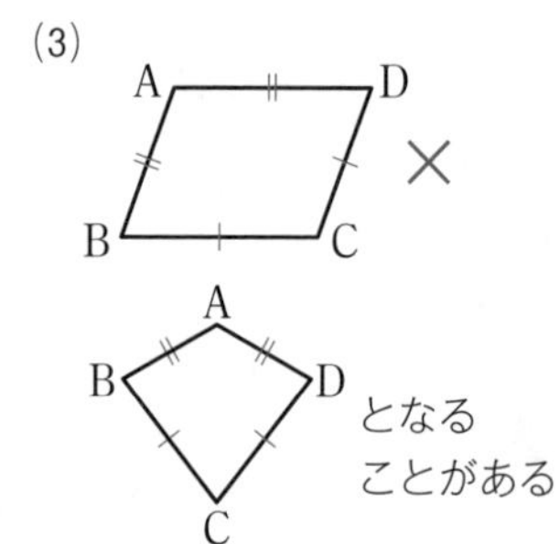

(4)

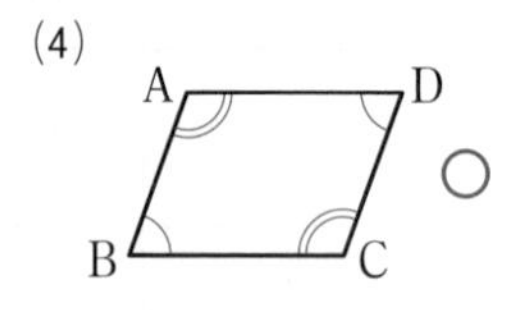

(5)

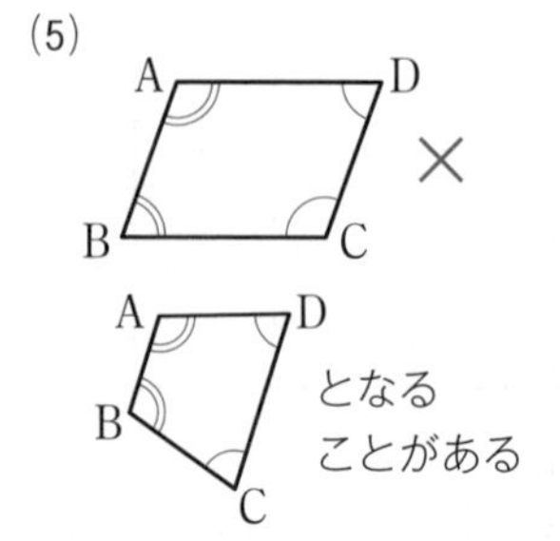

(6)

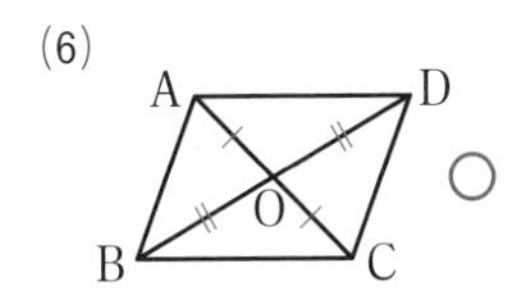

○

「平行四辺形になるための条件」が成り立っているかどうかで判断する。

6(1) **ひし形**　(2) **平行四辺形**
(3) **長方形**　(4) **正方形**

7 AとE，AとCを結べば，
AD//BCより，△FBE＝△ABE，
△GEC＝△AEC
よって，2つの三角形の面積の和は△ABCの面積と等しい。
答 $10cm^2$

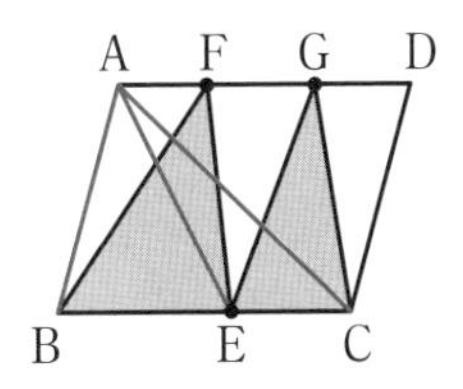

三角形と四角形まとめ　定期テスト対策B

1(1) ∠BAC＝180°－73°×2＝34°より，∠x＝55°－34°＝21° 答

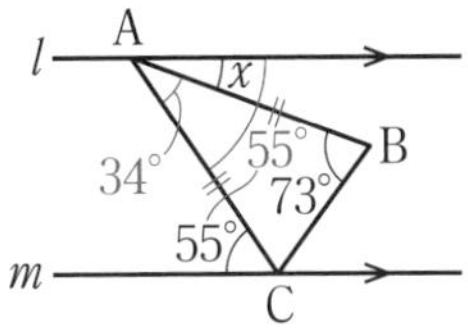

(2) △ADEの外角より，
∠EAD＝78°－40°＝38°
∠x＝60°－38°＝22° 答

2 ∠DCE＝30°，CD＝CEより，
∠x＝∠CDE

$$\angle x=\frac{180°-30°}{2}=75°$$ 

△ABE≡△DCEより，AE＝DE
よって，∠y＝∠EDA＝15° 答

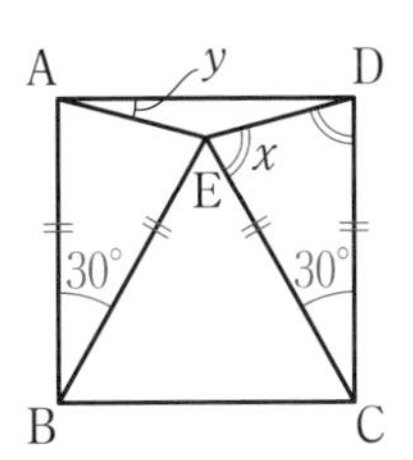

3〔証明〕△BCEと△ ACD において，
正三角形ABCの辺は等しいから，
BC＝ AC …①

正三角形CDEの辺は等しいから，
CE＝ CD …②
∠BCE＝∠BCA＋∠ACE
＝ 60 °＋∠ACE
∠ACD＝∠ACE＋∠ECD
＝∠ ACE ＋60°
よって，∠BCE＝∠ ACD …③
①，②，③より， **2組の辺とその間の角がそれぞれ等しい** から，
△BCE≡△ ACD
合同な図形の対応する辺は等しいから， BE ＝ AD

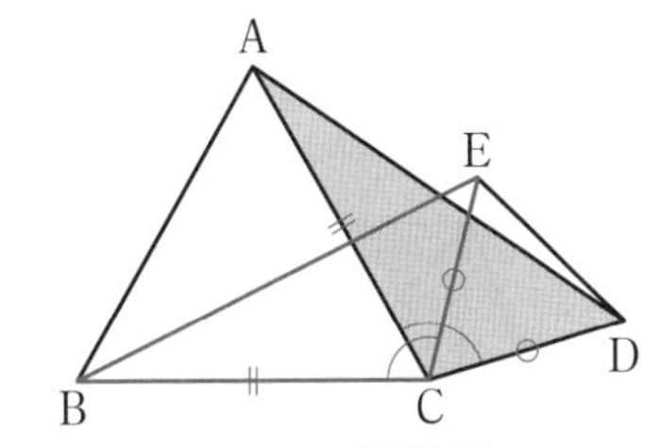

4〔証明〕△ABDと△ CAE において，
仮定より，AB＝ CA …①
∠BAC＝90°より，
∠BAD＋∠CAE＝90°
よって，
∠BAD＝90°－∠ CAE …②
∠CEA＝90°より，
∠ACE＋∠CAE＝90°
よって，
∠ACE＝90°－∠ CAE …③
②，③より，

$\angle$BAD＝$\angle$ **ACE** …④

仮定より，

$\angle$BDA＝$\angle$ **AEC** ＝ **90**°…⑤

①，④，⑤より，直角三角形の **斜辺と1つの鋭角がそれぞれ等しい** から，

△ABD≡△ **CAE**

したがって，**BD** ＝ **AE**

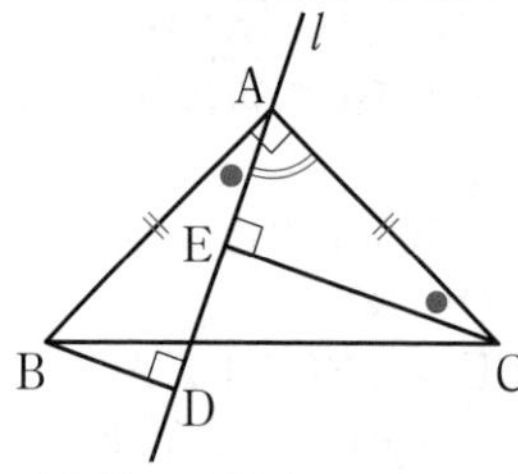

5〔証明〕平行四辺形ABCDの対角線はそれぞれの中点で交わるから，

AO＝CO …①

BO＝DO …②

仮定より，

EO＝$\frac{1}{2}$BO，FO＝$\frac{1}{2}$DO …③

②，③より，EO＝FO …④

①，④より，四角形AECFは対角線がそれぞれの中点で交わっているから，平行四辺形である。

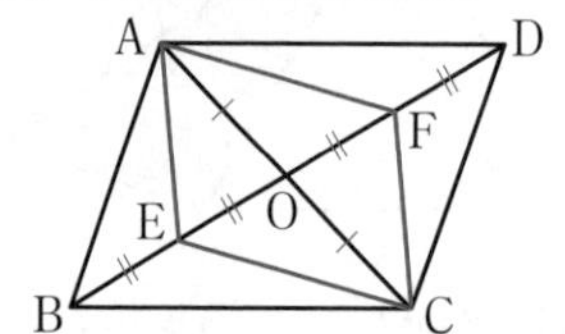

6(1) DC//AEより，

△CEF＝△DEF

AD//BCより，

△DEF＝△ABF

答 △DEF，△ABF

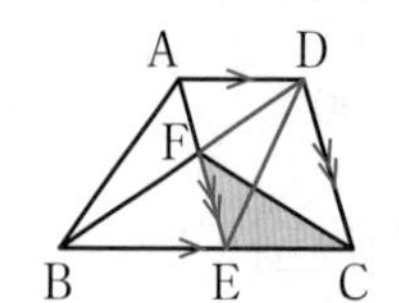

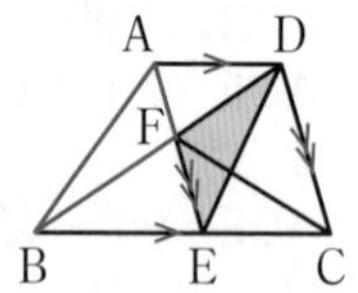

(2) AD//BCより，

△ABE＝△DBE

△DEF＝△CEFより，

△BEFを加えた図形の面積は等しい。

よって，△DBE＝△CBF

答 △DBE，△CBF

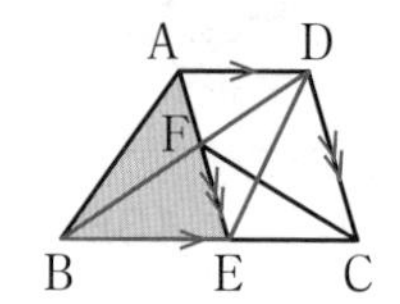

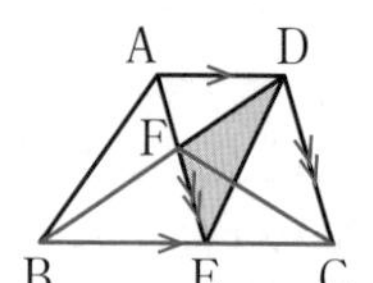

第6章 データの活用

確認問題 76

データの個数が12なので，中央値は小さい順に並べたときの，6番目と7番目の値の平均で，

$(11+13)\div2=12$

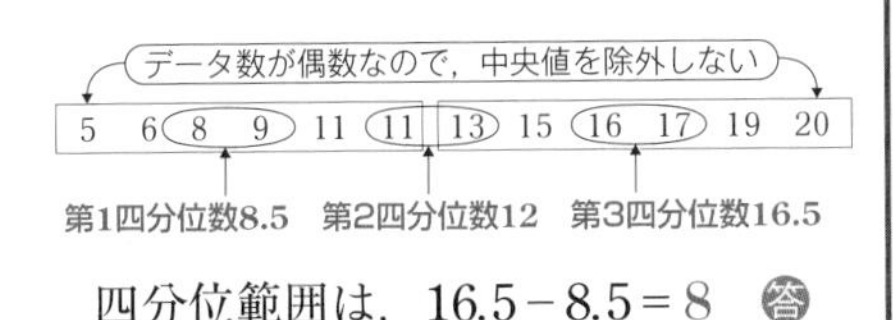

四分位範囲は，$16.5-8.5=8$ 答

確認問題 77

5 7 10 12 12 13 14 14 17 19 21 24

最小値 第1四分位数 11 第2四分位数 13.5 第3四分位数 18 最大値

平均値は，

$(5+7+10+12+12+13+14+14+17+19+21+24)\div12=14$（分）

よって，次の箱ひげ図が書ける。

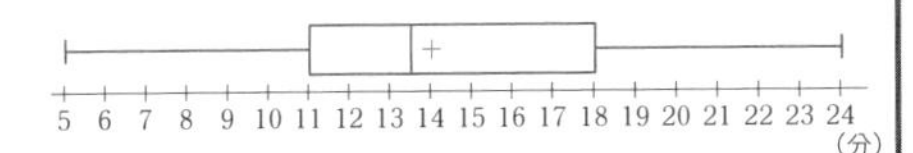

確認問題 78

①と②は大小がほぼ対称で，②の方がちらばりが小さい。

よって，①がエ，②がウ

③は，小さい値が多いのでア，④は大きい値が多いのでイ。

答 ①エ，②ウ，③ア，④イ

③のヒストグラムは右にゆがんだ分布，④は左にゆがんだ分布という。（「山」の位置ではなく，「すその」がどちらに広がるか，と考える。）

確認問題 79

(1) 樹形図を書く。十の位の数，一の位の数を並べて，

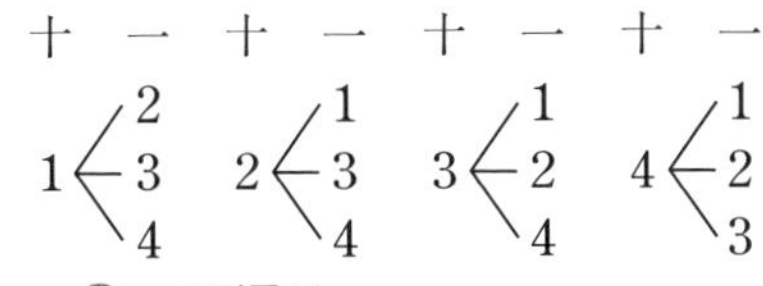

答 12通り

(2) $6\times6=36$マスの表をつくる。

下の○印で，4通り 答

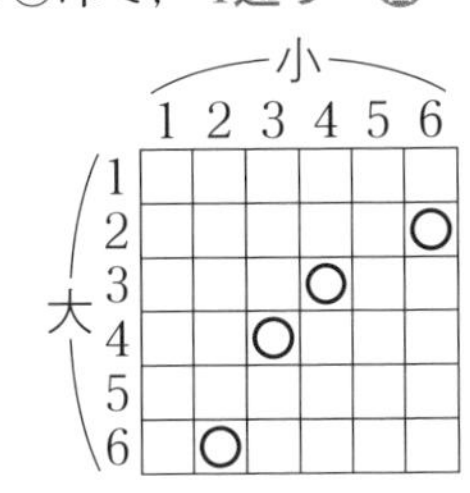

(3) 書き出す。

(A, B)，(A, C)，(A, D)，(B, C)，(B, D)，(C, D) の6通り 答

確認問題 80

(1) マス目を5つつくって考える。

①には5通り，②には4通り…

よって，

$5\times4\times3\times2\times1=120$（通り） 答

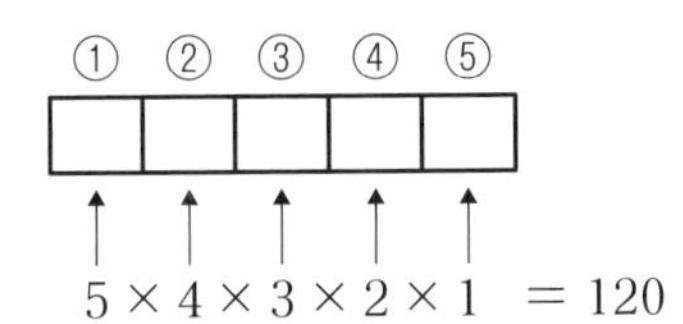

(2) マス目を4つつくる。

千の位は0以外の5通り。

百の位は，千の位に入った数以外の5通り，十の位は残りの4通り…

よって，

$5\times5\times4\times3=300$（通り） 答

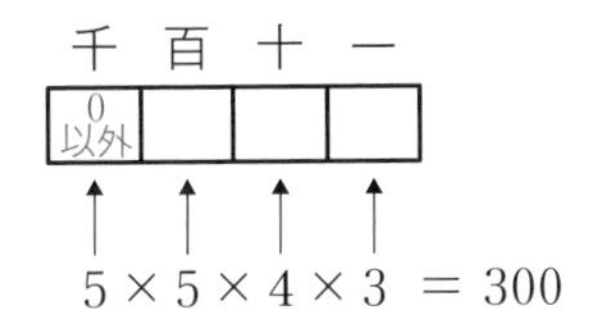

確認問題 81

3の倍数が出る確率は$\frac{2}{6}=\frac{1}{3}$だから，

$1-\frac{1}{3}=\frac{2}{3}$ 答

確認問題 82

(1) 右の樹形図の(1)のところで，

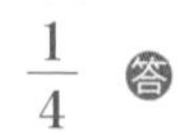
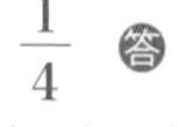

$\frac{1}{4}$ 答

100円　10円

表 ＜ 表 (1)／裏 (2)

裏 ＜ 表 (2)／裏

(2) 右の(2)のところで，

$\frac{2}{4}=\frac{1}{2}$ 答

(3) (1)の反対だから，

$1-\frac{1}{4}=\frac{3}{4}$ 答

確認問題 83

(1) 右の○印で6通り。

よって，

$\frac{6}{36}=\frac{1}{6}$ 答

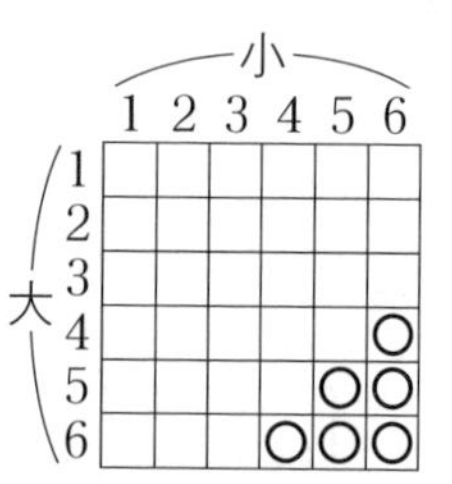

(2) 右の○印で13通り

よって，

$\frac{13}{36}$ 答

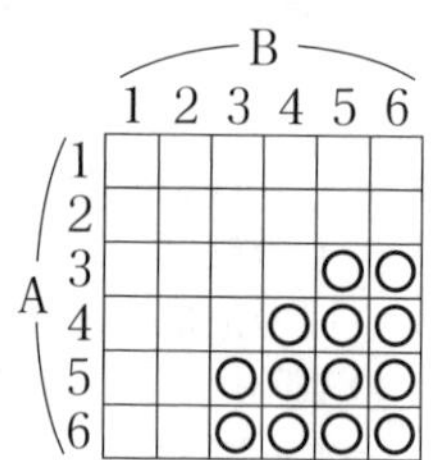

(3) 2つのさいころを区別する。

A，Bとする。

○印の8通り。

よって，

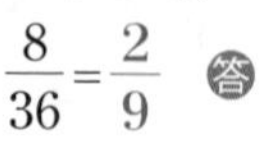

$\frac{8}{36}=\frac{2}{9}$ 答

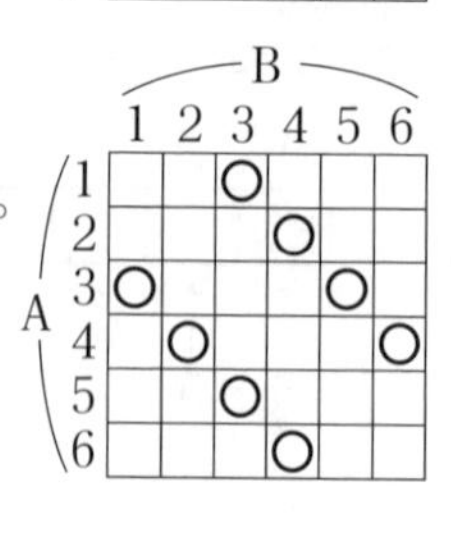

確認問題 84

2けたの整数は，

$6\times5=30$(通り)

(1) 1の位が偶数より，右のマス目で，①→②の順に調べる。

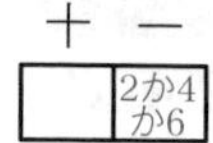

$3\times5=15$(通り)

よって，$\frac{15}{30}=\frac{1}{2}$ 答

(2) 3の倍数となるのは，12，15，21，24，36，42，45，51，54，63の10通り。よって，$\frac{10}{30}=\frac{1}{3}$ 答

(3) 45以上となるのは，45，46，51，52，53，54，56，61，62，63，64，65の12通り，よって，$\frac{12}{30}=\frac{2}{5}$ 答

確認問題 85

右の図のように，番号をつける。

(1，2)，(1，3)，(1，4)，
(1，5)，(1，6)，(1，7)，(2，3)，
(2，4)，(2，5)，(2，6)，(2，7)，
(3，4)，(3，5)，(3，6)，(3，7)，
(4，5)，(4，6)，(4，7)，(5，6)，
(5，7)，(6，7)の21通り。

2個が同じ色となるのは，赤文字の9通り。よって，$\frac{9}{21}=\frac{3}{7}$ 答

データの活用まとめ 定期テスト対策A

1

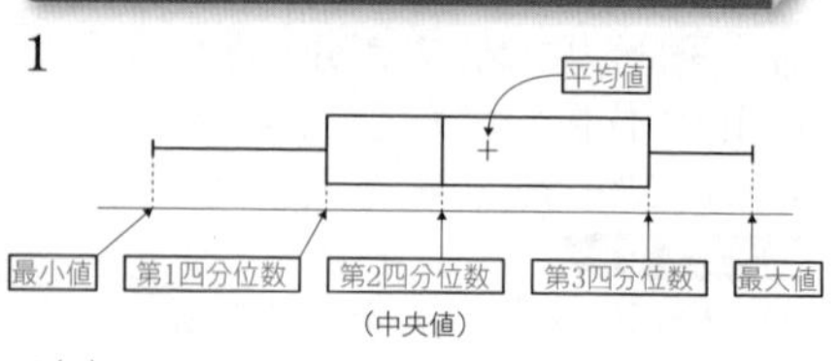

2(1)

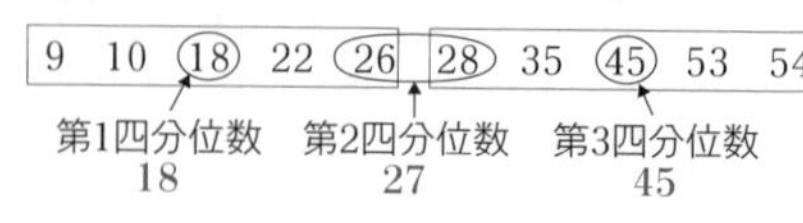

(2) $(9+10+18+22+26+28+35+45+53+54)\div10=30$ 答

(3) 範囲：(最大値)－(最小値)より，
$54-9=45$ 答

四分位範囲：(第3四分位数)－(第1四分位数)より，
$45-18=27$ 答

(4)

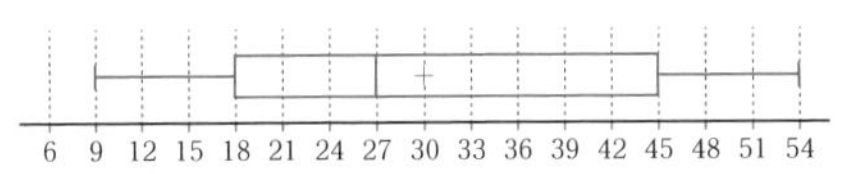

3　A町からB町へは2通り，B町からC町へは3通りの選び方がある。
積の法則より，$2\times3=6$(通り) 答

4　千の位は0以外の3通り。
百の位は千の位に入った数以外の3通り。…
よって，
$3\times3\times2\times1=18$(通り) 答

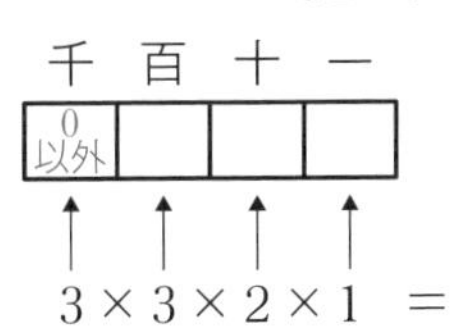

5　選ぶ(並べない)ので，書き出す。
(A, B)，(A, C)，(A, D)，(A, E)，(B, C)，(B, D)，(B, E)，(C, D)，(C, E)，(D, E)の10(通り) 答

6　素数は2，3，5(1は素数ではない)の3通り，$\frac{3}{6}=\frac{1}{2}$ 答

7　樹形図を書く。

(1) 樹形図上の(1)だから，$\frac{1}{8}$ 答

(2) 樹形図上の(2)で3通り 答 $\frac{3}{8}$

(3) 反対は3枚とも裏だから，(1)より，$1-\frac{1}{8}=\frac{7}{8}$ 答

10円　50円　100円

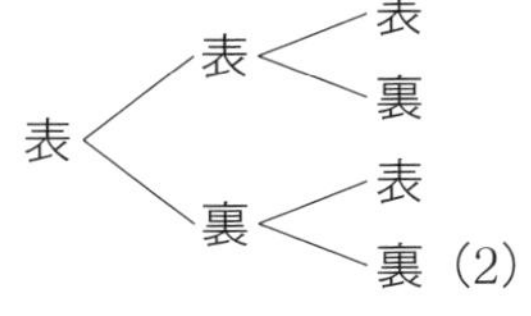

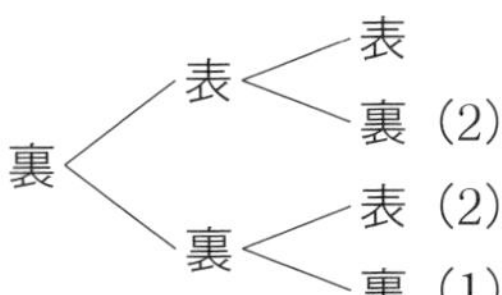

8(1) $\frac{6}{36}=\frac{1}{6}$ 答

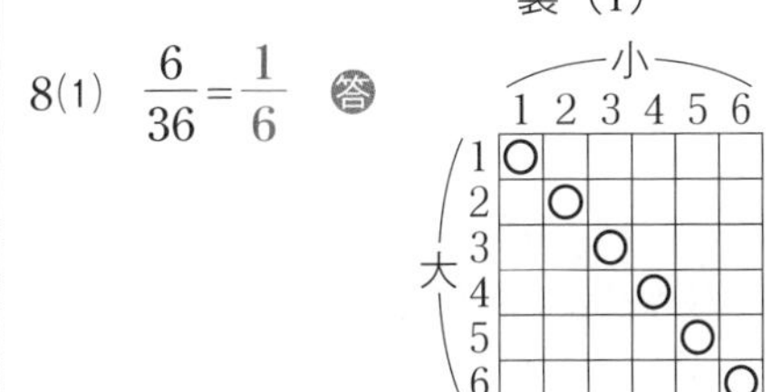

(2) $\frac{10}{36}=\frac{5}{18}$ 答

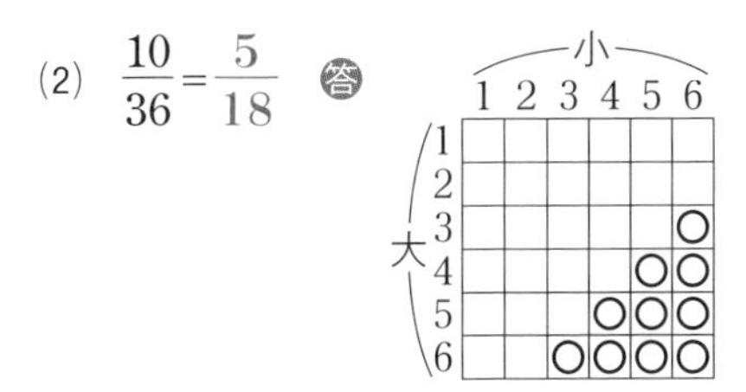

(3) $\frac{15}{36}=\frac{5}{12}$ 答

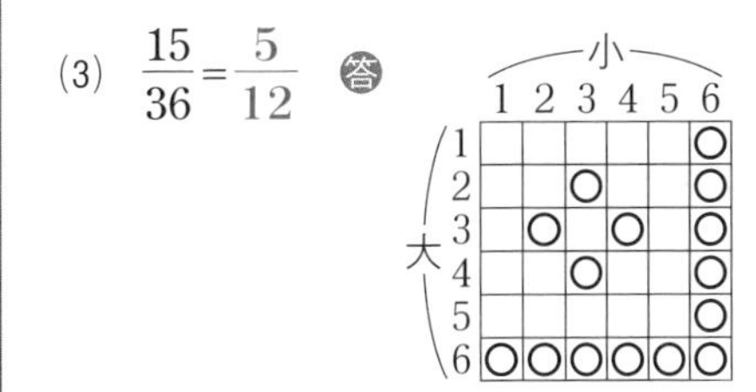

9(1) $5\times4\times3=60$(通り) 答

(2) 一の位は2か4の2通り。
百の位は，一の位に入った数以外の4通り。十の位は残った3通り
$2\times4\times3=24$(通り)より，
$\frac{24}{60}=\frac{2}{5}$ 答

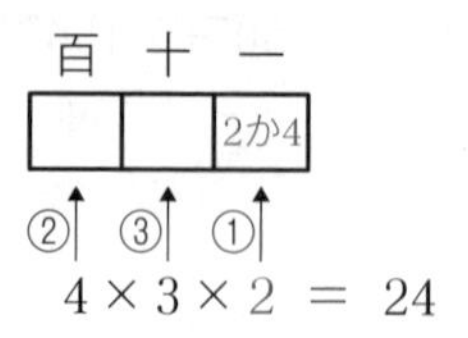

10　右の図のように番号をつける。
(1, 2), (1, 3),
(1, 4), (1, 5),
(2, 3), (2, 4),
(2, 5), (3, 4), (3, 5), (4, 5)
の10通り。白玉1個と赤玉1個は赤文字の6通り。$\frac{6}{10}=\frac{3}{5}$ 答

データの活用まとめ　定期テスト対策B

1　Aは大きい値が多い分布なので②，Bはほぼ対称な分布なので③，Cは小さい値が多い分布なので①
答　A②，B③，C①

2(1)　$5\times4\times3\times2\times1=120$(通り)　答
(2)　父と母を，まず両端に並べる。
残った子ども3人の並べ方は，
$3\times2\times1=6$(通り)
父と母が逆の場合もあるから，
$6\times2=12$(通り)　答

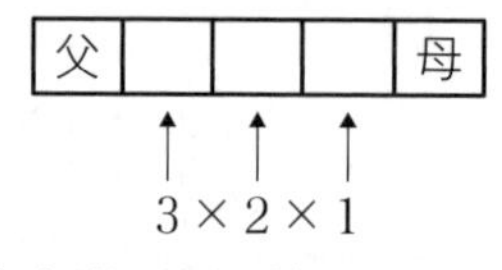

3　2点を選べば，線分となる。2点を書き出して数える。
(A, B), (A, C), (A, D), (A, E),
(A, F), (B, C), (B, D), (B, E),
(B, F), (C, D), (C, E), (C, F),
(D, E), (D, F), (E, F)の15通り
答　15本

4(1)　$7\times6\times5=210$(通り)　答
(2)　右上の①→②→③の順に数えて，
$4\times6\times5=120$(通り)
よって，$\frac{120}{210}=\frac{4}{7}$　答

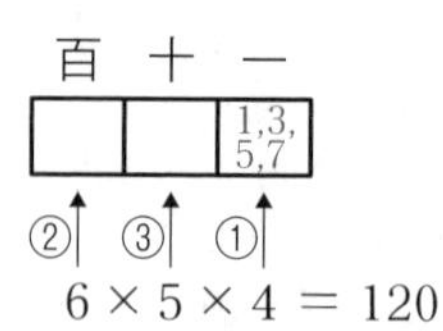

5(1)　書き出す。
(1, 2), (1, 3),
(1, 4), (1, 5),
(2, 3), (2, 4),
(2, 5), (3, 4), (3, 5), (4, 5)
の10通り。赤玉2個となるのは，赤文字の3通り。
よって，$\frac{3}{10}$　答
(2)　反対は「2個とも赤」の確率。
(1)より，$1-\frac{3}{10}=\frac{7}{10}$　答

6　書き出す。
(0, 1), (0, 2), (0, 3), (0, 4),
(1, 2), (1, 3), (1, 4), (2, 3),
(2, 4), (3, 4)の10通り。
和が4以上となるのは，赤文字の6通り。よって，$\frac{6}{10}=\frac{3}{5}$　答

7　右の○印で15通り。
$\frac{15}{36}=\frac{5}{12}$　答

a＼b	1	2	3	4	5	6
1		○	○	○	○	○
2			○	○	○	○
3				○	○	○
4					○	○
5						○
6						

8　$ax=b$の解が整数となるのは，bがaの倍数のとき。
右の○印で14通り
$\frac{14}{36}=\frac{7}{18}$　答

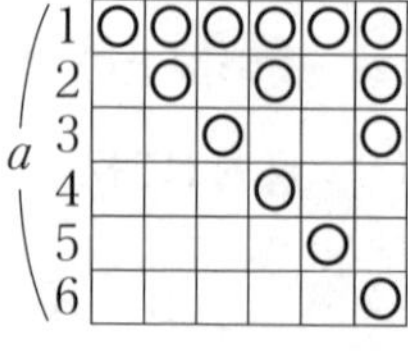

9　頂点Cに移動するのは，駒が2個，6個，10個移動したとき。

さいころの目の数の和が2か6か10のときである。

大＼小	1	2	3	4	5	6
1	○				○	
2				○		
3			○			
4		○				○
5	○				○	
6				○		

9通りあるから，$\frac{9}{36}=\frac{1}{4}$ 答

MEMO

カバーイラスト：日向あずり
本文イラスト（顔アイコン）：けーしん
本文デザイン：田中真琴（タナカデザイン）
校正：多々良拓也，太田亜矢子
組版：ニッタプリントサービス

●著者紹介

横関俊材（よこぜき　としき）
　学校法人河合塾数学科講師。
　薬学部卒業後、大手製薬会社の学術部で10年間勤務し、生徒に教えることが好きで河合塾講師に転身。わかりやすい授業・成績を伸ばす指導に定評があり、生徒・保護者からの信頼も厚い。河合塾の教室長を長年勤め、難関高校に多くの中学生を合格させてきた実績がある。
　現在は、中学生の指導を続けつつ、河合塾における講師研修の中心者としても活躍している。

中2数学が面白いほどわかる本

2021年1月29日　初版発行
2023年3月20日　再版発行

著者／横関 俊材

発行者／山下 直久

発行／株式会社KADOKAWA
〒102-8177　東京都千代田区富士見2-13-3
電話　0570-002-301（ナビダイヤル）

印刷所／株式会社加藤文明社印刷所

●お問い合わせ
https://www.kadokawa.co.jp/（「お問い合わせ」へお進みください）
※内容によっては、お答えできない場合があります。
※サポートは日本国内のみとさせていただきます。
※Japanese text only

定価はカバーに表示してあります。

ISBN 978-4-04-604772-4　C6041